人民交通出版社“十一五”
高职高专土建类专业规划教材

建筑工程CAD

主　编　张小平　张国清
副主编　王红兵　贾丽明　潘益军
主　审　陈雅蓉

人民交通出版社
China Communications Press

内 容 提 要

本书分为基础知识、综合应用和专业软件介绍三部分，详细介绍了 AutoCAD 基础、基本绘图和编辑、高级编辑、文本标注与尺寸标注、三维绘图知识；介绍了综合利用 AutoCAD 绘制建筑工程图的方法和步骤；介绍了使用在 AutoCAD 平台上开发的天正 7.0 软件绘制施工图的方法。

本书按照由浅入深、先基础再提高的原则编写。内容实用，所举实例精彩、典型。

本书可作为高职高专院校建筑工程技术专业、工程监理专业、建筑装饰专业、工程造价专业及其他相关土建类专业的教材，也可作为从事工程建设人员的自学教材。

图书在版编目（CIP）数据

建筑工程 CAD/张小平等主编. —北京：人民交通出版社，2007.1

ISBN 978—7—114—06288—9

Ⅰ.建… Ⅱ.张… Ⅲ.建筑设计：计算机辅助设计—应用软件，AutoCAD—教材 Ⅳ.TU201.4

中国版本图书馆 CIP 数据核字（2006）第 144891 号

书　　名：建筑工程 CAD
著 作 者：张小平　张国清
责任编辑：陈志敏　邵　江
出版发行：人民交通出版社
地　　址：（100011）北京市朝阳区安定门外外馆斜街 3 号
网　　址：http://www.ccpress.com.cn
销售电话：（010）85285656，59757973
总 经 销：人民交通出版社发行部
经　　销：各地新华书店
印　　刷：北京市密东印刷有限公司
开　　本：720×960　1/16
印　　张：18.25
字　　数：319 千
版　　次：2007 年 1 月　第 1 版
印　　次：2013 年 12 月　第 15 次印刷
书　　号：ISBN 978-7-114-06288-9
定　　价：28.50 元

高职高专土建类专业规划教材编审委员会

高职高专土建类专业规划教材出版说明

近年来我国职业教育蓬勃发展，教育教学改革不断深化，国家对职业教育的重视达到前所未有的高度。为了贯彻落实《国务院关于大力发展职业教育的决定》的精神，提高我国土建领域的职业教育水平，培养出适应新时期职业需要的高素质人才，人民交通出版社深入调研，周密组织，在全国高职高专教育土建类专业教学指导委员会的热情鼓励和悉心指导下，发起并组织了全国四十余所院校一大批骨干教师，编写出版本系列教材。

本套教材以《高等职业教育土建类专业教育标准和培养方案》为纲，结合专业建设、课程建设和教育教学改革成果，在广泛调查和研讨的基础上进行规划和展开编写工作，重点突出企业参与和实践能力、职业技能的培养，推进教材立体化开发，鼓励教材创新，教材组委会、编审委员会、编写与审稿人员全力以赴，为打造特色鲜明的优质教材做出了不懈努力，希望以此能够推动高职土建类专业的教材建设。

本系列教材先期推出建筑工程技术、工程监理和工程造价三个土建类专业共计四十余种主辅教材，随后在 2～3 年内全面推出土建大类中 7 类方向的全部专业教材，最终出版一套体系完整、特色鲜明的优秀高职高专土建类专业教材。

本系列教材适用于高职高专院校、成人高校及二级职业技术学院、继续教育学院和民办高校的土建类各专业使用，也可作为相关从业人员的培训教材。

人民交通出版社

2007 年 1 月

前 言

QIANYAN

AutoCAD计算机辅助设计目前已成为我国工科院校学生学习的必修课程之一，学生在校学习期间，已将其应用于工程绘图、课程设计、毕业设计等教学环节中。AutoCAD的学习和运用不仅改善了学生手工绘图的环境，提高了绘图速度和绘图质量，更可贵的是提高了学生的学习兴趣，也为学生今后走向工作岗位进行设计绘图、管理资料等工作打下了较好的基础。

本教材根据高职高专的教学方针、教学大纲按照由浅入深、先基础再提高的步骤进行编写，内容共分为三大部分。

第一部分：基础知识部分。包括：AutoCAD基础、基本绘图命令、基本编辑命令、高级编辑命令、文本标注与尺寸标注、三维绘图简介。

第二部分：综合应用部分。综合利用AutoCAD命令绘制建筑工程图。

第三部分：专业软件介绍。介绍在AutoCAD平台上开发的建筑绘图软件，用以提高学生绘制施工图的能力。

学生通过学习本课程，主要应达到以下目标和要求：

【职业能力目标】

以CAD命令为基础，能够快速掌握在CAD平台上开发的建筑绘图软件。

【知识目标】

掌握CAD的基础知识，用CAD命令绘制各种图样，使用编辑命令快速编辑图形。

【学习要求】

1. 熟悉CAD的窗口组成以及各组成部分的作用和使用方法。

2. 熟悉CAD的常用设置，并根据所要绘制的施工图的要求，设置绘图环境。

3. 掌握CAD绘图命令、编辑命令，并能够熟练运用其快速绘制、编辑施工图的图形。

4. 使用系统帮助，快速掌握在CAD平台上开发的建筑软件。

本教材由山西建筑职业技术学院张小平和河北省交通规划设计院张国清担

任主编。张小平编写第一章和第三章，山西建筑职业技术学院贾丽明编写第二章，江苏九州职业技术学院刘鹏飞编写第四章，北京京北职业技术学院任瑞恩编写第五章，浙江广厦建设职业技术学院潘益军编写第六章，湖北黄冈职业技术学院王红兵编写第七章，河北省交通规划设计院张国清编写第八章，河北交通职业技术学院张部生编写第九章。全书由张小平统稿。

本教材由湖南交通工程职业技术学院陈雅蓉老师担任主审，陈老师在百忙之中对教材作了认真、细致的修改、把关，并提出许多宝贵建议。在此，深表谢意。

在编写过程中，由于业务水平和教学经验有限，书中难免存在错误和疏漏，欢迎使用本教材的师生和广大同仁提出宝贵意见。

编者

2006 年 9 月

AutoCAD 常用命令

序　号	命　令	快 捷 键	功　能	图　标
1	LINE	L	直线	
2	XLINE	XL	射线	
3	PLINE	PL	多段线	
4	POLYGON	POL	正多边形	
5	RECTANG	REC	矩形	
6	ARC	A	圆弧	
7	CIRCLE	C	圆	
8	SPLINE	SPL	样条曲线	
9	ELLIPSE	EL	椭圆	
10	INSERT	I	插入块	
11	BLOCK	B	创建块	
12	HATCH	BH	图案填充	
13	MTEXT	MT	多行文字	A
14	DTEXT	DT	单行文字	

续上表

序　　号	命　　令	快 捷 键	功　　能	图　　标
15	ERASE	E	删除	
16	COPY	CO	复制	
17	MIRROR	MI	镜像	
18	OFFSET	O	偏移	
19	ARRAY	AR	阵列	
20	MOVE	M	移动	
21	ROTATE	RO	旋转	
22	SCALE	SC	比例	
23	STRETCH	S	拉伸	
24	TIRM	TR	修剪	
25	EXTEND	EX	延伸	
26	JOIN	J	合并	
27	CHAMFER	CHA	倒角	
28	FILLET	F	圆角	
29	EXPLODE	X	分解	
30	LAYER	LA	图层	

续上表

序　号	命　令	快 捷 键	功　能	图　标
31	MATCHPROP	MA	特性匹配	
32	PROPERTIES	PR	特性	
33	DIST	DI	距离	
34	AREA	AA	面积	
35	QUICKCALC		快速计算器	
36	ADCENTER	ADC	设计中心	
37	BOX	BOX	创建三维长方体	
38	CYLINDER		创建三维圆柱体	
39	EXTRUDE	EXT	将二维图形拉伸成三维实体	
40	REVOLVE	REV	旋转建立实心体	
41	INTERSECT	IN	交集运算	
42	UNION	UN	并集运算	
43	SUBTRACT	SU	差集运算	
44	SLICE	SL	剖切实体	
45	HIDE	HI	消隐	
46	RENDER	RR	渲染	

目录

MULU

第一章 AutoCAD基础

【职业能力目标】

通过学习本章知识，学生应能根据自己绘图的需要，对绘图环境进行设置，并在系统帮助的指导下绘制图样。

【知识目标】

根据需要调用工具栏，采用不同输入命令的方法快速输入绘图和编辑命令；并能合理管理 AutoCAD 文件。

【学习要求】

1. 了解 AutoCAD 的窗口组成和各组成部分的使用方法。
2. 掌握 AutoCAD 命令和工具栏的调用方法。
3. 熟悉 AutoCAD 的常用设置，并根据所要绘制施工图的要求，设置绘图环境。
4. 熟练利用系统帮助绘制图样。

AutoCAD 是美国 Autodesk 公司 1982 年开发的一种计算机辅助设计(Computer Aided Drawing)软件，此软件的开发，极大地改善了设计人员的绘图环境，提高了绘图质量和绘图速度，减轻了设计人员的绘图强度和计算强度，受到广大设计人员的好评。开发 20 多年来，AutoCAD 从第一版的 AutoCAD R1.0 经历若干次升级，发展到目前的 AutoCAD 2006，其计算、绘图和设计功能已相当完善，成为工程设计的强大助手。目前，各行业在 AutoCAD 平台的基础上又开发了自己的绘图软件，使 AutoCAD 得到更大空间的发展，如建筑设计行业的建筑天正软件、建筑 ABD 软件等。

第一节 安装与启动 AutoCAD

 安装 AutoCAD

为了给 AutoCAD 一个优越的工作环境，用户的计算机应采用高档次的 CPU，如 pentium133 以上的处理器，如果处理器性能过低，AutoCAD 将运行缓慢，影响绘图速度，其优越性就无法体现。

AutoCAD 提供了一个很方便的安装向导，可以按照安装向导的操作提示逐步进行安装。

将 AutoCAD 的安装光盘放入计算机的光驱中，双击桌面上"我的电脑"后，依次单击"光盘驱动器图标"→"AutoCAD 安装程序"，根据安装向导逐步单击"下一步"和填入需要的内容后，单击"完成"即可。

【提示】 安装完成后一定要重新启动计算机才能使配置生效。

 启动与退出 AutoCAD

(一)启动 AutoCAD

启动 AutoCAD 应用软件的方法有 2 种：

1. 双击桌面上的 AutoCAD 快捷图标。

2. 打开"开始"菜单，鼠标移至程序，在程序的子菜单中找到"Autodesk"，其子菜单显示 AutoCAD 快捷图标，单击即可打开。如图 1-1 所示。

(二)退出 AutoCAD

退出 AutoCAD 的方法有 3 种：

1. 单击 AutoCAD 界面右上角的"退出"按钮 ☒。

2. 选择"文件"菜单→"退出"命令。

3. 单击标题栏中的 AutoCAD 图标，弹出小菜单，从小菜单的"关闭"命令中

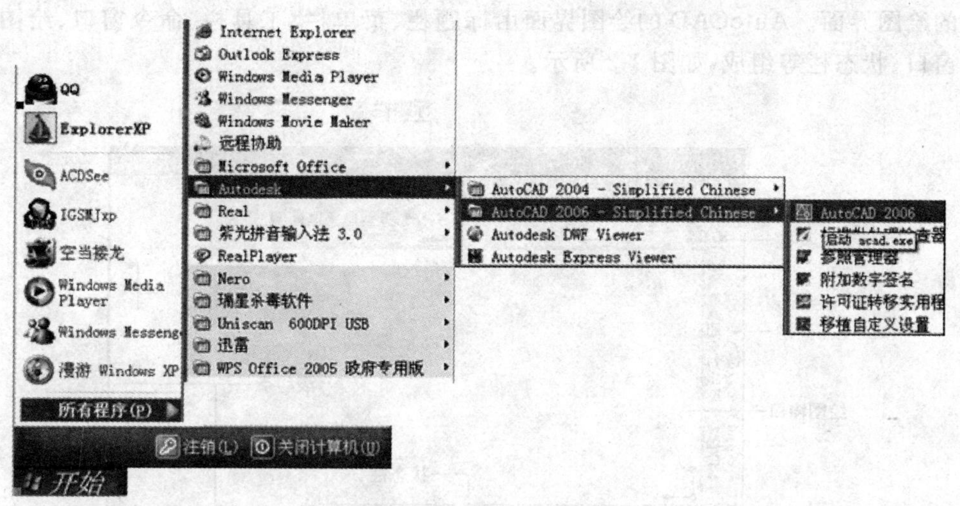

图 1-1 从“开始”菜单打开 AutoCAD 应用程序

退出。

在关闭 AutoCAD 之前，应保存用户绘制的图形，如用户未保存图形，则在关闭程序后，屏幕上会出现一个如图 1-2 所示的对话框，用以确定用户是否保存所绘制的图形。如保存图形，单击 是(Y) 按钮，并输入图形的文件名，如不保存，单击 否(N) 按钮，退出 AutoCAD 程序。

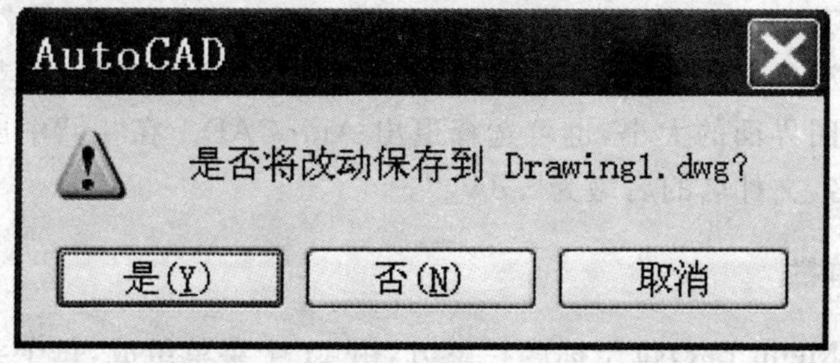

图 1-2 AutoCAD 提示保存信息

【小技巧】 双击工作界面上的控制图标按钮，也能退出 AutoCAD。

第二节 AutoCAD 的界面组成

双击桌面上的 AutoCAD 快捷图标，启动 AutoCAD，屏幕上显示 AutoCAD

的绘图界面。AutoCAD 的绘图界面由标题栏、菜单栏、工具栏、命令窗口、绘图窗口、状态栏等组成,如图 1-3 所示。

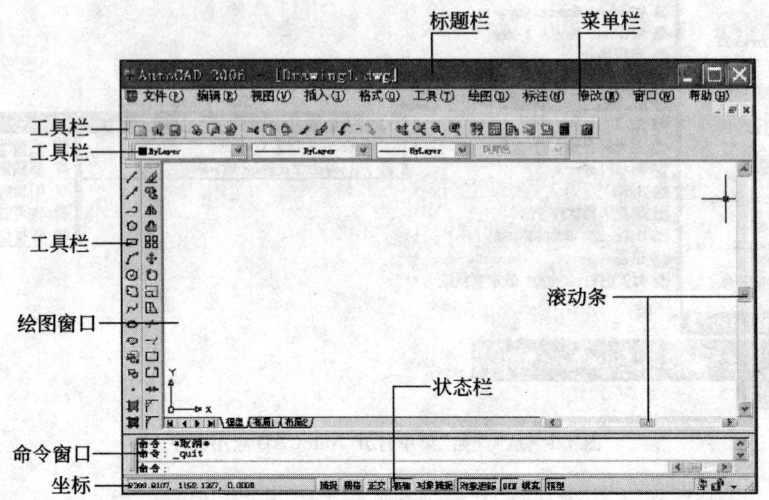

图 1-3 AutoCAD 的绘图界面

 标题栏与菜单栏

(一)标题栏

标题栏(Title Bar)位于 AutoCAD 绘图界面的最上方,由软件名称和当前文件名称组成,单击软件名称前面的图标,在图标下出现菜单,该菜单可以控制 AutoCAD 绘图界面的大小,也可选择退出 AutoCAD。在"[]"中出现的是当前文件的文件名,文件名的后缀为".dwg"。

(二)菜单栏

菜单栏(Menu Bar)位于标题栏下方,由 11 个菜单组成,每个菜单都有相应的下拉菜单,使用时,单击菜单名称,打开下拉菜单,选择用户执行的命令,再单击。下拉菜单中的命令右侧如有小三角形,表示单击此命令将出现子菜单;如下栏菜单命令右侧有"……",表示执行此命令将会出现一个对话框。

 工具栏

工具栏(Tool Bar)位于菜单栏的下方和绘图窗口的两侧,它以图标的形式

直观地代替 AutoCAD 的一个个命令，是比较快捷的操作方式。用户使用时只要单击工具栏上的命令图标按钮即可。将鼠标移至某一按钮上，稍作停留，屏幕上就会显示该按钮的命令名称。

(一)工具栏的调出

将鼠标移至 AutoCAD 界面上工具栏的任一位置，单击鼠标右键，出现工具栏的列表，如图 1-4 所示，选择并单击需要的工具栏，在屏幕上就出现该工具栏，将鼠标移至该工具栏的标题栏上，压住鼠标左键，可将其拖放到合适的位置上。

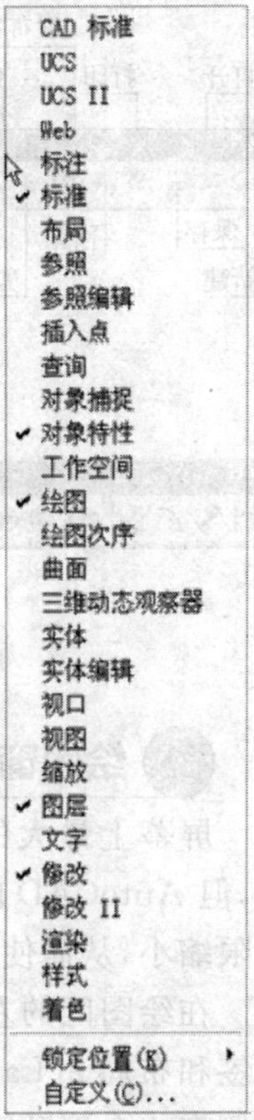

CAD 标准
UCS
UCS II
Web
标注
✔ 标准
布局
参照
参照编辑
插入点
查询
对象捕捉
✔ 对象特性
工作空间
✔ 绘图
绘图次序
曲面
三维动态观察器
实体
实体编辑
视口
视图
缩放
✔ 图层
文字
✔ 修改
修改 II
渲染
样式
着色
锁定位置(K) ▸
自定义(C)...

图 1-4 工具栏列表

(二)工具栏的分类

根据工具栏的位置可分为固定工具栏、浮动工具栏和嵌套工具栏 3 种形式。

1. 固定工具栏。

固定工具栏是指经常使用的工具栏，如“标准”(Standard)工具栏、“对象特性”(Properties)工具栏、“绘图”(Draw)工具栏和“修改”(Modify)工具栏，“标准”工具栏和“对象特性”工具栏通常位于菜单栏的下方，“绘图”工具栏和“修改”工具栏通常位于绘图窗口的两侧。

“标准”工具栏含有图形管理的主要控制按钮，如图 1-5 所示，是 AutoCAD 绘图中图形管理、编辑的主要工具栏。

2. 浮动工具栏。

浮动工具栏与固定工具栏相比，使用较少，用户可以按照自己的意愿在界面上任意拖动，使其移动到满意的位置，如图 1-6 所示。也可以将鼠标放至工具栏的一个边缘上，当鼠标变成两条竖线时，拖动工具栏，以改变工具栏的形状。

3. 嵌套工具栏。

有些命令的右下角有一个小三角形，鼠标单击时，就会打开嵌套工具栏供选择使用，如图 1-7 所示。

【试一试】 在 AutoCAD 绘图界面上增加“查询”工具栏，并将其移至绘图窗口的右侧。

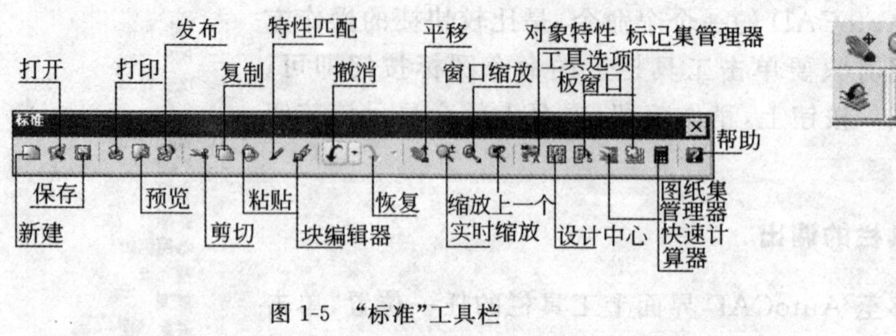

图 1-5 “标准”工具栏

图 1-6 浮动工具栏

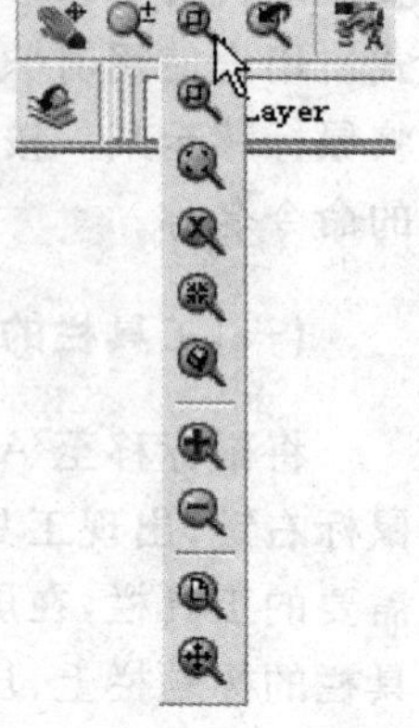

图 1-7 嵌套工具栏

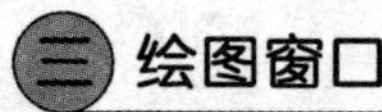 三 绘图窗口

屏幕上最大的空白区就是 AutoCAD 的绘图窗口，它相当于手工绘图的图纸，但 AutoCAD 的绘图窗口利用视窗的缩放功能，可以使绘图窗口无限增大和无限缩小，从而使得在 AutoCAD 命令下作图永远可以采用 1∶1 的比例绘制。

在绘图区的左下角有 3 个标签，分别为模型(Model)标签、布局 1(Layout1)标签和布局 2(Layout2)标签，用于模型空间和图纸空间的切换，这 3 个标签的左侧有 4 个滚动箭头，用于滚动显示标签。

绘图区的下方和右方为滚动条，可使视窗上下或左右移动。

四 命令窗口

在绘图窗口的下方为命令窗口(Command Window)，如图 1-8 所示。

AutoCAD 菜单实用程序已加载。
命令：COMMANDLINE
命令：

图 1-8 命令窗口

命令窗口由两部分组成：命令行和命令历史窗口。命令行(Command Line)是绘图人员与计算机对话的窗口。在绘图时，应注意命令行的提示信息，一般提示用户下一步该做什么或提示错误信息、命令选项。

命令历史窗口显示前面执行过的命令。

命令窗口的位置可以移动，将鼠标移至窗口左侧的两条竖线上单击并拖动，可以将其移动到任何需要的位置，如图 1-9 所示。

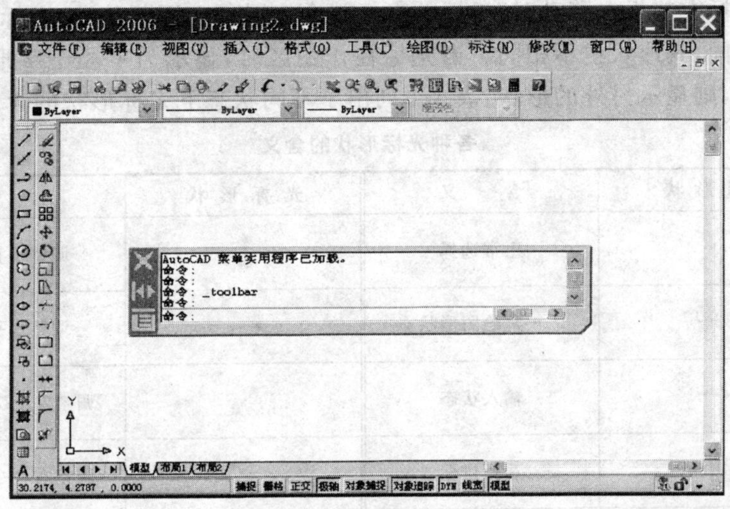

图 1-9　命令窗口的移动

命令窗口的大小还可以根据用户的需要自行设定，将鼠标移至窗口的上边缘，按住左键上下拖动即可。

五 状态栏

状态栏位于屏幕的最下方，在状态栏的左侧显示鼠标十字光标所在位置的坐标，坐标值随鼠标的移动而不断变化。状态栏的右侧为 9 个功能按钮，分别为“捕捉(Snap)”、“栅格(Grid)”、“正交(Ortho)”、“极轴(Polar)”、“对象捕捉(Osnap)”、“对象追踪(Otrack)”、“DYN(动态输入)”、“线宽(LWT)”和“模型(Model)”，如图 1-9 的最下方一行所示。单击鼠标左键使其凹下就可以调用该按钮对应的功能，如在图 1-9 中，“极轴”、“对象追踪”、“DYN”、“模型”4 个按钮显示为凹下，表示此时这 4 种功能处于开启状态。

第三节　AutoCAD 的基本操作

一 鼠标操作

鼠标是用户和 Windows 应用程序进行信息交流的主要工具。对于 AutoCAD 来说，鼠标操作是使用 AutoCAD 进行画图、编辑的主要手段，灵活地使用鼠标对于提高绘图速度和绘图质量有着至关重要的作用。

当鼠标在垫板上移动时，鼠标的光标就会在屏幕上不断移动，光标所在屏幕的位置不同，其形状也不相同。当光标在作图区时，显示为一段十字形状，在其他区域时，则显示另外的形状，表 1-1 列出了不同状态下光标形状的含义。

各种光标形状的含义　　表 1-1

光标形状	含　义	光标形状	含　义
	正常选择		调整垂直大小
	正常绘图形状		调整水平大小
	输入状态		调整左上-右下符号
	选择目标		调整右上-左下符号
	等待符号		任意移动
	应用程序启动符号		帮助跳转符号
	视图动态缩放符号		插入文本符号
	视图窗口缩放		帮助符号
	调整命令窗口大小		视图平移符号

鼠标上一般有左右两个键和中间的滑轮，上下滚动滑轮可以进行视窗的缩放。按下滑轮不动，绘图区会出现一手掌图形。这时移动鼠标，图形界面也跟着移动。

鼠标的操作一般有以下 4 种。

1. 单击鼠标左键。

1）选择目标：将鼠标移至要操作的位置，如菜单，单击左键，会打开下拉菜单；或在工具栏上左键单击要执行命令的按钮，执行此命令。

2）确定十字光标在作图区的位置。

3）控制绘图状态：将鼠标移至状态栏要选择的绘图状态，单击左键，会打开或关闭绘图所执行的工作状态。

2. 双击鼠标左键。

执行应用程序或打开一个新窗口。

3. 单击鼠标右键。

1)结束命令：当命令执行完成后单击右键，表示结束该命令的操作。

2)重复执行命令：当上一个命令执行完毕后，单击右键，会出现一个菜单，供选择重复执行该命令或进入编辑状态。

3)控制工具栏：将鼠标放在某一工具栏的任一位置，单击鼠标右键，会打开工具栏选项菜单供选择需要的工具栏。

4. 拖动。

在某对象上按住鼠标左键，移动鼠标，在适当的位置放开，可以操作如下内容：

1)拖动水平、垂直滚动条，可以快速移动视图。

2)动态平移。

3)移动工具栏。

二 菜单操作

(一)打开菜单的方法

1. 用鼠标单击菜单。

2. 按【Alt】+带下划线字母组合键，可打开某一相应的菜单，例如【Alt+T】组合键打开“工具”菜单，【Alt+D】组合键打开“绘图”菜单。

3. 按【Alt】(或【F10】)键可以激活菜单栏，用左右方向键选择菜单，用上下键选择命令，然后按“回车”键就可以执行命令。

(二)AutoCAD 菜单的介绍

AutoCAD 在默认的情况下有 11 个菜单，分别为：文件(File)、编辑(Edit)、视图(View)、插入(Insert)、格式(Format)、工具(Tools)、绘图(Draw)、标注(Dimension)、修改(Modify)、窗口(Window)和帮助(Help)。

1. “文件”菜单：本菜单所包含的命令主要是文件管理的命令，如“打开”、“保存”、“另存为”、“打印”、“页面设置”、“退出”等。

2. “编辑”菜单：本菜单包含的命令主要是文件编辑的命令，如“剪切”、“复制”、“粘贴”、“清除”、“选择”等。

3. “视图”菜单：视窗的管理，如进行缩放、平移、鸟瞰、清除屏幕和打开工具栏的对话框等操作。

4. “插入”菜单：插入文件，该菜单主要进行图块和文件的插入和连接。

5. “格式”菜单：设置各种绘图参数，如文字样式、尺寸标注样式、图层、颜色、线宽、图形界限等。

6. “工具”菜单：此菜单可以对 AutoCAD 的绘图辅助工具进行设置，如捕捉、栅格、绘图区的颜色、光标的大小等。

7. “绘图”菜单：此菜单包括了所有的绘图命令，是 AutoCAD 的基本命令。

8. “标注”菜单：包括尺寸标注的所有命令。

9. “修改”菜单：包括 AutoCAD 的所有编辑命令。

10. “窗口”菜单：包括 AutoCAD 的工作空间、窗口的排列方式和目前打开的 AutoCAD 文件名称。

11. “帮助”菜单：提供帮助信息。

三 对话框的操作

AutoCAD 的有些命令需要用对话框进行操作，对话框以表格的形式出现，用户通过填表的方式和程序进行交流。

(一)对话框的组成

对话框一般由标题栏、标签、控制按钮、命令按钮、单选框、复选框、列表框、下拉列表框组成，如图 1-10 所示。

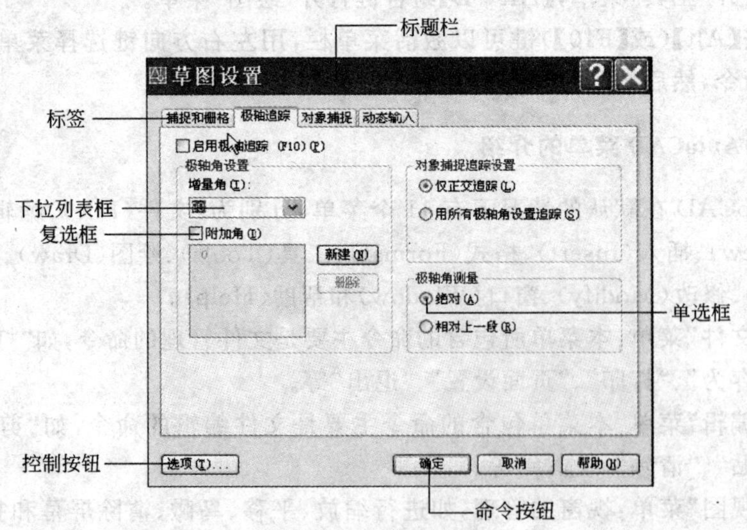

图 1-10　对话框的组成

1. 标题栏：在对话框的顶部，是对话框的题目，在其右侧是对话框的控制按钮。

2. 标签：在一个对话框中同时有几个类似对话框时，可用标签同时对几个对话框进行设置，如图 1-10“草图设置”的对话框中既可以对“捕捉和栅格”进行设置，也可以对“极轴追踪”进行设置，还可以对“对象捕捉”等进行设置。

3. 文本框：又叫编辑框，用户可在此输入符合要求的信息。

4. 单选框：该框内的选项只能选择一项，被选中的选项前有一个圆点。

5. 复选框：在该框中的选项可同时选择多个符合要求的选项。

6. 控制按钮：点击可进入其他对话框。

7. 命令按钮：命令按钮通常有“确定（Ok）”、“取消（Cancel）”和“帮助（Help）”。单击“确定”按钮，表示确定对话框中的内容并关闭对话框。单击“取消”按钮，表示取消这一对话框的内容。单击“帮助”按钮，表示启动帮助功能。

（二）对话框的操作

操作对话框的方式一般有以下几种：

1. 直接单击鼠标左键选择要选择的选项，如需要输入文本，则先在文本框中用鼠标单击左键，激活选项，输入文本即可。

2. 按【Tab】键，虚线框在各选项之间顺序切换，按“回车”键，表示该选项被启动。

3. 使用【Shift＋Tab】组合键，虚线框在各选项之间反向切换。

4. 在同一组选项中，可以用左右键移动虚线框，按“回车”键表示启动。

第四节　AutoCAD 的文件管理

新建图形文件

（一）使用默认设置创建新图形

用鼠标双击 AutoCAD 应用程序的图标，屏幕上自动出现文件名为“Drawing. dwg”的绘图文件，用户可以直接在绘图窗口绘图并保存。

(二)利用样板创建新图形

利用样板创建新图形的方法有 3 种：

1. 单击"标准"工具栏中的"新建"按钮 。
2. 在命令行中输入"NEW"或组合键"Ctrl+N"。
3. 选择"文件"→"新建"菜单。

用上面 3 种方法都可打开"选择样板"对话框，选择样板文件，点击"打开"按钮即打开 AutoCAD 的样板，可以在其上直接作图，如图 1-11 所示。

图 1-11 选择样板新建图形

二 打开已有图形文件

打开已有文件的方法有 3 种：

1. 单击"标准"工具栏中的"打开"按钮 。
2. 在命令行中输入"OPEN"或组合键"Ctrl+O"。
3. 选择"文件"→"打开"菜单。

利用上述 3 种方法之一打开"选择文件"对话框，选择要打开的文件，单击 打开(O) 按钮即可，如图 1-12 所示。

【提示】 在"选择文件"对话框中，用户可用【Ctrl】+鼠标单击要选择的多个文件名，同时打开多个文件；也可用【Shift】+鼠标单击要选择的连续多个文件名，打开连续的多个文件。

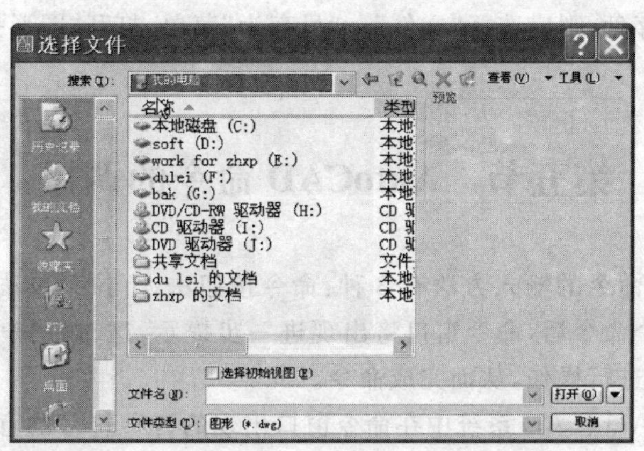

图 1-12 "打开文件"对话框

三 保存图形文件

如果图形已经命名存盘，存盘后又做了修改，再次存盘时，AutoCAD 会自动将修改后的图形存入到原文件名下。

如果绘制新图形，保存文件的方法有如下 3 种：

1. 单击"标准"工具栏中的"保存"按钮 。
2. 在命令行输入"SAVE"或组合键"Ctrl+S"。
3. 选择"文件"→"保存"菜单。

屏幕上会出现"图形另存为"对话框，在对话框的"文件名"文本框中输入文件名，单击右下角的 保存(S) 按钮即可，如图 1-13 所示。

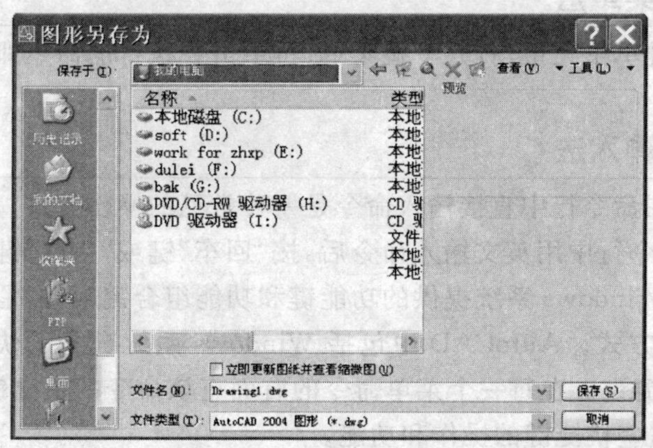

图 1-13 文件的保存

如果换名存盘，则应选择“文件”→“另存为”菜单，打开“图形另存为”对话框进行命名保存。

第五节　AutoCAD 命令的调用

AutoCAD 命令的输入方法有 3 种：命令按钮法、下拉菜单法、键盘输入法。当用户执行某个命令后，命令窗口将出现进一步提示，这时，用户可以根据命令的提示，按步骤进行操作，从而完成命令。

下面介绍 AutoCAD 系统中在命令窗口出现的各种符号的意义和中途退出命令的方法。

1.“/”：分隔符号，将 AutoCAD 命令中的不同选项分隔开，每一选项的大写字母表示其缩写方式，可直接键入此字母执行该选项。

2.“〈〉”：小括号，此括号内为缺省输入值或当前要执行的选项，如不符合用户的绘图要求，可输入新值。

3. 中途退出命令可直接按【Esc】键。

一 命令按钮法

用鼠标左键单击需要执行的工具栏上的一个按钮，系统就会执行该按钮对应的命令。

二 下拉菜单法

用鼠标左键单击菜单，打开下拉菜单，再单击要执行的命令即可。

三 键盘输入法

使用键盘在命令行中直接输入命令是一种常见的操作方式。键盘输入的基本方法是：在命令行中用英文输入命令后，按“回车”键或“空格”键。

快捷键是 Windows 系统提供的功能键和功能组合键，目的是为用户提供快速、方便的操作方式。AutoCAD 中包括 Windows 系统自身的快捷键和 AutoCAD 设定的快捷键。在每一个菜单命令的右面有该命令的快捷键功能键提示。表 1-2 列出了这些快捷键的操作和功能。

快捷键的操作和功能　　表 1-2

快　捷　键	功　　能	快　捷　键	功　　能
F1	AutoCAD 帮助	Ctrl+N	新建文件
F2	打开文本窗口	Ctrl+O	打开文件
F3	对象捕捉开关	Ctrl+S	保存文件
F4	数字化仪开关	Ctrl+P	打印文件
F5	等轴测平面转换	Ctrl+Z	撤消上一步操作
F6	坐标转换开关	Ctrl+Y	重做撤消操作
F7	栅格开关	Ctrl+C	复制
F8	正交开关	Ctrl+V	粘贴
F9	捕捉开关	Ctrl+1	对象特性管理器
F10	极轴开关	Ctrl+2	AutoCAD 设计中心
F11	对象跟踪开关	Del	删除对象

四　命令的终止、结束、删除、撤消与恢复

(一)终止命令

用户在执行命令的过程中,如发现所执行的命令是错误的,可按【Esc】键,终止正在执行的命令。

(二)结束命令

用户在命令行输入一个命令后,必须按 Enter 键,才能被计算机接收,当执行完某一命令后,应按 Enter 键,表示命令完成。如果紧接上面再按 Enter 键,表示重复上一个命令。

(三)删除(Erase)命令

在绘图过程中,如需要删除辅助线、构造线或错误图线时,应采用"修改"工具栏中的"删除"按钮,快捷键为"E"。执行命令的方法有 3 种:

1. 单击"编辑"工具栏中的"删除"按钮。
2. 在命令行中输入"ERASE"或快捷键"E"。
3. 选择"修改"菜单→"删除"命令。

执行删除命令后,命令行提示:"选择对象:",这时用户可用目标选择命令选择要删除的对象然后回车,所要删除的对象即在屏幕上消失。

(四)撤消(Undo)命令

撤消命令允许用户从最后一个命令开始,逐一向前撤消以前执行过的命令,可以一直撤消到本次启动时的状态或到保存后的第一个命令为止。

执行"撤消"命令的常用方法有 2 种:

1. 单击"标准"工具栏上的"撤消"按钮,每单击一次,向前撤消一个命令的执行。

2. 在命令行中输入"UNDO"或快捷键"U"。

执行 UNDO 命令后,命令行提示:"输入要放弃的操作数目或[自动(A)/控制(C)/开始(BE)/结束(E)/标记(M)/后退(B)]〈1〉:",这时可输入要放弃的数目,如"4",表示放弃前 4 步的操作。

(五)恢复(Redo)命令

恢复命令与撤消命令正好相反,因此也叫重做命令,调用恢复命令,可恢复前面的撤消命令。

执行"恢复"命令的方法是:

1. 单击"标准"工具栏上的"恢复"按钮,屏幕上前面撤消的命令被恢复。

2. 选择"编辑"菜单→"重做"命令。

【提示】 只有执行了撤消命令,"恢复"命令按钮才被激活,才能执行。

第六节 目 标 选 择

在绘图过程中,经常要选择对象(Select Object),如删除多余的或错误的图线、移动或复制某个图样,在执行命令后都要选择要编辑的对象,AutoCAD 提供了许多选择对象的方法,供在绘图过程中根据图样的特性进行选择。

(一)单选(Single)对象

AutoCAD 在需要选择对象时,鼠标的光标就变成一个小方框,这个小方框叫做拾取框,移动拾取框,使要选择的对象通过拾取框,单击鼠标左键,选中的对象变成虚线状态,表示该编辑的对象已被选中。这种每次只选择一个对象的方法叫做单选对象。如图 1-14 所示。

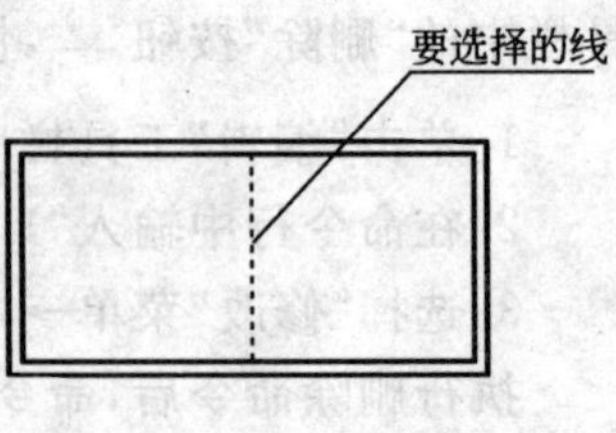

图 1-14 单选对象

(二)全选(All)对象

如果需要选择所有的图形,可在命令窗口"命令:"提示后面直接输入"All"并回车(快捷键为"A"),所有的对象即变成虚线供编辑。或者打开"编辑"菜单,单击"全部选择"命令,所有的对象也全部被选中,可进行编辑。

(三)窗口(Window)选择

如果选择的对象较多而又比较集中时,可以采用窗口选择的方式。将鼠标移至被选择对象的左上角或左下角,单击鼠标左键,并将鼠标向相反方向移动,在对象的外围形成一个虚线矩形框,再单击鼠标左键,此时被虚线框全部包围的对象变成虚线,表示被选中。而有些对象没有被虚线框全部包围,则没有变成虚线,表示没有被选中。

图 1-15　某图标题栏

实例应用:采用窗口选择对象的方式删除图 1-15 所示的标题栏。

作图方法:

单击"编辑"工具栏中的"删除"按钮,移动拾取框到标题栏的左上角,单击左键,拖动鼠标形成虚线矩形框,至标题栏的右下角,单击鼠标左键,如图 1-16 所示,回车,标题栏就被删除。而图框线因没有被虚线矩形框全部包围,不会被删除。

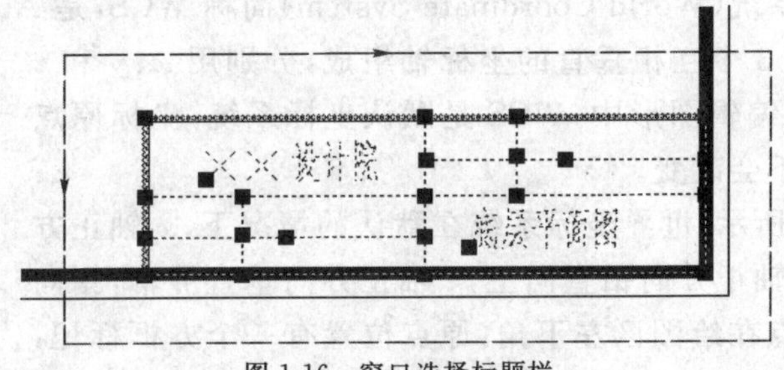

图 1-16　窗口选择标题栏

(四)交叉(Crossing)选择

交叉选择与窗口选择对象的不同之处是窗口选择的虚线框将对象全部包围在虚线框中,该对象才能被选中,而交叉选择的对象只要有部分进入选择的虚线框,该对象就被选中,如图 1-16 中采用窗口选择,标题栏全部进入虚线框,变成虚线,表示被选中,而图框线(粗实线)虽然也进入虚线框,但没有全部进入,图框线未被选中，仍然是实线。

交叉选择的具体方法是：将鼠标移动到被选择对象的右下角或右上方，单击鼠标左键，再将鼠标向相反方向移动，出现虚线框，移动到恰当的位置，单击鼠标左键，所有进入虚线框的对象，不论是全部还是局部，全部变成虚线，即被选中，如图 1-17 所示。

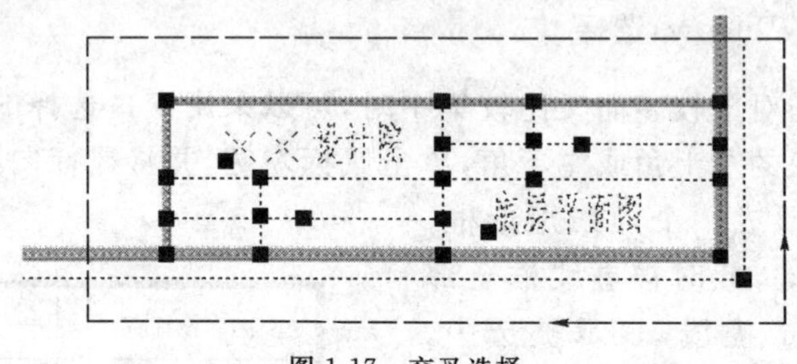

图 1-17　交叉选择

第七节　AutoCAD 的坐标知识

AutoCAD 为了方便绘图，设置了多种绘图坐标，常用的有：世界坐标系统、笛卡尔坐标系统和用户坐标系统。

 世界坐标系统

世界坐标系统(World Coordinate System)简称 WCS，是 AutoCAD 的基本坐标系统，它由 3 个互相垂直的坐标轴组成，分别用 x、y 和 z 表示，在绘制和编辑图形中，WCS 是默认坐标系统，坐标原点和坐标轴方向不会改变。

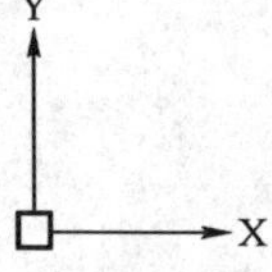

图 1-18　世界坐标系统

如图 1-18 所示，世界坐标系统在默认的情况下，x 轴正方向水平向右，y 轴正方向铅直向上，z 轴正方向垂直屏幕，指向用户。坐标原点在绘图区左下角，原点位置有一个方框标记，表明世界坐标系统。

世界坐标系统坐标值的输入通常有 4 种方法：绝对直角坐标、相对直角坐标、绝对极坐标、相对极坐标。

(一)绝对直角坐标

绝对直角坐标(Absolute Coordinate)是以原点(0,0,0)为基点定位所有的点。

AutoCAD将坐标原点位于绘图区的左下角。在绝对坐标中，x 轴、y 轴和 z 轴 3 轴线在原点(0,0,0)相交，绘图区内的任何一点均可以用(x,y,z)表示，用户可以通过输入 x、y、z 坐标值来定义点的位置。坐标值之间一定要用“,”分开。

【提示】 坐标输入时的“,”，一定是西文逗号，即半角逗号，输入完点的坐标都必须回车，否则，AutoCAD 不知用户是否输入完成。

实例应用：绘制一条线段，起点坐标为(0,0,0)，终点坐标为(200,200,0)。

作图方法：

用鼠标左键单击“绘图”工具栏中的“直线”按钮。

_line 指定第一点：输入线段的起点坐标“0,0”，回车。

指定下一点或[放弃(U)]：输入终点坐标“200,200”，回车 。

绘图窗口上出现如图 1-19 所示的线段。

(二)相对直角坐标

相对直角坐标(Relative Coordinate)是以前一个输入点为基点，作为后一个输入点的参考点，它们的位移增量为 Δx、Δy、Δz，输入格式为：“@Δx，Δy，Δz”。“@”表示输入一个相对坐标值。

实例应用：已知线段 AB，过点 B 作线段 BC，使得其 $\Delta x=200$，$\Delta y=150$。

作图方法：

执行“直线”命令。

指定第一点：鼠标左键单击点 B。

指定下一点或[放弃(U)]：输入相对坐标值“@200,150”，回车。

此时点 C 坐标与点 B 坐标的差值为 $\Delta x=200$，$\Delta y=150$，如图 1-20 所示。

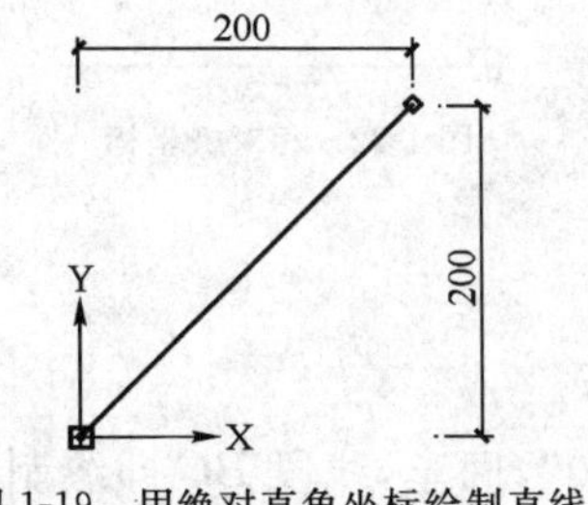

图 1-19　用绝对直角坐标绘制直线

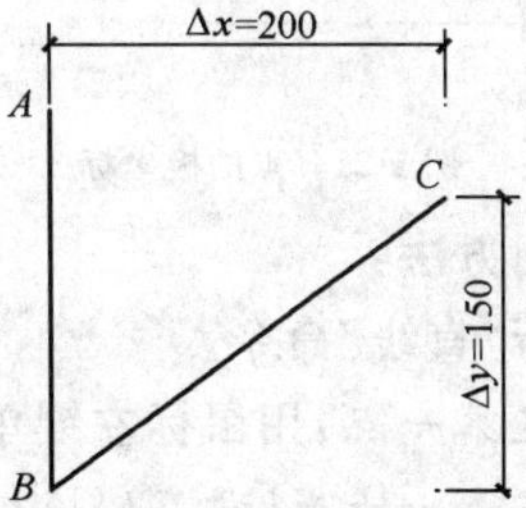

图 1-20　相对直角坐标

(三)绝对极坐标

绝对极坐标(Absolute Polar Coordinate)是以原点为基点，用基点到输入点间距离值及该连线与 x 轴正向间的夹角角度，即极角来表示，极角以 x 轴正向为度量基准，逆时针为正，顺时针为负。用户可输入一个长度距离，后跟一个“<”符号，再加极角即可。例如 200<45，表示该点离极点(坐标原点)的极长距离为 200，该点与原点的连线与 x 轴正向的夹角为 45°(逆时针)。

具体操作：

执行“点”命令。

命令历史窗口会出现点的模式“point 当前模式：PDMODE＝33 PDSIZE＝－3.000”。

指定点：输入“200<45”，回车。

在屏幕上就出现了极长为 200，与 x 轴正向夹角为 45°的点。如图 1-21 所示。

(四)相对极坐标

相对极坐标(Relative Polar Coordinate)的极半径是输入点与上一输入点之间的距离，相对极角是输入点与上一输入点之间的连线与 x 轴正向之间的夹角，逆时针为正，顺时针为负。相对极坐标的输入方法是：@相对极半径<相对极角。

实例应用：绘制如图 1-22 所示的线段 *BC*。

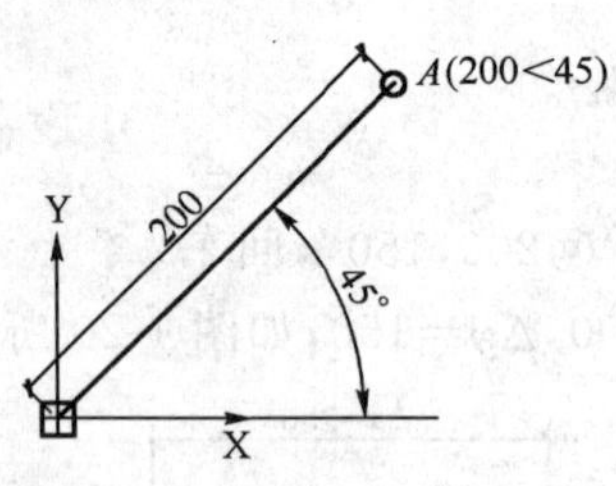

图 1-21　点的极坐标

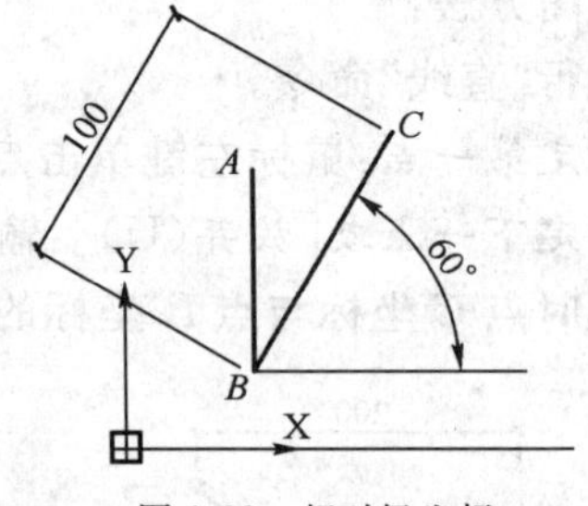

图 1-22　相对极坐标

作图方法：

执行“直线”命令。

指定第一点：用鼠标左键单击图中的点 *B*。

指定下一点或[放弃(U)]：输入“@100<60”，回车，线段 *BC* 即绘制完成。

二 笛卡尔坐标系统

任何物体都由点构成，每个点都由 3 个坐标表示，AutoCAD 采用三维笛卡尔坐标系(Cartesian Coordinate System，简称 CCS)确定点的位置。当用户正向自动进入笛卡尔右手坐标系的第一象限(即世界坐标系 WCS)时,在屏幕底部状态上显示的三维坐标系,就是指当前十字光标所处的空间点在笛卡儿坐标系中的位置。

三 用户坐标系统

用户坐标系统(User Coordinate System)简称 UCS,是根据用户需要而变化的,默认情况下用户坐标系统与世界坐标系统重合,用户可以根据需要将想要操作的平面设置为当前绘图屏幕。

要设置用户坐标系统,可选择"工具"→"命名 UCS"、"正交 UCS"、"移动 UCS"、"新建 UCS"等菜单选项,或在命令窗口中输入命令"UCS"。

第八节　控制图形显示的方法

在用 AutoCAD 绘图的过程中,经常会遇到这样的情况,在屏幕上显示图形时,由于视图太小,使得局部看不清楚或无法修改,需要将这部分局部放大,修改完成后,又要将视图恢复原来的大小,这就是视窗的缩放、移动。

一 视窗的缩放

视窗的缩放命令为"ZOOM",快捷键为"Z",可将图形放大或缩小显示,以便观察和绘制图形。执行该命令,既可以将图形中很小的局部放大至全屏,也可以将很大的图样全屏显示到屏幕上。

【提示】 执行缩放命令,只是视窗中图形放大或缩小,图形的实际大小并不会改变。

执行"缩放"命令的方法有 2 种:

1. 在命令行中输入"ZOOM"或快捷键"Z"。

2. 选择"视图"菜单→"缩放"命令。

执行缩放命令后,命令行中提示"[全部(A)/中心(C)/动态(D)/范围(E)/上一个(P)/比例(S)/窗口(W)/对象(O)]〈实时〉:"

参数说明:

1. 全部(A):在当前视窗下显示该文件下的全部图形。执行该命令时,在命令行中输入"Z",回车,再输入"A",回车,即可。

2. 中心(C):在缩放时,指定一个缩放中心点,同时输入新的缩放系数(nX)

或高度，缩放后的图形将以指定点作为视窗中图形显示的中心，按给定的缩放系数进行缩放。

执行命令的方式为：输入缩放命令“Z”，回车→“C”，回车→指定中心点（用鼠标左键单击屏幕上用户要给定图形的中心点）→输入比例或高度（如“2X”），回车，图形将放大 2 倍。

3. 动态（D）：对图形进行动态缩放。

4. 比例（S）：按比例缩放图形，执行此命令后，命令行提示：“输入比例因子（nX）”，输入缩放的比例因子，如“2X”，并回车，屏幕上的图形就会扩大 2 倍。

5. 范围（E）：选择范围缩放“E”后，当前视窗中的图形会尽可能地充满全屏幕。

6. 上一个（P）：执行此命令后，图形将恢复上一个视窗显示的图形，这种恢复最多可以按顺序恢复 10 个以前的图形。

7. 窗口（W）：将由鼠标拖动的矩形框内的图形放大到全屏显示。执行的方法为：输入缩放命令“Z”，回车，再输入“W”，回车，此时鼠标的光标变成十字光标，用光标在要放大的图形局部左上方单击鼠标左键，并拖动鼠标成矩形框至右下角，释放鼠标左键，被矩形框包围的图形局部就会充满全屏。

8. 对象（O）：执行此命令，系统会将所选择的对象充满全屏。

9. 实时：该选项为系统缺省项，输入缩放命令后，直接回车，鼠标变成 $Q^{\pm}$，按住鼠标左键，向屏幕外拖动，图形放大，向屏幕内拖动，图形缩小。

【提示】 在执行实时缩放命令时，如图标中的“＋”或“－”在鼠标拖动时消失，则表示图形已缩放到极限，不能再缩放。

从工具栏中也可调出“缩放”工具栏，其各种缩放命令的图标如图 1-23 所示。

【提示】 当采用“缩放”工具栏中的“放大”或“缩小”命令时，每点击 1 次，图形会放大 1 倍或缩小 1 倍。

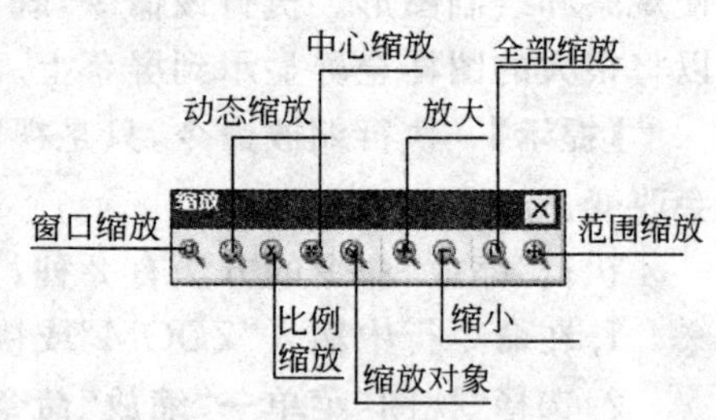

图 1-23 “缩放”工具栏

在 AutoCAD 中，为了方便操作，将常用的缩放命令设置在“标准”工具栏上，如图 1-24 所示。按住“窗口缩放”命令按钮，会将其余的缩放命令打开，可选择需要的缩放命令。在执行完某个绘图或编辑命令后，回车，在鼠标的小菜单中也会出现缩放命令。

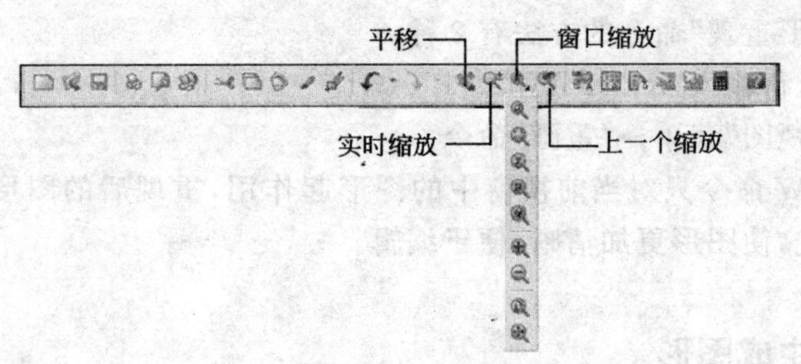

图 1-24 “标准”工具栏上的缩放命令

二 视窗的移动

视窗的移动使用平移(Pan)命令,快捷键为“P”。平移命令可以在不改变图形显示缩放比例的情况下,在屏幕上显示图形的不同部位,此命令与缩放命令配合使用非常有效,图形被放大后,如果在屏幕上显示的位置不符合用户的要求,就可以通过执行此命令查看图形的不同部位。

调用“平移”命令的方法如下:

选择“视图”菜单→“平移”命令,在“平移”命令后面又有 6 个命令供选择,分别为:“实时”、“定点”、“左”、“右”、“上”、“下”。在绘图时,最常用的命令是“实时”平移。

执行“实时”平移命令的方法有 3 种:

1. 单击“标准”工具栏中的“平移”按钮 。
2. 在命令行输入“PAN”或快捷键“P”。
3. 选择“视图”菜单→“平移”→“实时”命令。

执行该命令后光标变为 ,按下鼠标左键,并拖动鼠标,屏幕的图形会随着光标的移动而移动,从而达到用户的要求,然后放开鼠标。

用户在执行其他命令时可以同时插入缩放命令和平移命令,使绘图的速度大大提高。

【提示】 在执行命令的同时,不需要退出该命令而被直接插入到其他命令中执行的命令,称为“透明命令”,如缩放命令、平移命令等。

三 图形重现

在绘图过程中,有时会在屏幕上留下一些“橡皮屑”,为了去掉这些“橡皮屑”,便于观察图形,可以执行图形重现(Redraw)命令。

执行“图形重现”命令的方法有 2 种：

1. 在命令行输入“REDRAW”。

2. 选择“视图”菜单→“重画”命令。

REDRAW 命令只对当前视窗中的图形起作用，重现后的图形消除了屏幕上的残留标记，使图形更加清晰，便于编辑。

四 重生成图形

在绘制 AutoCAD 图形时，当图形较大时，有时绘制的曲线图形会在屏幕上显示成折线图形（图形的属性不变，只是显示变化了），这时可执行重生成（Regen）命令，使得图形重新变成曲线图形。

执行“重生成”命令的方法有 2 种：

1. 在命令行输入“REGEN”。

2. 选择“视图”菜单→“重生成”命令。

重生成的过程比较慢，因此在可能的情况下，尽量采用重画命令，如重画命令不能满足用户要求时，再采用重生成命令。

第九节　点坐标的智能输入

在绘图时，有时需要将一些直线的端点相连，或端点与中点相连，作图时，绘图人员虽然尽量准确地将这些点相连，但用窗口缩放命令放大后，会发现连接仍然不准确。AutoCAD 为了方便用户，使得绘制的图样准确无误，设置了目标捕捉的命令，从而达到了准确绘图、方便绘图的目的。

一 目标捕捉

所谓目标捕捉（Object Snap），就是当执行绘图命令需要输入点时，调用目标捕捉命令，系统会自动找出图元中的端点、中点、圆心、垂足等作为用户选择输入点，代替用户手工输入，从而提高绘图的精确度。

目标捕捉不能单独使用，在执行绘图命令需要时才能调用。

（一）目标捕捉的打开

打开目标捕捉的方式有 4 种：

1. 将鼠标放至工具栏的任一位置，单击鼠标右键，打开工具栏选项菜单，选择“对象捕捉”，在其上单击鼠标左键，屏幕上显示如图 1-25 所示的图形，将其移动到视窗的边上即可。

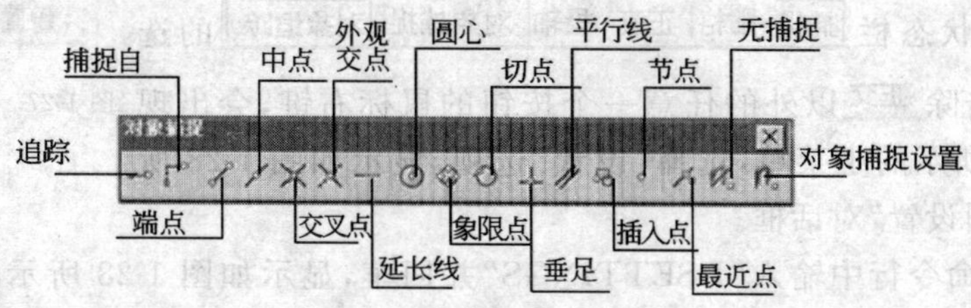

图 1-25 “对象捕捉”工具栏

2. 快捷菜单：【Shift】＋鼠标右键，在绘图区显示目标捕捉的小菜单，如图 1-26 所示，选择目标捕捉的方式。

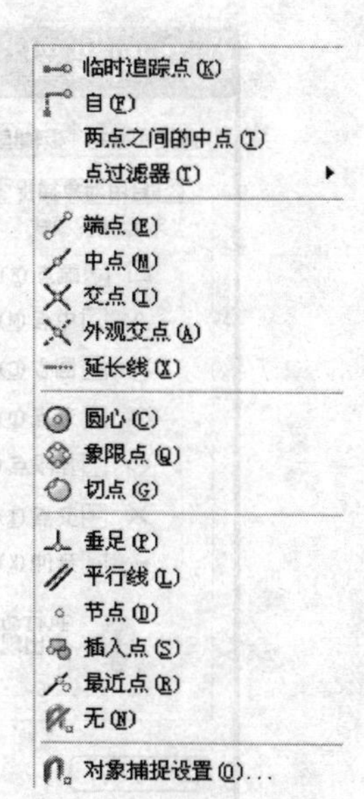

图 1-26 目标捕捉小菜单

【提示】 使用工具栏中的捕捉或目标捕捉小菜单中的捕捉命令，都是临时捕捉。在绘图过程中，点击工具栏中的任一捕捉命令，其他捕捉命令暂时消失，只有临时捕捉命令能够使用，而临时命令只能使用一次，一次完成后，命令失效。

3. 单击状态行中的“对象捕捉”按钮 对象捕捉，使其凹下，表示对象捕捉已经开启，反之，表示对象捕捉关闭。

4. 按功能键【F3】也可以打开/关闭对象捕捉。

(二)设置运行中的目标捕捉方式

目标捕捉的种类很多，如端点捕捉、中点捕捉、圆心捕捉、切点捕捉等，为了方便作图，用户在绘图前应根据需要设置运行中的目标捕捉。

所谓运行中的目标捕捉，就是执行某一绘图命令需要输入一个点时，AutoCAD 根据用户事先选择好的目标捕捉方式，自动捕捉离靶心最近的一个目标点，并显示相应的捕捉标记，若正好是用户需要的点，单击鼠标左键，即输入捕捉点。如不是用户需要的捕捉点，移动靶心，直到出现需要捕捉点的标记，单击鼠标即可。

设置运行中的目标捕捉方式有 3 种：

1. 选择“工具”→“草图设置”菜单，显示如图 1-28 所示的“草图设置”对话框。

2. 在状态栏 捕捉 栅格 正交 极轴 对象捕捉 对象追踪 的选项中，单击除 正交 以外的任意一个按钮的鼠标右键，会出现如图1-27所示的小菜单，选择“设置”选项，显示如图 1-28 所示的“草图设置”对话框。

图 1-27　设置目标捕捉的方式

3. 在命令行中输入“DSETTINGS”并回车，显示如图 1-28 所示的“草图设置”对话框。

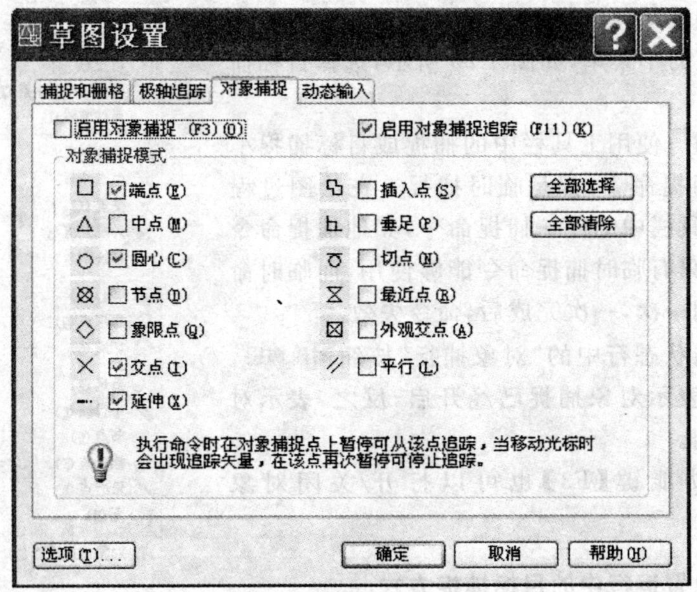

图 1-28　“草图设置”对话框

“草图设置”对话框中有 4 个标签，选择第 3 个标签“对象捕捉”，显示对象捕捉的模式。在对象捕捉的模式中，显示各种对象捕捉的标记，用户可在需要执行捕捉的模式标记旁边的方框内单击鼠标左键，使其前面的方框内显示☑，可以根据需要一次选择多个捕捉模式；也可以单击对话框右侧的 全部选择 按钮，将所有的目标捕捉模式选中，再单击对话框下方的 确定 按钮，设置即完成。如选择的不合适，可单击 全部选择 下方的 全部清除 按钮，之前选择的选项被清除，重新选择即可。

【提示】 在绘制复杂图样的时候，设置运行中的目标捕捉时，最好不要采用

全部选择 。因为如果选项过多,在绘图中很容易出错。

(三)各种捕捉命令的应用

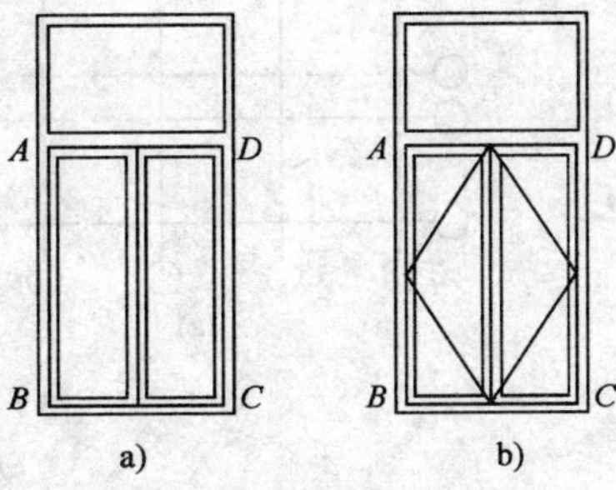

图 1-29 绘制窗户开启线

a)窗户立面图;b)开启线绘制完成

1. 端点(Endpoint)捕捉。

当用户绘制图形需要输入点时,调用端点捕捉命令,系统将自动捕捉到已经绘出的元素端点上,如直线、圆弧上的端点,用户根据标记输入,不仅快捷,而且非常准确。

2. 中点(Midpoint)捕捉。

当执行绘图命令时,调用中点捕捉命令,可以快速将直线的中点找到。

实例应用:用端点捕捉命令和中点捕捉命令,给图 1-29a)所示的窗户立面图绘制开启线。

作图方法:

执行"直线"命令。

指定第一点:将光标移动到 *AD* 的中点附近,光标旁边出现端点捕捉标记黄色小方框(竖线的端点),单击鼠标左键。

指定下一点或[放弃(U)]:将光标移动到 *AB* 的中点附近,光标旁边出现中点捕捉标记黄色小三角形,单击鼠标左键。

指定下一点或[放弃(U)]:将光标移动到 *BC* 的中点附近,光标旁边出现黄色小方框,单击鼠标左键。

指定下一点或[放弃(U)]:将光标移动到 *CD* 的中点附近,光标旁边出现黄色小三角形,单击鼠标左键。

指定下一点或[放弃(U)]: 将光标移动到 *AD* 的中点附近,光标旁边出现黄色小方框,再单击鼠标左键并回车,绘制完成的图形如图 1-29b)所示。

3. 交点(Intersection)捕捉。

在绘图过程中,使用交点捕捉,能快速地找到各种直线与直线、直线与曲线、曲线与曲线的交点,使绘图速度加快,精确度提高。

实例应用:利用交点捕捉命令,在定位轴线的交点处绘制直径为 500 的圆柱,如图 1-30 所示。

作图方法:

在"绘图"工具栏中单击"圆"命令按钮 。

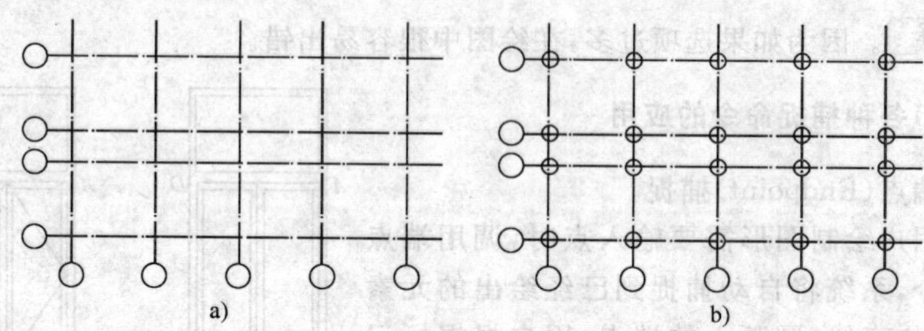

图 1-30　用交点捕捉绘制圆柱

a)轴网；b)圆柱绘制完成

_circle 指定圆的圆心或［3 点(3P)/2 点(2P)/相切/相切/半径(T)］：将鼠标移动到定位轴线的交点附近，光标旁边出现交叉捕捉的黄色标记“×”，单击鼠标左键，圆心的位置就选定了。

指定圆的半径或［直径(D)］〈50〉：输入圆的半径“250”，回车，一个圆柱就绘制完成。

采用相同的方法，捕捉定位轴线的交点，绘制所有半径为 250 的圆柱。

4. 圆心(Center)捕捉。

实例应用：利用圆心捕捉将图 1-31a)所示的洗池绘制完成。

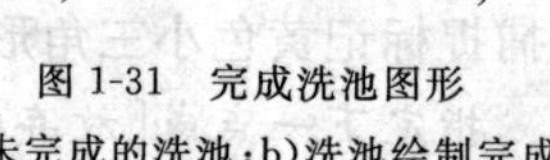

图 1-31　完成洗池图形

a)未完成的洗池；b)洗池绘制完成

作图方法：

执行“直线”命令。

指定第一点：将鼠标移至点 A 附近，出现端点捕捉的黄色标记，单击鼠标左键。

指定下一点或［放弃(U)］：鼠标移至小圆圈附近，出现圆心捕捉的黄色标记，单击鼠标左键。

一条线即绘制完成，采用相同的方法完成其他图线。完成后的图形如图 1-31b)所示。

5. 象限点(Quadrant)捕捉。

象限点是指圆、圆弧、椭圆上的 0°、90°、180°、270°的 4 个分界点。

实例应用：用象限点捕捉绘制出花砖图形，如图 1-32 所示。

作图方法：

执行“圆”命令。

指定圆的圆心或［3 点(3P)/2 点(2P)/相切/相切/半径(T)］：将鼠标移动到

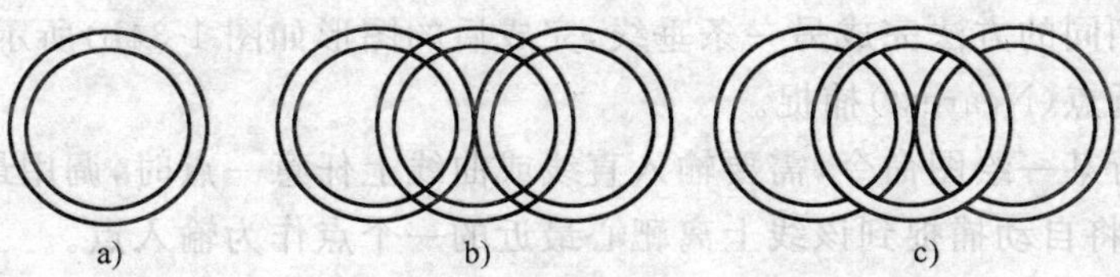

图 1-32 花砖的绘制

a)第一组圆;b)花砖绘制完成;c)修剪后的图形

图 1-32a)所示的大圆右侧附近,光标旁边出现象限点捕捉的黄色标记"◇",单击鼠标左键,圆心的位置就选定了。

指定圆的半径或[直径(D)]〈50〉:输入圆的半径"500",回车。再绘制一个半径为 600 的同心圆,第二组圆就绘制完成。

采用相同的方法,捕捉第二组圆右侧的象限点,绘制第三组圆,完成全图,如图 1-32b)所示。修剪后,可达到图 1-32c)所示的效果。

6. 切点(Tangent)捕捉。

当作一直线与一圆或圆弧相切时,需要调用切点捕捉命令。

实例应用:过圆外一点 *A* 作已知圆的两条切线,如图 1-33 所示。

作图方法:

执行"直线"命令。

指定第一点:在点 *A* 单击鼠标左键。

指定下一点或[放弃(U)]:将鼠标在圆周上移动,直到出现切点捕捉黄色标记"〇",单击鼠标左键,一条切线绘制完成。

采用相同的方法完成另一条切线,完成后的图形如图 1-33b)所示。

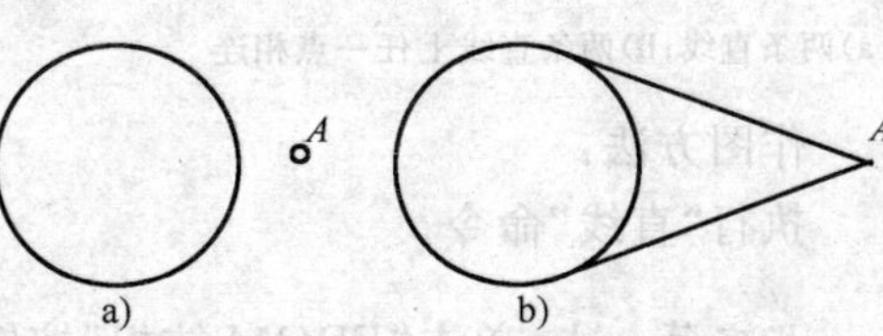

图 1-33 过圆外一点作圆的切线

a)圆和圆外一点;b)切线绘制完成

7. 垂足(Perpendicular)捕捉。

当作垂线时,调用垂足捕捉命令,可以捕捉到直线、圆、圆弧等的垂足作为输入点。

实例应用:过矩形上点 *A* 和点 *B*,分别作对角线的垂线,如图 1-34 所示。

作图方法:

执行"直线"命令。

指定第一点:鼠标移至点 *A* 附近,出现端点捕捉标记,单击鼠标左键。

指定下一点或[放弃(U)]:让鼠标在对角线上移动,直到出现垂直捕捉标记"⊾",单击鼠标左键,一条垂线绘制完成。

采用相同的方法完成另一条垂线,完成后的图形如图 1-34b)所示。

8. 最近点(Nearest)捕捉。

当执行某一绘图命令,需要输入直线或曲线上任意一点时,调用最近点捕捉命令,系统将自动捕捉到该线上离靶心最近的一个点作为输入点。

【试一试】 将线段 AB 上任一点与线段 CD 上任一点相连,如图 1-35 所示。

9. FROM 捕捉。

当新输入点与已知点保持一定距离时,采用 FROM 捕捉,能够快速完成输入点。

实例应用:在图 1-36a)的基础上完成图 1-36b)。

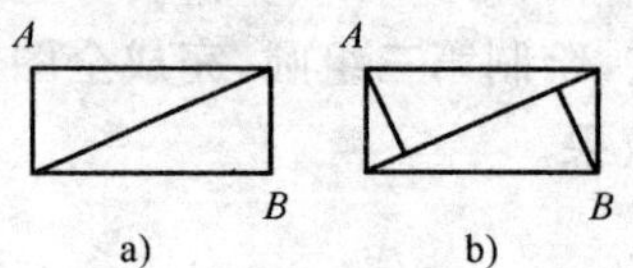

图 1-34 作对角线的垂线

a)已知矩形;b)对角线的垂线绘制完成

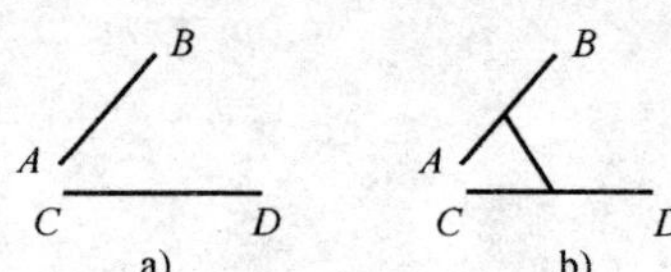

图 1-35 最近点捕捉

a)两条直线;b)两条直线上任一点相连

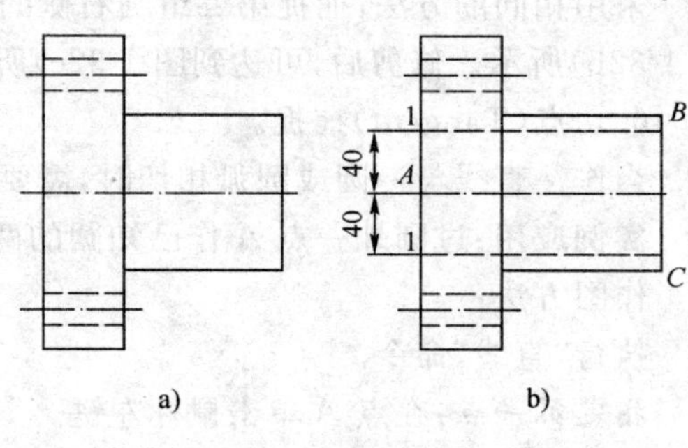

图 1-36 FROM 捕捉应用

a)已知图形;b)绘制完成的图形

作图方法:

执行"直线"命令。

指定第一点:单击"FROM 捕捉"按钮 。

指定第一点:－from 基点:调用"交点捕捉"命令,捕捉点 A 作为基准点。

指定第一点:－from 基点:<偏移>:输入"@ 0,40"(点 1 到点 A 的相对坐标值),回车。

指定下一点或[放弃(U)]:将鼠标在 BC 线上移动,直到出现垂直捕捉黄色标记"⊾",单击鼠标左键,完成绘制。

采用相同的方法完成另一条直线,但输入点与点 A 的相对坐标值应为"@ 0,－40"。

10. 平行线(Parllel)捕捉。

其功能是当需要绘制某一直线的平行线时，在 AutoCAD 直线命令提示下输入第一点后，单击“平行捕捉”按钮 ，并将光标移动到参照的平行线上，系统在该目标上作一个标记，然后移动光标，在通过第一点与参照目标平行的方向上出现临时追踪线，用户通过该追踪线捕捉第二点。

11. 外观交点(Apparent Int)捕捉。

捕捉空间两个对象的视图交点。

12. 延长线(Extension)捕捉。

可以利用延长线捕捉命令延伸直线或圆弧。与交点捕捉或外观交点捕捉一起使用延长线捕捉，可获得延伸交点。要使用延长线捕捉，在直线或圆弧端点上暂停后将显示“+”，表示直线或圆弧已被选定，可以延伸。沿着延伸路径移动光标，将显示一个临时延伸路径。如果交点捕捉或外观交点捕捉开启，就可以找出直线或圆弧与其他对象的交点。

二 栅格及正交

(一)栅格

栅格(Grid)是显示在屏幕上的等距离点，用户可以通过数点、行、列等方法进行确定点的位置，如图 1-37 所示。

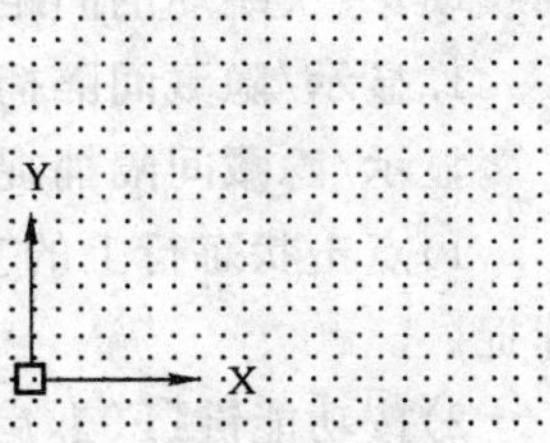

图 1-37 绘图区的栅格

1. 显示/隐藏栅格。

显示/隐藏栅格的方法有 3 种：

1)点击状态行上的“栅格”按钮，当按钮凹下，屏幕显示栅格，否则屏幕不显示栅格。

2)按功能键【F7】，屏幕显示/隐藏栅格。

3)按组合键【Ctrl+G】，屏幕显示/隐藏栅格。

2. 栅格的设置。

选择“工具”菜单→“草图设置”命令，显示如图 1-38 所示的对话框。

点击“捕捉和栅格”标签，显示其选项卡，在“启用栅格”下方“栅格 X 轴间距”右侧的方框中插入光标，输入“10”，表示 x 轴方向栅格的距离为 10mm。

在“栅格 Y 轴间距”右侧的方框中插入光标，输入“10”，表示 y 轴方向栅格的距离为 10mm。单击“确定”按钮，完成设置。

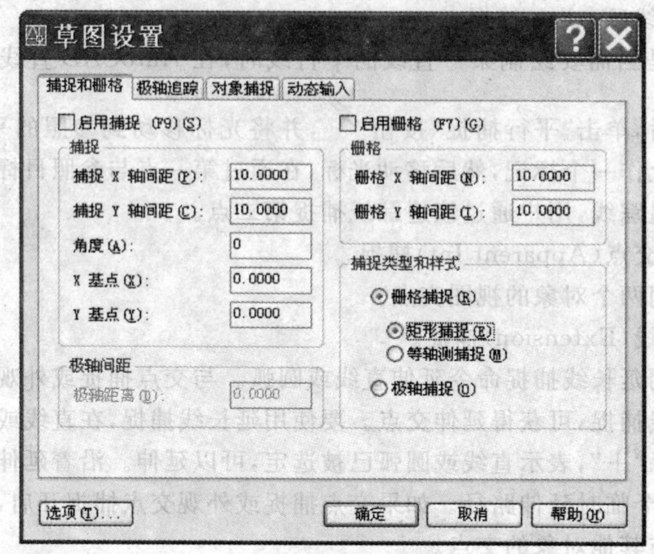

图 1-38　栅格的设置

(二)间隔捕捉

间隔捕捉是通过设置捕捉功能,使得绘图的十字光标只能在屏幕上做等距离跳动,一次跳动的间距称为捕捉分辨率。

1. 显示/隐藏间隔捕捉。

显示/隐藏间隔捕捉的方法有 2 种:

1)点击状态行上的“捕捉”按钮,当按钮凹下,启动栅格捕捉,否则关闭栅格捕捉。

2)按功能键【F9】,启动/关闭间隔捕捉。

2. 间隔捕捉的设置。

在图 1-38 所示“草图设置”对话框“捕捉和栅格”选项卡中,在“启用捕捉”的下方“捕捉 X 轴间距”右侧的方框中插入光标,输入“10”,表示 x 轴方向捕捉分辨率的值为 10mm。在 “捕捉 Y 轴间距”右侧的方框中插入光标,输入“10”,表示 y 轴方向捕捉分辨率的值为 10mm。单击“确定”按钮,完成设置。

(三)正交

建筑施工图中的图线大部分都是水平线或竖直线,为了方便画图,AutoCAD 设置了正交(Ortho)功能。

打开/关闭正交功能的方法有3种：

1. 点击状态行上的“正交”按钮，当按钮凹下，表示正交打开，否则表示正交关闭。

2. 按功能键【F8】，打开/关闭正交功能。

3. 在命令行中输入“ORTHO”后，选择“ON”选项。

打开正交后，移动光标选择绘图方向，输入长度值就可以画出水平线或垂直线。

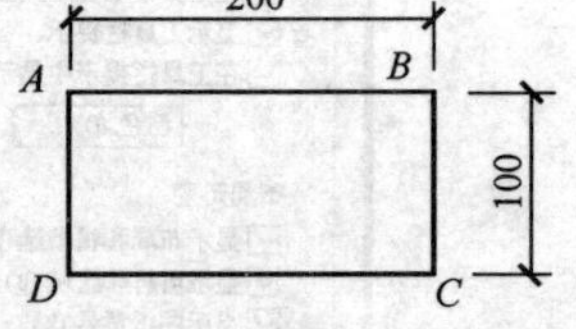

图 1-39 建筑物外轮廓

实例应用：绘制如图1-39所示的建筑外轮廓。

作图方法：

执行“直线”命令。

用鼠标左键在绘图区任一位置点击，确定建筑物外轮廓的第一点 A。

指定下一点或[放弃(U)]：将鼠标向右移动，形成一条水平线，输入线段 AB 的长度“200”，回车。

指定下一点或[放弃(U)]：将鼠标向下移动，形成一条竖直线，输入线段 BC 的长度“100”，回车。

指定下一点或[放弃(U)]：将鼠标向左移动，又形成一条水平线，输入线段 CD 的长度“200”，回车。

指定下一点或[放弃(U)]：将鼠标向上移动，又形成一条竖直线，输入线段 DA 的长度“100”回车结束命令，绘制完成的图形如图1-39所示。

第十节 “选项”中的常用设置

AutoCAD的窗口是可以按照用户的需要进行设置的，这些设置在“工具”菜单→“选项”命令中。

 一 “显示”设置

打开“选项”对话框，如图1-40所示，点击“显示”标签。

从图中可以看到，“显示”选项卡共分为6个区域。如要改变绘图区的颜色，点击“窗口元素”的“颜色”按钮，打开“颜色选项”对话框，如图1-41所示，打开“颜色”旁边的下拉列表框，选择用户需要显示的颜色后，点击“应用并关闭”按钮即可。

在图1-40所示“显示”选项卡的“十字光标大小”的控制区，通过移动滚动条，可以控制十字光标的大小，如将滚动条移动到最右侧，左边方框中显示

选项

当前配置: <<未命名配置>> 当前图形: Drawing4.dwg

文件 | 显示 | 打开和保存 | 打印和发布 | 系统 | 用户系统配置 | 草图 | 选择 | 配置

窗口元素
- ☑ 图形窗口中显示滚动条(S)
- ☐ 显示屏幕菜单(U)
- ☐ 在工具栏中使用大按钮
- ☑ 显示工具栏提示
- ☑ 在工具栏提示中显示快捷键

颜色(C)... 字体(F)...

显示精度
- 1000 圆弧和圆的平滑度(A)
- 8 每条多段线曲线的线段数(V)
- 0.5 渲染对象的平滑度(J)
- 4 曲面轮廓素线(O)

布局元素
- ☑ 显示布局和模型选项卡(L)
- ☑ 显示可打印区域(B)
- ☑ 显示图纸背景(K)
- ☑ 显示图纸阴影(E)
- ☐ 新建布局时显示页面设置管理器(G)
- ☑ 在新布局中创建视口(N)

显示性能
- ☐ 带光栅图像/OLE 平移和缩放(P)
- ☑ 仅亮显光栅图像边框(R)
- ☑ 应用实体填充(Y)
- ☐ 仅显示文字边框(X)
- ☐ 以线框形式显示轮廓(W)

十字光标大小(Z) 7

参照编辑的褪色度(I) 50

确定 取消 应用(A) 帮助(H)

图 1-40 “显示”选项卡

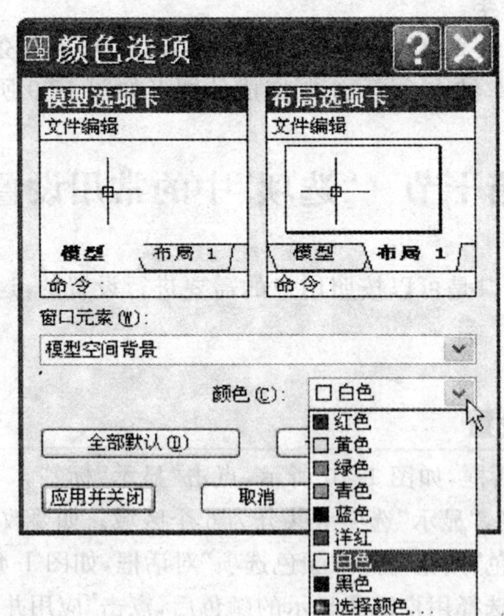

图 1-41 “颜色选项”对话框

"100",这时,光标显示为最长。

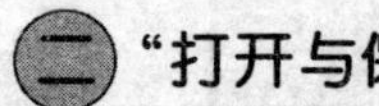

"打开与保存"设置

点击"选项"对话框中"打开与保存"标签,显示"打开与保存"选项卡,如图1-42所示。打开"另存为"的列表,可以将绘制的图样保存为不同版本的AutoCAD文件。

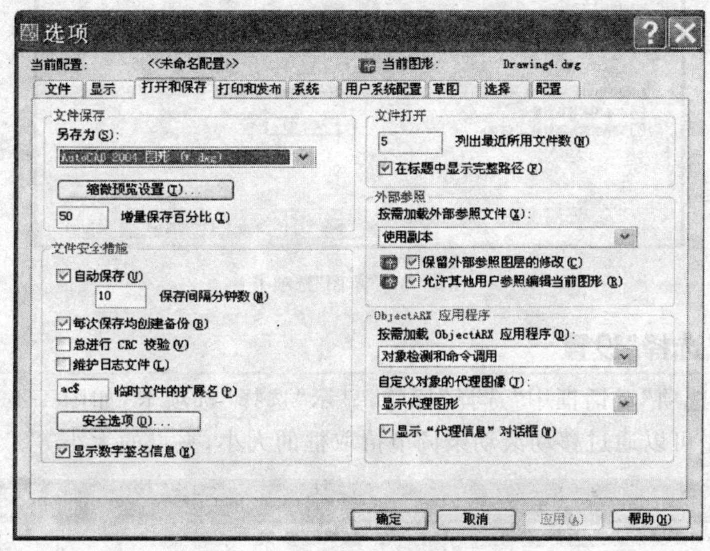

图1-42 "打开和保存"选项卡

在"文件安全措施"控制区中勾选"自动保存"左边的方框,将保存方法设置为系统自动保存,在"保存间隔分钟数"左边的方框内输入系统自动保存的时间间隔,如图中的"10",表示系统自动保存的时间间隔为10min。点击"安全选项"按钮,可以输入打开文件的密码,通过设置密码防止他人盗取文件。

在"文件打开"控制区中"列出最近所用文件数"左边的方框中输入文件的数目,如图中所示"5",表示打开"文件"菜单,下面会显示最近使用的5个文件。

"草图"设置

点击"选项"对话框中"草图"标签,显示捕捉的设置,如图1-43所示。

在"自动捕捉设置"组件中可以对"自动捕捉标记颜色"进行设置,如在图1-43中用户设置为"洋红"。通过移动滚动条可以调节自动捕捉标记的大小,向右移动滚动条表示使捕捉标记变大,反之变小。

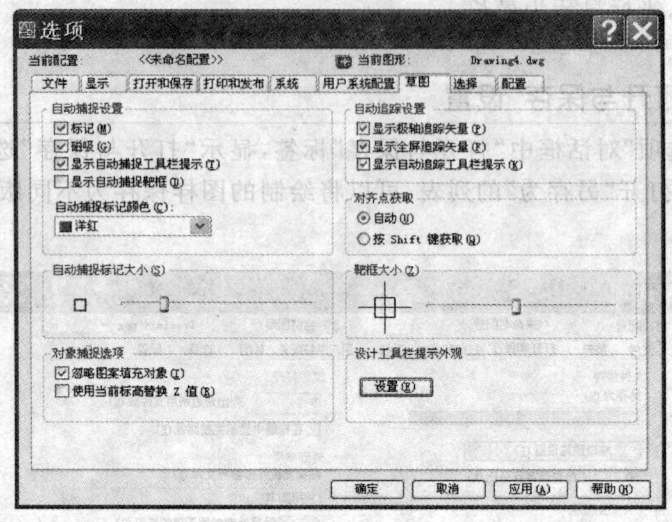

图 1-43 “草图”选项卡

四 “选择”设置

点击“选项”对话框中“选择”标签，显示“选择”选项卡，如图 1-44 所示。在该选项卡中可以通过移动滚动条调节拾取框的大小，夹点的大小等。

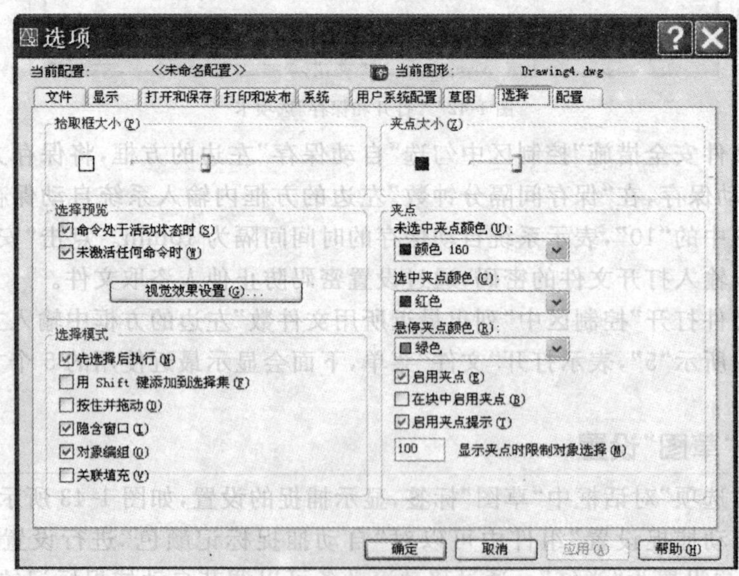

图 1-44 “选择”选项卡

第十一节　系统帮助的使用

为了帮助用户解决在绘图过程中出现的问题，AutoCAD 为用户提供了强大的帮助功能。

打开 AutoCAD“帮助”命令的方法有以下 4 种：

1. 选择“帮助”菜单→“帮助”命令。

2. 按功能键【F1】。

3. 在命令行输入“HELP”。

4. 单击“标准”工具栏中“帮助”按钮 。

打开“帮助”对话框后，用户可以根据自己的需要，点击或输入信息，从而获得帮助。

执行帮助命令后，出现如图 1-45 所示的“帮助”对话框，该对话框中有 3 个标签，分别为“目录”、“索引”和“搜索”。单击“目录”标签，显示 AutoCAD 操作目录，单击需要的命令名，可扩展选中目录的项目名，到达子目录，逐级操作，直至找到用户需要的项目名，在右侧的显示区则显示需要的帮助信息。

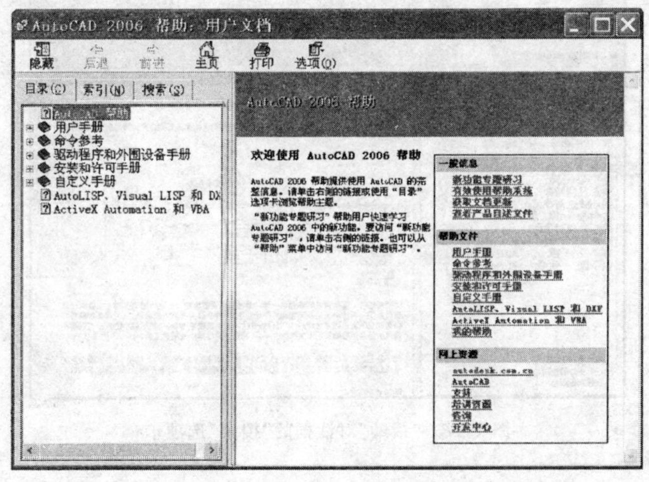

图 1-45　“帮助”对话框

单击“索引”标签，打开“索引”选项卡，如图 1-46 所示，在列表中找到需要帮助的信息，双击，在右侧即显示帮助的详细信息。或在文本框中输入需要检索的帮助主题的关键字，列表中将显示含有该关键字的选项，选择需要的选项，双击打开帮助信息。

用户也可以单击“搜索”标签，打开“搜索”选项卡，在文本框中输入要查找的内容的关键字，单击“列出主题”按钮，在下方的列表框中即列出含有该关键字的主题，再单击“显示”按钮，在右侧的窗口中即显示相关的帮助信息，如图1-47所示。

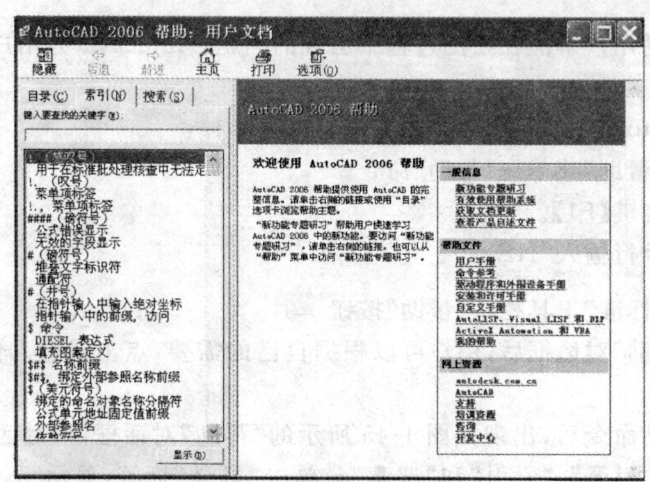

图1-46 “帮助”对话框的“索引”选项卡

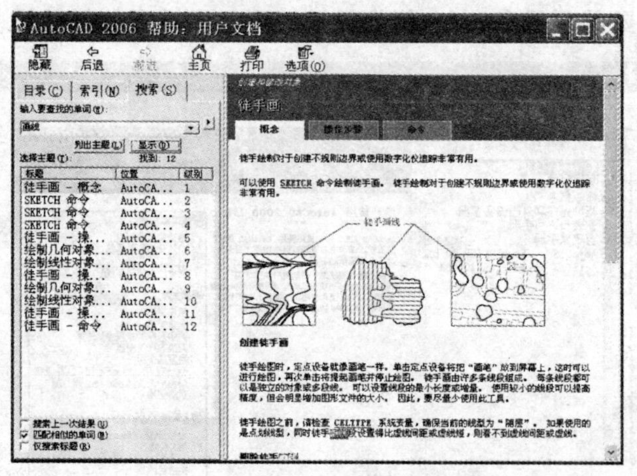

图1-47 “帮助”对话框的“搜索”选项卡

本章小结

本章主要介绍AutoCAD的基本知识，是全书的基础，为绘制图样做准备。用户在操作中必须注意，在执行命令时，要以命令窗口的提示为向导进行操作。

本章介绍了安装与启动 AutoCAD、退出 AutoCAD 的方法。

介绍了 AutoCAD 的窗口组成、文件管理的方法及其命令的调用方法。

坐标输入和点的智能输入方法是准确绘图的基础。坐标输入可分为绝对坐标输入和相对坐标输入。点的智能输入方法主要采用捕捉方式进行。捕捉根据图形的情况又分为：端点捕捉、中点捕捉、圆心捕捉、垂足捕捉、象限点捕捉、FROM 捕捉、平行线捕捉、交点捕捉等，用户可根据需要进行选择。

控制显示图形窗口的命令主要是平移和缩放命令，这些命令都是透明命令，在执行其他命令时都可以同时进行，方便用户操作。

介绍了各种选择对象的方法，用户应根据图形的特点、要选择对象的多寡和分布情况，使用不同的选择方式。

利用正交工具和输入长度是绘制水平线和铅垂线最有效的方法。

目标捕捉、间隔捕捉、栅格、正交工具的开启和关闭都可以通过状态栏进行。

介绍了如何使用系统帮助完成图样的绘制，使用选项对绘图环境进行设置。

综合练习题

确定绘制图形的顺序，绘出如图 1-48 至图 1-51 所示的图形。

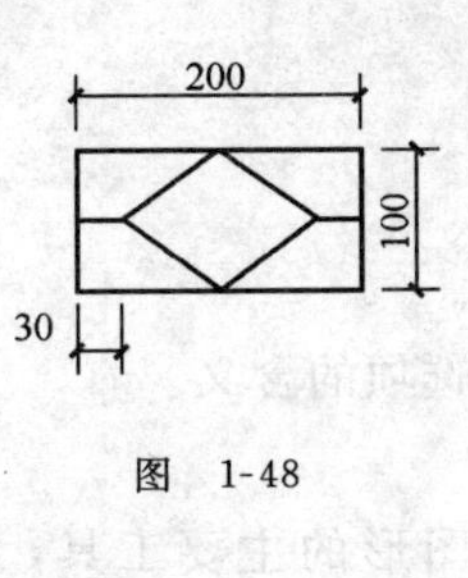

图 1-48

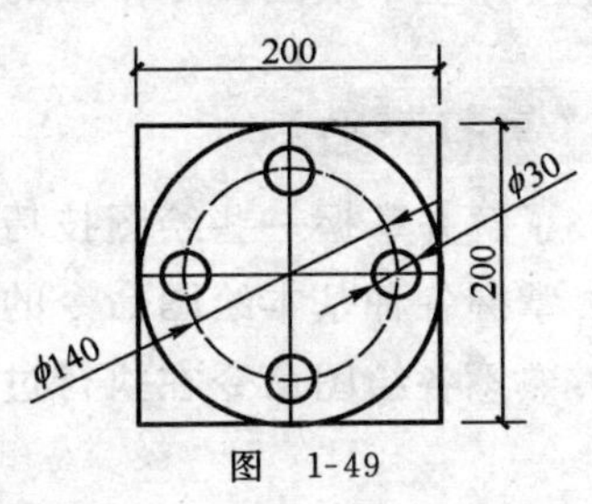

图 1-49

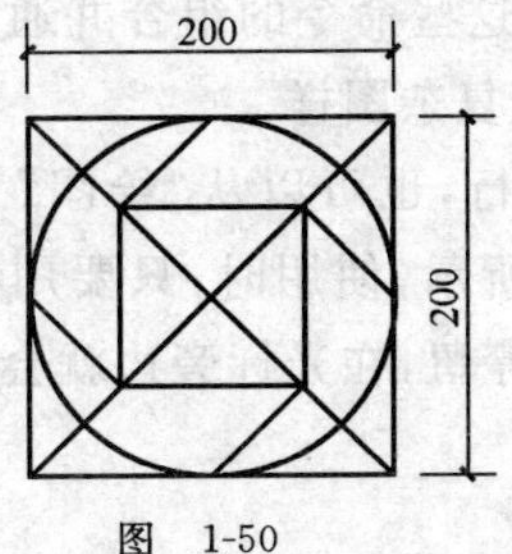

图 1-50

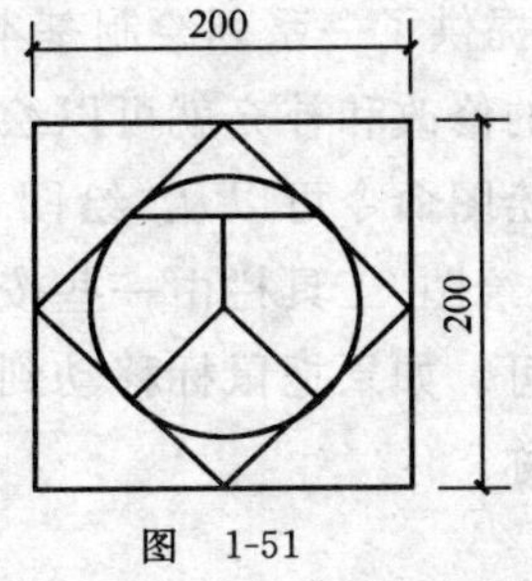

图 1-51

第二章 基本绘图命令

【职业能力目标】

通过学习本章知识，学生应掌握基本绘图命令，并能根据所绘图样的情况，合理地选择 AutoCAD 的绘图命令，快速绘制图样。

【知识目标】

学习用基本绘图命令作图的方法和技巧。

【学习要求】

1. 了解并掌握一些绘图技巧。
2. 掌握各种基本绘图命令的作用及操作方法。
3. 熟悉各绘图命令在执行过程中命令行内各选项的含义。

绘图命令是 AutoCAD 的基本命令，是形成图形的主要工具，为此 AutoCAD 提供了一系列绘制基本图元的命令，利用这些命令的组合并通过一些编辑命令的修改和补充就可以绘制我们需要的任何复杂图样。

绘图命令可以从“绘图(Draw)”菜单中执行，也可以从“绘图”工具栏中执行。“绘图”工具栏由一些按钮组成，如图 2-1 所示，使用时，只要用鼠标左键单击即可。如果把鼠标移动到某个按钮上，稍作停留，在光标旁边就会显示该按钮的名称。

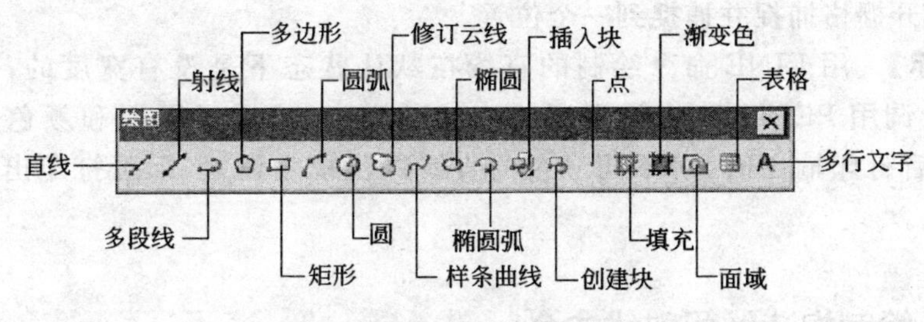

图 2-1 “绘图”工具栏

第一节 绘制直线图形的命令

一 绘制直线命令

直线(Line)命令用于绘制两点之间的直线段，它可以按命令给定的起点和终点绘制一系列连续的直线段，但每条直线段都是一个独立的对象。

执行“直线”命令的方法有 3 种：

1. 用鼠标单击“绘图”工具栏中的“直线”按钮 ╱。
2. 选择“绘图”菜单→“直线”命令。
3. 在命令行输入“LINE”或快捷键“L”。

命令及提示：

命令：LINE

指定第一点：

指定下一点或〔放弃(U)〕：

指定下一点或〔闭合(C)/放弃(U)〕：

参数说明：

1. 指定点：可直接在绘图区单击鼠标左键，也可在命令行输入坐标值以确定线段的端点。
2. 放弃(U)：退出命令。
3. 闭合(C)：使所绘制的几条线段形成闭合图形。

工程制图中，线段长度的精确度是非常重要的，要准确指定每条直线段端点的位置，用户可以：

1. 输入端点的绝对坐标或相对坐标值。
2. 指定相对于现有对象的对象捕捉(如将圆心指定为直线段的端点)。

3.打开栅格捕捉并捕捉到一个位置。

【提示】 用LINE命令绘制的直线在默认状态下是没有宽度的，但可在绘制完后调用PEDIT命令设置所绘直线的宽度；或通过图层和颜色定义直线，在最后打印输出时，对不同颜色的直线进行线宽设置，即可打印出不同线宽的直线。

二 绘制构造线和射线命令

像手工绘图需要辅助线一样，在AutoCAD环境中绘图，有时也需要辅助线。AutoCAD中提供的构造线和射线(Xline&Ray)命令可实现此功能。其中射线命令用于绘制向一端无限延伸的直线，构造线命令用于绘制向两端无限延伸的直线。

创建构造线默认的方法是两点法，即指定两点定义方向。第一个点是构造线概念上的中点，即通过“中点”对象捕捉，捕捉到的点。在实际应用中也可以通过水平、垂直、角度、二等分等选项，或指定绝对角度或相对角度、角平分线，指定距离的平行线等。

执行该命令的方法有以下3种：

1.用鼠标单击“绘图”工具栏中的“构造线”按钮。

2.选择“绘图”菜单→“构造线”命令。

3.在命令行输入“XLINE” 或快捷键“XL”。

命令及提示：

命令：XLINE

指定点或[水平(H)/垂直(V)/角度(A)/二等分(B)/偏移(O)：

指定通过点：

参数说明：

1.水平(H)和垂直(V)：创建一条经过指定点并且与当前UCS的x轴或y轴平行的构造线。

2.角度(A)：以指定的角度创建一条构造线。选择此选项后，命令行提示“输入构造线的角度(0)或[参照(R)]”。

1)构造线角度(0)：指定放置构造线的角度。

2)参照(R)：指定与选定参照线之间的夹角。此角度从参照线开始按逆时针方向测量。

3.二等分(B)：创建一条参照线，它经过选定的角顶点，并且将选定的两条线之间的夹角平分。

4. 偏移(O):创建平行于指定基线的构造线。选择此选项后,命令行提示"指定偏移距离或[通过(T)]<通过>:"。

1)偏移距离:指定构造线偏离选定对象的距离。

2)通过:创建从一条直线偏移并通过指定点的构造线。

实例应用:绘制图 2-2 所示的构造线。

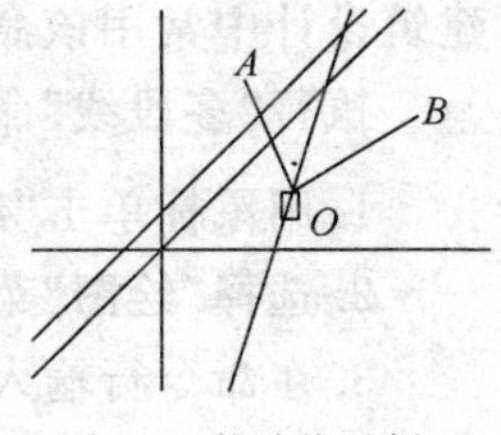

图 2-2 构造线示例

作图方法:

执行"构造线"命令。

指定点或[水平(H)/垂直(V)/角度(A)/二等分(B)/偏移(O)]:在绘图区单击左键,拾取一点。

指定通过点:输入"@1,0",回车,绘制一条水平的构造线。

指定通过点:输入"@0, 1", 回车,绘制一条垂直的构造线。

指定通过点:回车,结束命令。

重复执行"构造线"命令。

指定点或[水平(H)/垂直(V)/角度(A)/二等分(B)/偏移(O)]:输入"A",回车。

输入构造线的角度(0)或[参照(R)]:输入"45",回车。

执行"直线"命令绘制∠*AOB*。

执行"构造线"命令并激活"二等分"选项。

指定角的顶点:单击左键,拾取角的顶点 *O*。

指定角的起点:单击左键,拾取角的一个端点 *A*。

指定角的端点:单击左键,拾取角的另一个端点 *B*,回车,∠*AOB* 的角平分线就绘制完成。

重复执行"构造线"命令,并激活"偏移"选项。

指定偏移距离或[通过(T)]<通过>:输入"50"并回车。

选择要偏移的对象,或[退出(E)/放弃(U)〈退出〉:选择 45°构造线。

指定要偏移的哪一侧上的点,或[退出(E)/多个(M)/放弃(U)〈退出〉]:在要偏移的一侧上单击左键,回车,结束命令。

三 绘制多段线命令

多段线(Pline)是由一条或多条等宽或不等宽的直线段和弧线序列连接而成的一种特殊的折线,它不但可以绘制一条单独的直线段或圆弧,还可以绘制具有一定宽度的闭合或非闭合的直线段和弧线序列。无论绘制的多段线中含有多少条直线和圆弧,AutoCAD 都把它们作为一个单独的对象,可同时进行编辑。

建筑设计中常用该命令绘制墙体及各种构件等。

执行"多段线"命令的方法有 3 种:

1. 用鼠标单击"绘图"工具栏中的"多段线"按钮 。

2. 选择"绘图"菜单→"多段线"命令。

3. 在命令行输入"PLINE"或快捷键"PL"。

命令及提示:

命令:PLINE

指定起点:

当前宽度 0.0000,指定下一点或[圆弧(A)/半宽(H)/长度(L)/放弃(U)/宽度(W)]:

参数说明:

1. 圆弧(A):在命令行输入"A",进入画弧模式。绘制多段线的弧线段时,圆弧的起点就是前一条线段的端点。可以通过指定圆弧的角度、圆心、方向或半径或通过指定一个中间点和一个端点完成圆弧的绘制。系统为用户提供了表达圆弧的子选项,各子选项的含义如下:

1)角度(A):输入角度,用于指定圆弧段从起点开始的包含角。输入正数将按逆时针方向创建弧线段;输入负数将按顺时针方向创建弧线段。

2)圆心(CE):输入"CE",用户可以自行指定一点作为圆心。

3)方向(D):选取圆弧的起始方向。

4)半宽度(H)和宽度(W):设定多段线中圆弧的半宽(或宽度)。起点半宽(或宽度)将成为默认的端点半宽(或宽度)。

5)直线(L):退出"圆弧"选项,返回到绘制直线模式。

6)半径(R):设定圆弧半径。

7)第二点(S):输入第二点和第三点,用三点绘制圆弧。

2. 闭合(C):在命令行输入"C"后,会在多段线最后一段的终点和第一段的起点间连上一段直线,把多段线封闭。

3. 半宽度(H):指定从多段线线段的中心到其一边的宽度。

4. 长度(L):定义下一多段线的长度。在命令行输入"L",如果多段线中上一段是直线,则绘制的直线段从此直线段伸出,方向、角度都和此直线段一样;如果多段线中上一段是圆弧,则绘制的直线段与圆弧相切。

5. 放弃(U):取消最后绘制的一段线。

6. 宽度(W):用来给多段线设定一个或多个宽度。

实例应用 1:绘制如图 2-3 所示的箭头。

图 2-3　绘制箭头

作图方法:

执行"多段线"命令。

指定起点:在绘图区任意点取一点。

当前线宽为 0.0000

指定下一点或[圆弧(A)/半宽(H)/长度(L)/放弃(U)/宽度(W)]:〈正交开〉输入"200",回车。

指定下一点或[圆弧(A)/闭合(C)/半宽/(H)/长度(L)/放弃(U)/宽度(W)]:输入"W",回车,激活"宽度"选项。

指定起点宽度〈0.0000〉:输入"14",回车。

指定起点宽度〈14.0000〉:输入"0",回车。

指定下一点或]圆弧(A)/闭合(C)/半宽/(H)/长度(L)/放弃(U)/宽度(W)]:输入"L",激活"长度"选项。

指定直线的长度:输入"50",回车。

指定下一点或[圆弧(A)/闭合(C)/半宽/(H)/长度(L)/放弃(U)/宽度(W)]:回车,结束命令。

实例应用 2:绘制如图 2-4 所示的钢筋。

图 2-4　绘制钢筋

执行"多段线"命令,在绘图区点取一点,并进入"宽度"选项,设置起点和终点宽度均为 20。

指定下一点或[圆弧(A)/半宽(H)/长度(L)/放弃(U)/宽度(W)]:〈正交开〉输入"200",回车。

指定下一点或[圆弧(A)/半宽(H)/长度(L)/放弃(U)/宽度(W)]:输入"A",回车,进入"圆弧"选项。

指定圆弧的端点或[角度(A)/圆心(CE)/方向(D)/半宽(H)/直线(L)/半径(R)/第二点(S)/放弃(U)/宽度(W)]:输入"50",回车。

在上述同样的提示下,输入"L",回车,进入"直线"选项。

指定下一点或[圆弧(A)/半宽(H)/长度(L)/放弃(U)/宽度(W)]:〈正交开〉输入"500",回车。

指定下一点或[圆弧(A)/半宽(H)/长度(L)/放弃(U)/宽度(W)]:〈正交关〉,输入"@100<135",回车。

指定下一点或[圆弧(A)/半宽(H)/长度(L)/放弃(U)/宽度(W)]:〈正交开〉输入"200",回车。

后面的多段线可按如上所述的方法依次绘出。

四 绘制矩形命令

矩形(Rectangle)命令用于绘制一般矩形或具有一定倒角、圆角和宽度的矩形,除此之外,还可以用于绘制具有一定标高和一定厚度的矩形。用户在使用此命令绘制矩形时主要有2种方式:一种是使用系统默认方式,给定矩形的两个角点进行绘制;另一种方式是在给定矩形的第一个角点后,使用"尺寸(Dimensions)"选项功能,输入矩形的长度和宽度值进行绘制。

执行"矩形"命令的方法有3种:

1.用鼠标单击"绘图"工具栏中的"矩形"按钮□。

2.选择"绘图"菜单→"矩形"命令。

3.在命令行输入"RECTANG"或快捷键"REC"。

命令及提示:

命令:RECTANG

指定第一个角点或[倒角(C)/标高(E)/圆角(F)/厚度(T)/宽度(W)]:

指定另一个角点或[面积(A)/尺寸(D)/旋转(R)]:

参数说明:

1.倒角(C):设定矩形的倒角距离,从而形成矩形四角为倒角的矩形。

2.标高(E):设定矩形在三维空间中的基面高度。

3.圆角(F):设定矩形的圆角半径,从而形成矩形四角为圆角的矩形。

4.厚度(T):设定矩形的厚度,即三维 z 轴方向的高度。

5.宽度(W):设置矩形的多段线宽度。

6.面积(A):通过指定面积和一个维度(长度或宽度)来创建矩形。

7.尺寸(D):使用长度和宽度创建矩形。

8.旋转(R):通过指定旋转角度创建矩形(通过输入值、指定点或输入"P"并指定两个点来指定角度)。

实例应用:绘制如图2-5所示的长×宽为150×100的矩形。

方法一:

执行"矩形"命令。

指定第一个角点或[倒角(C)/标高(E)/圆角(F)/厚度(T)/宽度(W)]:在绘图区点取一点,作为矩形的第一个角点。

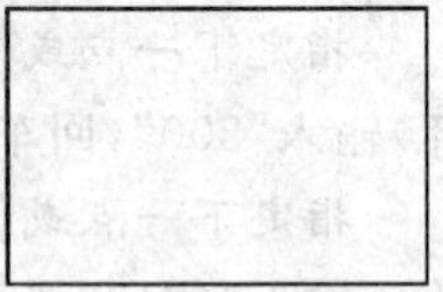

图2-5 150×100的矩形

指定另一个角点或[面积(A)/尺寸(D)/旋转(R)]:输入另一角点的相对直角坐标"@150,100",回车。

方法二：

执行"矩形"命令。

指定第一个角点或[倒角(C)/标高(E)/圆角(F)/厚度(T)/宽度(W)]：在绘图区点取一点，作为矩形的第一个角点。

指定另一个角点或[面积(A)/尺寸(D)/旋转(R)]：输入"D"并回车，激活"尺寸"选项。

指定矩形的长度：输入"150"，回车。

指定矩形的宽度：输入"100"，回车。

指定另一个角点或[面积(A)/尺寸(D)/旋转(R)]：在绘图区单击鼠标左键，定位矩形另一角点的位置。

若要绘制具有一定特征的矩形(如倒角矩形)，则需要在执行矩形命令后，激活相应的选项。图 2-6 所示为执行不同选项时绘制出的矩形形状。

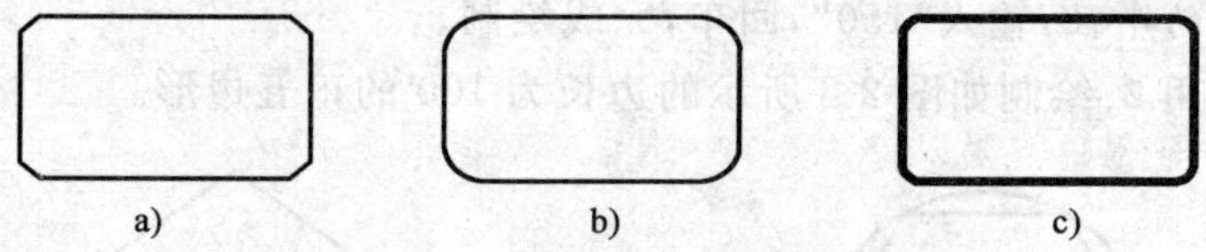

图 2-6　具有一定特征的矩形

a)倒角矩形；b)圆角矩形；c)具有一定宽度的矩形

【提示】 用矩形命令绘制的矩形是一条封闭的多段线。

五 绘制正多边形命令

正多边形(Polygon)命令用于绘制等边、等角的封闭几何图形，建筑上通常用该命令绘制多边形门窗或异形图案等。

执行"正多边形"命令的方法有 3 种：

1. 用鼠标单击"绘图"工具栏中的"正多边形"按钮⬠。
2. 选择"绘图"菜单→"正多边形"命令。
3. 在命令行输入"POLYGON"或快捷键"POL"。

命令及提示：

命令：POLYGON

输入边的数目 <当前值>：

指定多边形的中心点或[边(E)]：

输入选项[内接于圆(I)/外切于圆(C)〈I〉]：

指定圆的半径：

参数说明:

1. 输入边的数目:用户可输入的边的数目最少为3,最多为1024。

2. 边(E):指定边长作正多边形。

3. 内接于圆(I):绘制圆内接多边形。

4. 外切于圆(C):绘制圆外切多边形。

实例应用1:绘制半径为150的圆的内接正六边形,如图2-7所示。

作图方法:

执行"正多边形"命令。

输入边数 <当前值>:输入"6",回车。

指定正多边形的中心或[边]:在绘图区点取一点,拾取正多边形的中心。

输入选项[内接于圆(I)/外切于圆(C)〈I〉]:直接回车,采用系统默认的"内接于圆"选项。

指定圆的半径:输入"150",回车,完成绘制。

实例应用2:绘制如图2-8所示的边长为100的正五边形。

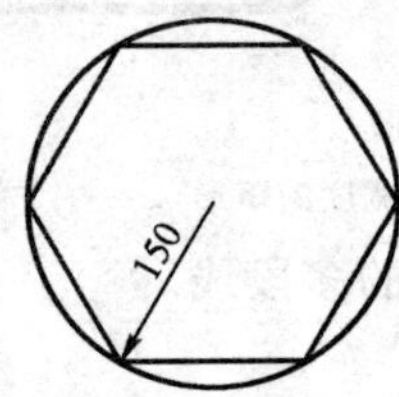

图2-7 正六边形

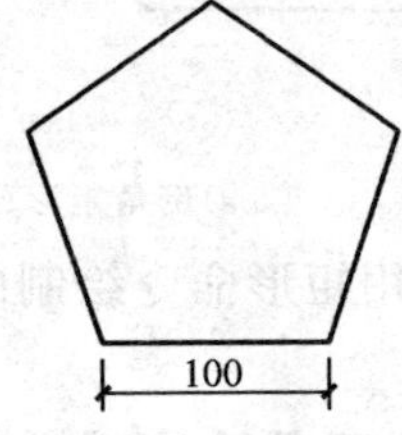

图2-8 正五边形

作图方法:

执行"正多边形"命令。

输入边数 <当前值>:输入"5",回车。

指定正多边形的中心或[边(E)]:输入"E",回车。

指定边的第一个端点:在绘图区点取一点。

指定边的第二个端点:输入"@100,0",回车,完成绘制。

六 绘制点命令

点(Point)命令包括"单点(Single Point)"、"多点(Multiple Point)"、"定数等分(Divide)"和"定距等分(Measure)"等命令。点作为实体,同样具有各种实体的属性,而且可以被编辑。在建筑设计中,点常用于辅助定位。

(一)点样式(Point Style)的设置

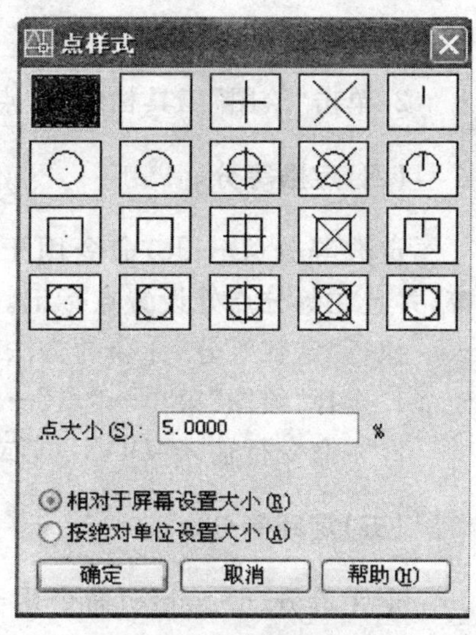

图 2-9 “点样式”对话框

点样式命令用于设置点的样式和大小尺寸。

执行“点样式”命令的方法有 2 种:

1. 选择“格式”→“点样式”菜单。

2. 在命令行输入“DDPTYLE”。

执行该命令后,系统弹出如图 2-9 所示的“点样式”对话框。

该对话框中共包含了 20 种点样式,用户可以在所需的点样式图标上单击鼠标左键,选中该点的样式,并调整点的大小,单击“确定”按钮,即可将其设置为当前点样式。

设置点的尺寸有 2 种方式:

1. 相对于屏幕设置大小:激活此单选框,系统将按屏幕尺寸的百分比显示点的大小。

2. 用绝对单位设置大小:激活此单选框,系统将按设置的点的实际单位来显示点的大小。

(二)绘制单点

单点(Single Point)命令用于在指定位置绘制单个点对象,当绘制完单个点时,系统会自动结束命令。

执行“单点”命令的方法有 2 种:

1. 选择“绘图”菜单→“点”→“单点”命令。

2. 在命令行输入“POINT”或快捷键“PO”。

命令及提示:

命令:POINT

当前点模式:PDMODE=0 PDSIZE=0

指定点:

(三)绘制多点

多点(Multiple Point)命令用于连续地绘制多个点对象,直至按下键盘上的 Esc 键结束命令为止。

执行“多点”命令的方法有 2 种:

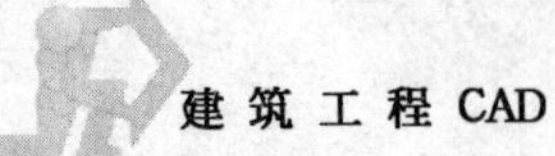

1. 选择“绘图”菜单→“点”→“多点”命令。

2. 单击“绘图”工具栏中的“点”按钮。

(四)定数等分

定数等分(Divide)命令用于等分一个选定的图形对象,如线段、圆或圆弧等,并且在等分点处设置点标记。

执行“定数等分”命令的方法有 2 种:

1. 选择“绘图”菜单→“点”→“定数等分”命令。

2. 在命令行输入“DIVIDE”或快捷键“DIV”。

(五)定距等分

定距等分(Measure)命令用于在等分的对象上,按照指定的等分间距设置点的标记符号。

执行“定距等分”命令的方法有 2 种:

1. 选择“绘图”菜单→“点”→“定距等分”命令。

2. 在命令行输入“MEASURE”或快捷键“ME”。

实例应用:绘制一长度为 120 的线段,并将其分为 6 等份,如图 2-10 所示。

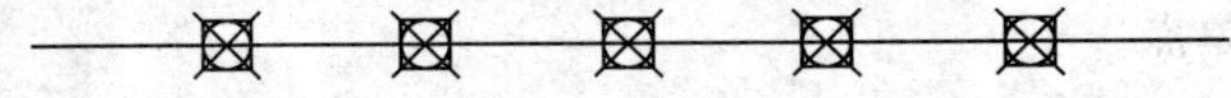

图 2-10 等分直线

作图方法:

执行“多段线”命令绘制一条长度为 120 的直线段。

执行“点样式”命令。

设置点的样式为某一种样式,如⊠。

执行“定数等分”命令。

选择要定数等分的对象:在直线段上单击鼠标左键,选中对象。

输入线段的数目或[块(B)]:输入“6”,回车。

七 绘制多线命令

多线(Mline)是由两条或两条以上的平行线组成的复合线。这些平行线所含的直线数量、线型、颜色、平行线之间的间隔等称为元素。绘制多线时,可以使用包含两个元素的 Standard 样式,也可以指定一个以前创建的样式。在建筑设计中常用于绘制墙线、窗线、阳台等。

(一)设置与加载多线样式

多线样式(Mline Style)命令用于设置多条平行线的样式，使用此命令不仅可以设置多线的元素特性，还可以设置多线的连接、封口和填充特性。

执行“多线样式”命令的方法有 2 种：

1. 选择“格式”菜单→“多线样式”命令。
2. 在命令行输入“MLSTYLE”。

执行该命令后，系统弹出“多线样式”对话框，如图 2-11 所示。

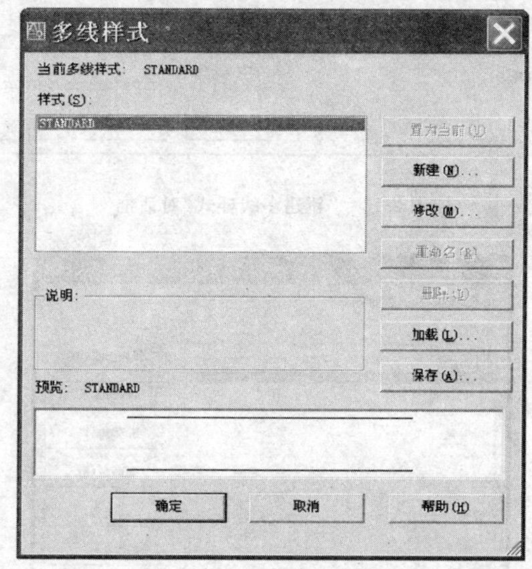

图 2-11 “多线样式”对话框

单击 新建(N)... 按钮，系统弹出“创建新的多线样式”对话框，如图 2-12 所示，在“新样式名”列表内输入新样式名称，如“墙线一”。

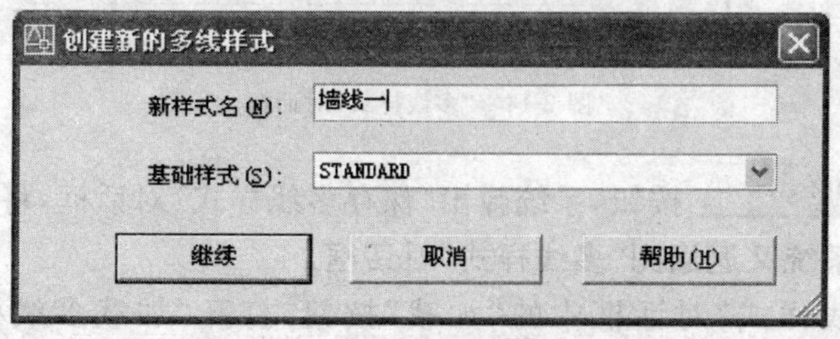

图 2-12 “创建新的多线样式”对话框

单击 继续 按钮，系统弹出“新建多线样式”对话框，如图2-13所示，分别对多线样式的元素特性和封口等进行设置后，单击 确定 按钮。系统返回到“多线样式”对话框（图2-14），预览框中显示刚设置的“墙线一”样式。

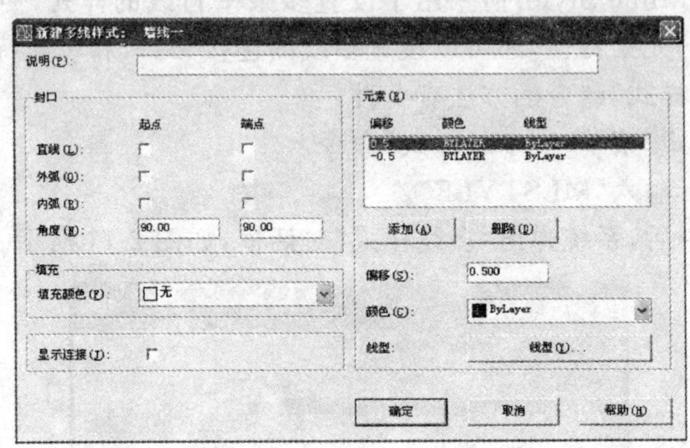

图2-13 “新建多线样式”对话框

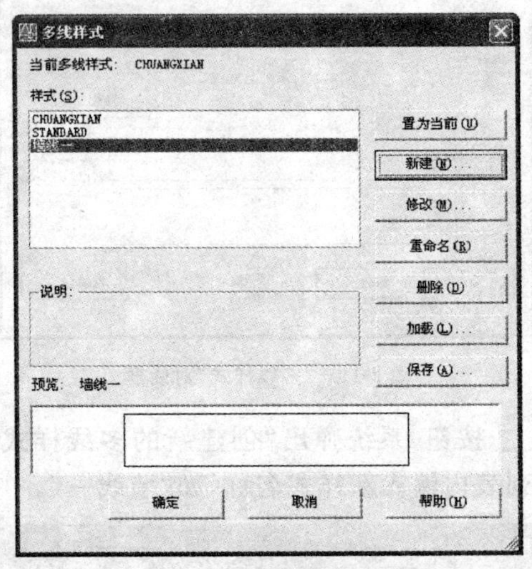

图2-14 “多线样式”对话框

单击 保存(A)... 按钮，系统弹出“保存多线样式”对话框，将“墙线一”样式命名保存后，系统又返回到“多线样式”对话框。

单击“多线样式”对话框中的“加载”按钮，打开“加载多线样式”对话框（图2-15），选择“墙线一”，单击 确定 按钮，系统返回“多线样式”对话框，单

击 确定 按钮，结束多线样式的新建和加载。

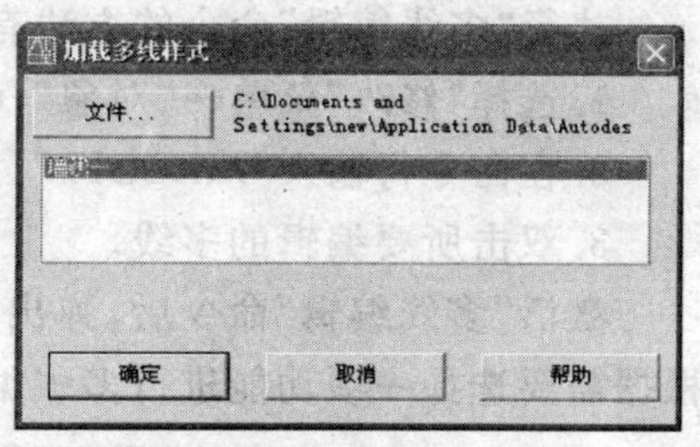

图 2-15　加载多线样式

(二)多线的绘制与编辑

执行"多线"命令的方法有 2 种：

1. 选择"绘图"菜单→"多线"命令。

2. 在命令行输入"MLINE"或快捷键"ML"。

命令及提示：

命令：MLINE

当前设置：对正＝当前对正方式，比例 ＝ 当前比例值，样式 ＝ 当前样式

指定起点或[对正(J)/比例(S)/样式(ST)]：指定点或输入选项。

用户可以直接以当前设置绘制多线，也可以选择有关选项以修改设置。

参数说明：

1. 对正(J)：对正选项用来确定图形中十字光标的位置。选择该项，命令行提示："输入对正类型[上(T)/无(Z)/下(B)]："。说明有 3 种对正类型(上、中、下)。"上"表示在光标下方绘制多线，因此在指定点处将会出现具有最大正偏移值的直线；"无"表示将光标作为原点绘制多线；"下"表示在光标上方绘制多线，因此在指定点处将出现具有最大负偏移值的直线。在实际使用中，要根据具体情况确定平行线的对正方式，如绘制墙体时，一般轴线在墙体的中心，因此，就设置对正方式为"无(Z)"。

2. 比例(S)：比例选项是用于设置平行线的宽度比例，即平行线最外面两条直线的距离比例，选择该项，命令行提示："输入多线比例〈当前值〉："，系统默认的平行线样式，其两条直线的距离比例为"1"，因此用"多线"命令绘制厚度为 240 的墙体时，必须把比例设为"240"。

3. 样式(ST)：该选项用于选择多线的样式，选择该选项后，命令行提示："输入多线样式名或[?]："。此时可以直接输入其他样式名称，系统默认的样式是"标准(Standard)"。其他样式是指已经加载到系统中的样式。实际上多线的样式与线型的概念很相似，不过线型可以从线型文件中加载，而多线样式则需用户设计后再加载。

多线的编辑是使用"多线编辑工具"对话框中的各项功能进行的。在"多线编辑工具"对话框中，可以控制和编辑多线的交叉点，也可以断开和增加顶点等。

执行“多线编辑”命令的方法有 3 种：

1. 选择“修改”菜单→“对象”→“多线”命令。
2. 在命令行输入“MLEDIT”。
3. 双击所要编辑的多线。

激活“多线编辑”命令后，弹出“多线编辑工具”对话框，如图 2-16 所示。可根据需要选择一项功能进行多线编辑。

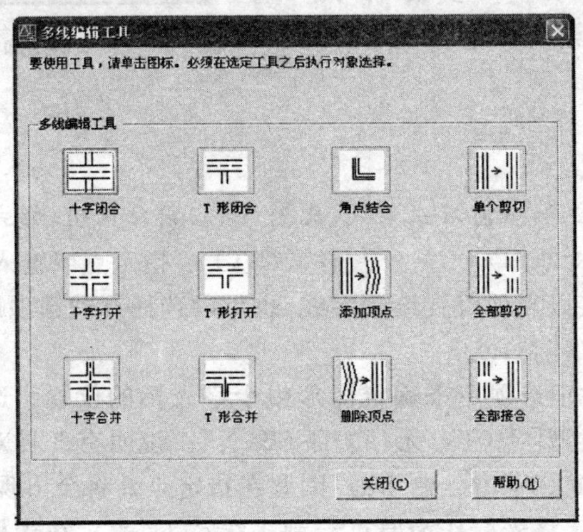

图 2-16 “多线编辑工具”对话框

【提示】 在处理十字相交和 T 形相交的多线时，应当注意选择多线时的顺序，如果选择顺序不恰当，可能得不到预想的结果。

第二节 绘制曲线图形的命令

一 绘制圆命令

圆(Circle)命令用于绘制圆，绘制的圆是一种封闭曲线，能拉伸成三维实体。执行“圆”命令的方法有 3 种：

1. 单击“绘图”工具栏中“圆”按钮  。
2. 选择“绘图”菜单→“圆”命令。
3. 在命令行输入“CIRCLE”或快捷键“C”。

圆的绘制比较简单，AutoCAD 提供了 6 种绘制方式，如图 2-17 所示。

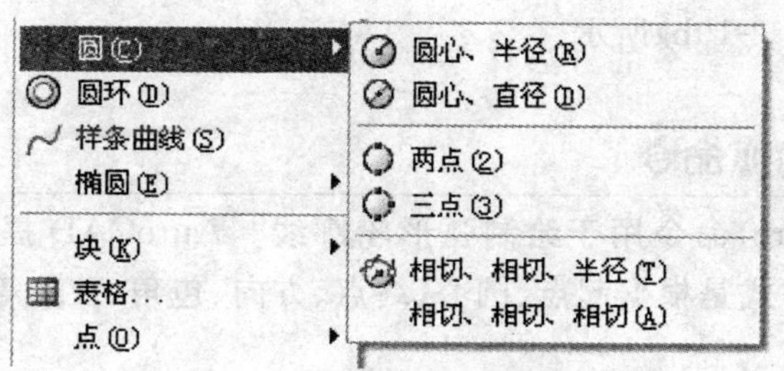

图 2-17 绘制圆命令的菜单

1."圆心、半径"方式和"圆心、直径"方式绘制圆。

这两种方式比较简单，在激活命令后，指定圆的圆心、输入圆的半径或直径即可。系统默认的绘制圆方式是"圆心、半径"方式。

2."两点"方式绘制圆。

"两点"定圆是通过确定直径的两个端点来绘制圆。激活此选项功能后，系统提示用户指定两点，系统以这两点为直径的两个端点绘制圆，如图 2-18a)所示。

3."三点"方式绘制圆。

"三点"定圆是通过指定圆周上的任意 3 个点来绘制圆。激活此选项功能后，系统提示用户分别指定圆周上的第一点、第二点和第三点，之后即可完成圆的绘制，如图 2-18b)所示。

4."相切、相切、半径"方式绘制圆。

此种绘制方式是通过指定两个相切对象和半径进行圆的绘制。激活此选项功能后，系统提示用户分别指定对象与圆的第一个切点和另一对象与圆的第二个切点，再输入圆的半径即可，如图 2-19a)所示。

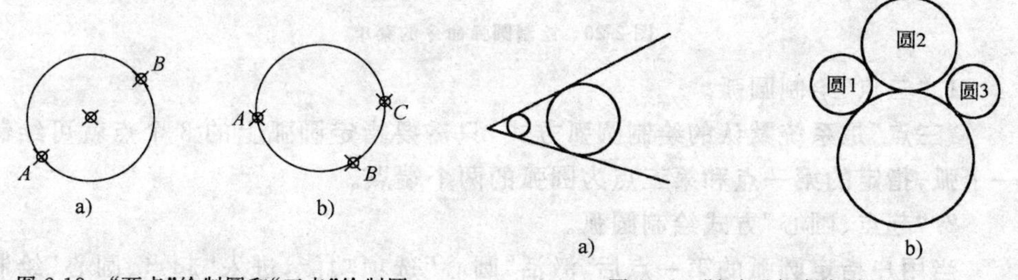

图 2-18 "两点"绘制圆和"三点"绘制圆

a)"两点"方式；b)"三点"方式

图 2-19 "相切"方式绘制圆

a)"相切、相切、半径"方式；b)"相切、相切、相切"方式

5."相切、相切、相切"方式绘制圆。

此种方式可绘制与已知 3 个图形对象都相切的圆。激活此选项功能后，系统提示用户分别在 3 个已知图形对象上指定与圆的第一个切点、第二个切点和

第3个切点,如图2-19b)所示。

二 绘制圆弧命令

绘制圆弧(Arc)命令用于绘制弧形轮廓线。AutoCAD提供了多种绘制圆弧的方式,这些方式是根据起点、圆心、终点、方向、包角、弦长等控制点或数据来确定的。

执行"圆弧"命令的方法有3种:

1. 单击"绘图"工具栏中的"圆弧"按钮。
2. 选择"绘图"菜单→"圆弧"命令。
3. 在命令行输入"ARC"或快捷键"A"。

通过菜单栏操作,AutoCAD提供了如图2-20所示的11种绘制圆弧方式。概括起来主要有以下5种。

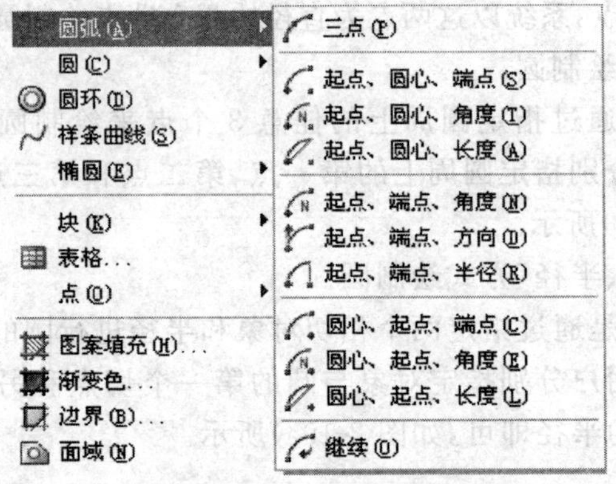

图2-20 绘制圆弧命令的菜单

1. "三点"绘制圆弧。

"三点"是系统默认的绘制圆弧方式,只需要指定圆弧上的3个点就可绘制一个弧,指定的第一点和第三点为圆弧的两个端点。

2. "起点、圆心"方式绘制圆弧。

当用户指定圆弧的第一点后,激活"圆心"选项功能,进入"起点、圆心"绘制圆弧方式。此方式又可分为"起点、圆心、端点"、"起点、圆心、角度"和"起点、圆心、长度"3种方式,如图2-21所示。

3. "起点、端点"方式绘制圆弧。

当用户指定圆弧的第一点后,激活"端点"选项功能,进入"起点、端点"绘制圆弧方式。此方式又可分“起点、端点、角度”、“起点、端点、方向”和“起点、端点、半径”3 种方式。

4.“圆心、起点”方式绘制圆弧。

如果用户通过工具栏按钮激活绘制圆弧命令后，不指定圆弧的起点，直接使用“圆心”选项功能，则进入“圆心、起点”绘制圆弧方式。此方式又可分“圆心、起点、端点”、“圆心、起点、角度”和“圆心、起点、长度”3 种方式。

5.“连续”方式绘制圆弧。

在第一个绘制圆弧命令结束后，再回车，进入“连续”绘制圆弧方式。绘制的圆弧与前一圆弧的终点连接并与之相切；在直线命令结束后，使用连续绘制圆弧命令绘制的圆弧与直线相切，如图 2-22 所示。

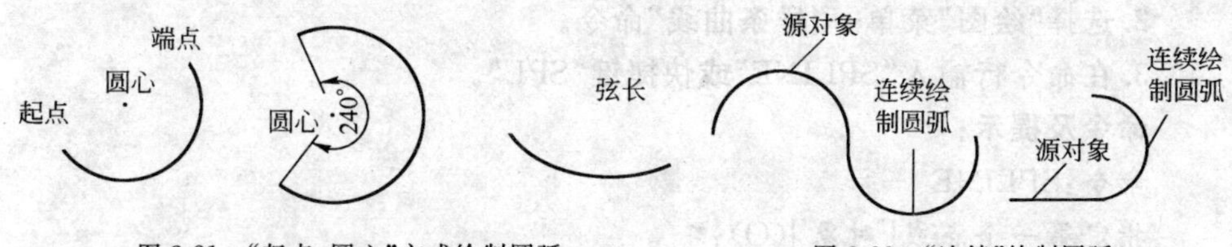

图 2-21 “起点、圆心”方式绘制圆弧　　图 2-22 “连续”绘制圆弧

实例应用：绘制如图 2-23 所示的门。

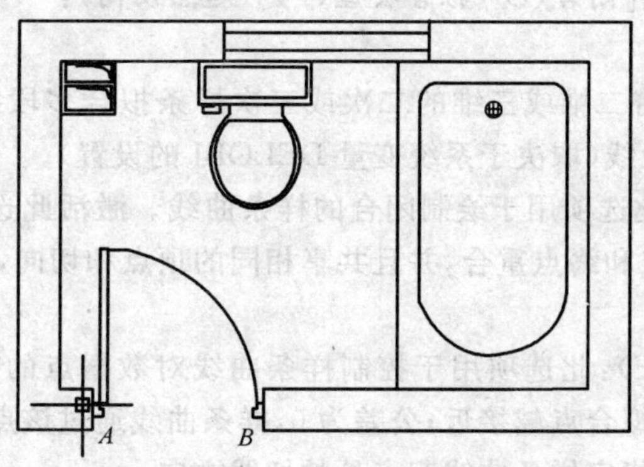

图 2-23 绘制居室的门

作图方法：

执行“圆弧”→“起点、圆心、角度”命令。

Arc 指定圆弧的起点或[圆心(C)]：打开中点捕捉，单击墙边中点 *B* 作为圆弧的起点。

指定圆弧的第二个点或[圆心(C)/端点(E)]：—C 指定圆弧的圆心：单击点 *A* 作为圆弧的圆心。

指定圆弧的端点或[角度(A)/弦长(L)]:— a 指定包含角:输入“90”。

【提示】 AutoCAD 系统采用逆时针绘制圆弧。

三 绘制样条曲线命令

样条曲线(SPline)命令用于绘制形状不规则的曲线,如地形图。样条曲线是通过指定数据点(控制点)拟合生成的光滑曲线,可以是二维或三维曲线,也可以控制曲线与点的拟合程度。

执行“样条曲线”命令的方法有 3 种:

1. 单击“绘图”工具栏中“样条曲线”按钮 。
2. 选择“绘图”菜单→“样条曲线”命令。
3. 在命令行输入“SPLINE”或快捷键“SPL”。

命令及提示:

命令:SPLINE

指定第一个点或[对象](O):

指定下一点:

指定下一点或[闭合(C)/拟合公差(F)]〈起点切向〉:

参数说明:

1. 对象(O):将二维或三维的二次或三次样条拟合多段线转换成等价的样条曲线并删除多段线(取决于系统变量 DELOBJ 的设置)。

2. 闭合(C):此选项用于绘制闭合的样条曲线。激活此选项功能后,系统将使样条曲线的起点和终点重合,并且共享相同的顶点和切向,此时系统只提示一次给定切向点。

3. 拟合公差(F):此选项用于控制样条曲线对数据点的接近程度。公差值越小,样条曲线与拟合点越接近;公差为 0,样条曲线通过该点。

4. 起点切向:指定样条曲线起点处的切线方向。

5. 端点切向:指定样条曲线端点处的切线方向。

四 绘制椭圆命令

椭圆(Ellipse)命令用于绘制椭圆或椭圆弧。

执行“椭圆”命令的方法有 3 种:

1. 单击“绘图”工具栏中“椭圆”按钮 。

2. 选择“绘图”→“椭圆”菜单。

3. 在命令行输入“ELLIPSE”或快捷键“EL”。

命令及提示：

命令：ELLIPSE

指定椭圆的轴端点或[圆弧(A)/中心点(C)]：指定第一条轴的起点或输入选项。

指定轴的另一个端点：

指定另一条半轴的长度或[旋转(R)]：通过输入值或定位点来指定距离，或者输入“R”。

参数说明：

1. 旋转(R)：通过绕第一条轴旋转圆来创建椭圆。

命令行提示：“指定绕长轴旋转的角度”，此时指定一点或输入一个介于 0 至 89.4 之间的角度值。即绕椭圆中心移动十字光标并单击或输入一角度值。输入值越大，椭圆的离心率就越大。输入 0 将定义圆。

2. 圆弧(A)：创建一段椭圆弧。第一条轴的角度确定了椭圆弧的角度。

命令行提示：“指定椭圆弧的轴端点或[中心点(C)]：”，此时指定一点或输入“C”。

3. 中心点(C)：用指定的中心点创建椭圆。

绘制椭圆一般有“轴、端点”和“中心点”两种方式，如图 2-24 菜单所示。

1. “轴、端点”方式。

这种方式是通过指定一个轴的两个端点(主轴)和另一个轴的半轴长度绘制椭圆。

2. “中心点”方式。

这种方式是通过指定椭圆的中心、一个轴的端点(主轴)以及另一个轴的半轴长度绘制椭圆。

实例应用：绘制图 2-25 所示的椭圆。

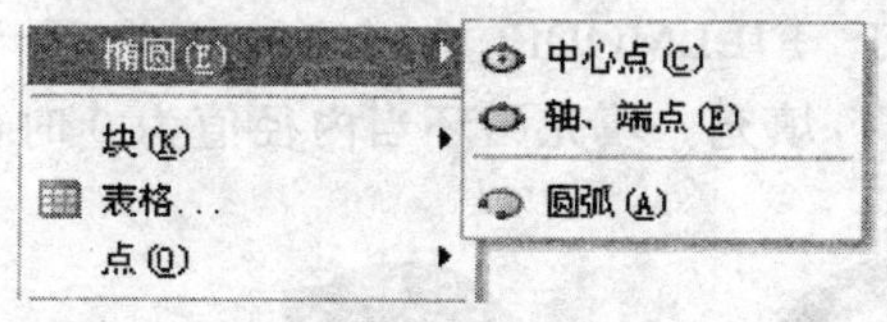

图 2-24　绘制椭圆的菜单

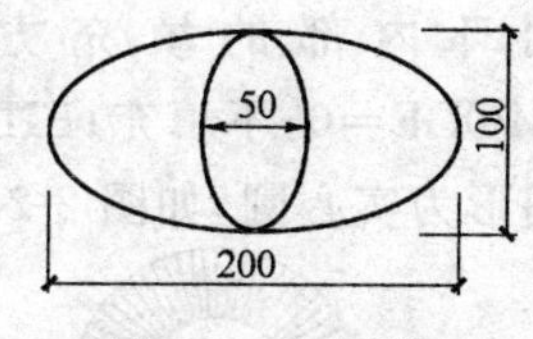

图 2-25　绘制椭圆

作图方法：

执行“椭圆”命令。

指定椭圆的轴端点或[圆弧(A)/中心点(C)]：在绘图区点取一点作为轴的

端点。

指定轴的另一个端点：输入“@200,0”，回车。

指定另一条半轴的长度或[旋转(R)]：输入“50”并回车，绘制了长轴为200、短轴为100的大椭圆。

重复执行“椭圆”命令。

指定椭圆的轴端点或[圆弧(A)/中心点(C)]：输入“C”并回车，激活“中心点”选项。

指定椭圆的中心点：捕捉刚绘制的椭圆的中心点作为新椭圆的中心点。

指定轴的端点：输入“@25,0”，回车。

指定另一条半轴的长度或[旋转(R)]：输入“50”并回车，即绘制完成长轴为100、短轴为50的小椭圆。

五 绘制圆环命令

圆环(Donut)命令用于绘制填充的圆环、有宽度的圆及实心圆。

执行“圆环”命令的方法有2种：

1. 选择“绘图”菜单→“圆环”命令。

2. 在命令行输入“DONUT”或快捷键“DO”。

命令及提示：

命令：DONUT

指定圆环的内径：输入圆环的内径值或通过指定第一点和第二点确定内径。

指定圆环的外径：输入圆环的外径值或通过指定第一点和第二点确定外径。

指定圆环的中心点或〈退出〉：可以在不同位置指定多个圆环的中心点，连续绘制多个圆环直到按 Enter 键，或右击鼠标，或按 Esc 键为止。

圆环内部的填充方式取决于 FILLMODE 命令的当前设置。FILLMODE＝0，不填充；FILLMODE＝1，填充。填充圆环当内径值为0时，绘制的图形为实心圆，如图2-26所示。

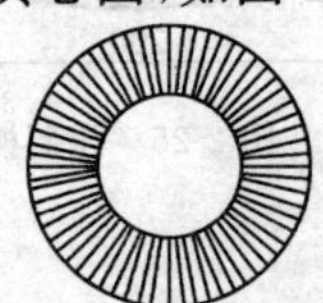  

图2-26　绘制圆环

本章小结

基本绘图命令是 AutoCAD 的基础部分，也是在实际应用中绘制复杂建筑图样的基础，因为任何一张二维图形，都是由一些点、线、圆、弧、椭圆等简单的图元组合而成。本章我们主要学习了绘制基本图形的命令和方法，以及一些作图的技巧。要求熟练掌握基本绘图命令并灵活应用，其中绘制直线、绘制圆、绘制圆弧 3 个命令是常用的命令，不仅要会利用命令按钮和菜单来调用，还应当会使用它们的命令行输入和快捷键操作，并逐步达到不需看命令行的提示就知道该按何种顺序输入全部参数的熟练程度。

综合练习题

1. 用直线命令，配合捕捉、坐标输入等方法绘制如图 2-27 和图 2-28 所示图形。
2. 用直线或矩形命令绘制如图 2-29 所示 A3 图框。

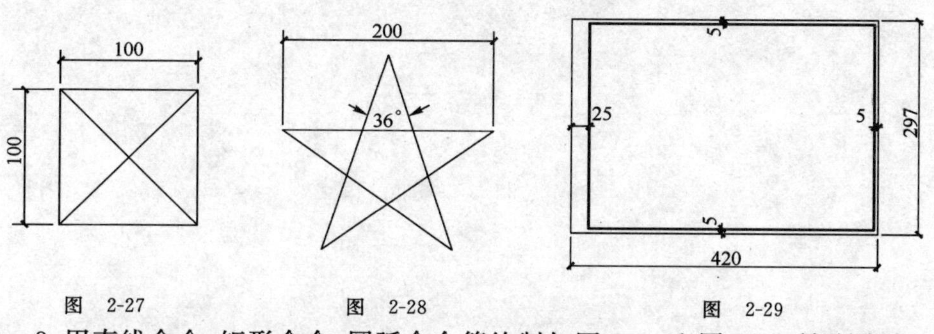

图 2-27　　图 2-28　　图 2-29

3. 用直线命令、矩形命令、圆弧命令等绘制如图 2-30 和图 2-31 所示图形。
4. 用直线命令、圆弧命令等绘制如图 2-32 所示图形。

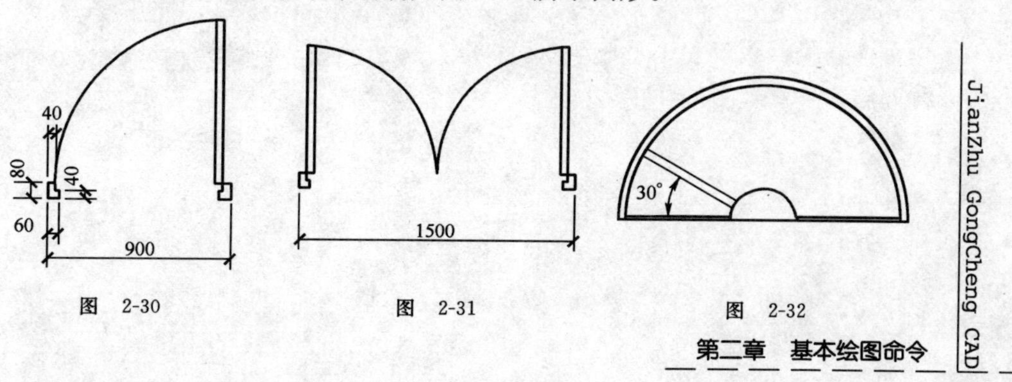

图 2-30　　图 2-31　　图 2-32

5. 用矩形命令、多边形命令、圆命令等绘制如图 2-33 所示洗涤槽。

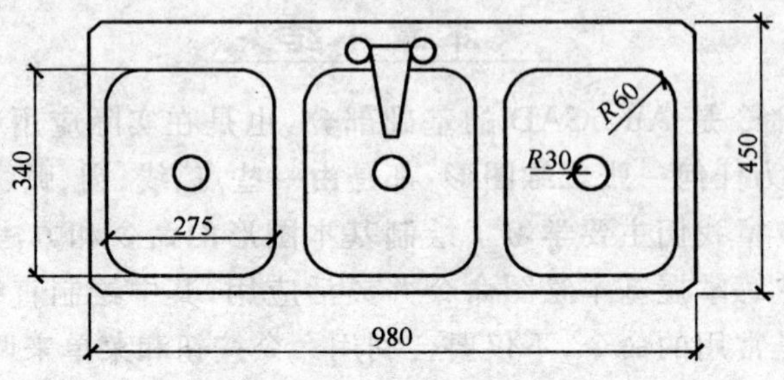

图 2-33

第三章 基本编辑命令

【职业能力目标】

通过学习本章知识学生应能根据所绘图样的情况，合理地选择 AutoCAD 的编辑命令，快速编辑图样。

【知识目标】

学习基本编辑命令的作图方法和应用条件。

【学习要求】

1. 了解使用夹点编辑图形的方法。

2. 掌握各种绘制多个图形的编辑命令、改变图形位置的编辑命令、使图形变形命令、倒角命令与分解命令。

AutoCAD 提供了快速准确的绘图命令，结合智能捕捉的选择，绘图速度和精确度有了一定的提高，但这些绘图命令基本上是一个元素一个元素地绘制。为了使绘图速度和修改条件更加简便、快速，AutoCAD 还提供了更强大的编辑功能。

基本编辑命令在 AutoCAD 中称为“修改”命令。其工具栏如图 3-1 所示。

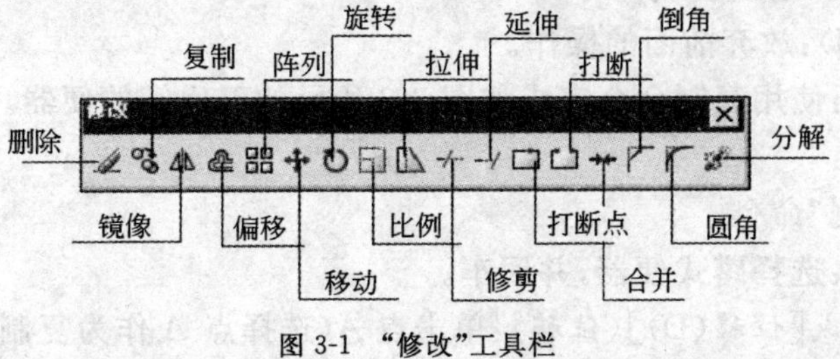

图 3-1 “修改”工具栏

第一节　绘制多个图形命令

在绘制施工图时，经常在同一个图样上需要绘制若干个相同的结构，如在建筑平面图中户型相同的住宅中，卫生间的设备型号相同，布置相同；许多学生公寓，立面图上的窗户大小、间距都相同。利用 AutoCAD 的编辑命令，能够很快完成此类图形的绘制。

 复制命令

对于图形中相同的对象，不管其复杂程度如何，只要完成一个，通过调用复制(Copy)命令，可以产生与之相同的图形若干个，减少大量的重复性劳动。

执行“复制”命令的方法有 3 种：

1. 用鼠标单击“修改”工具栏上的“复制”按钮 。
2. 在命令行中输入“COPY”或快捷键“CO”、“CP”。
3. 选择“修改”菜单→“复制”命令。

命令及提示：

命令：COPY

选择对象：

指定基点或[位移(D)]〈位移〉：

指定第二个点或〈使用第一个点作为位移〉：

指定第二个点或[退出(E)/放弃(U)]＜退出＞：

参数说明：

1. 选择对象：选择要复制的对象。
2. 位移(D)：复制对象距离源对象的距离。
3. 使用第一个点作为位移：缺省选择，用第一个点作为位移的起点。
4. 退出(E)：退出复制命令。
5. 放弃(U)：放弃前面的操作。

实例应用：使用复制命令完成如图 3-2 所示的卫生间的便器。

作图方法：

执行“复制”命令。

选择对象：选择蹲式便器，并回车。

指定基点或[位移(D)]〈位移〉：单击点 A(选择点 A 作为复制的基点)。

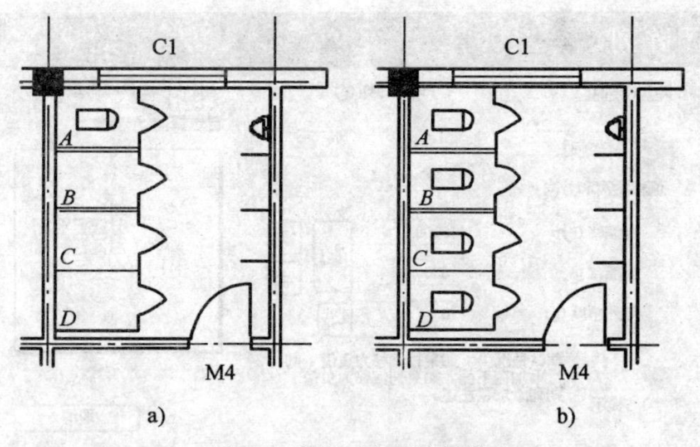

图 3-2 复制卫生间的便器

a)卫生间平面；b)完成便器复制后的图形

指定第二个点或〈使用第一个点作为位移〉：分别用鼠标左键单击点 B、点 C、点 D，将便器复制在第二个、第三个和第四个小间内，如图 3-2b)所示。

复制命令也可以按照给定的距离进行复制。即在命令行出现“指定第二个点或〈使用第一个点作为位移〉：”提示时输入相对距离，如“@200，0”，表示复制的新对象与原来的对象 x 方向距离为 200。

【提示】 “编辑(Edit)”菜单下的“复制”命令与“修改(Modify)”菜单下的“复制”命令有着本质的区别。前者是将目标复制到粘贴板上，再通过“粘贴(Paste)”命令才能完成复制工作，这个“复制”命令既可以在同一个文件中使用，也可以在不同文件下进行图形、文字的复制；而后者只能在同一文件中使用。

二 阵列命令

执行阵列(Array)命令一次，可以完成若干个相同元素等距离的复制。

执行“阵列”命令的方法有 3 种：

1. 用鼠标单击“修改”工具栏上的“阵列”按钮 。
2. 在命令行中输入“ARRAY”或快捷键“AR”。
3. 选择“修改”菜单→“阵列”命令。

命令及提示：

命令：ARRAY

在绘图区弹出“阵列”对话框，如图 3-3 所示。

阵列分为矩形阵列和环形阵列两种，执行阵列命令时，首先选择阵列的类型，填写相应的参数，最后按 确定 按钮即可。

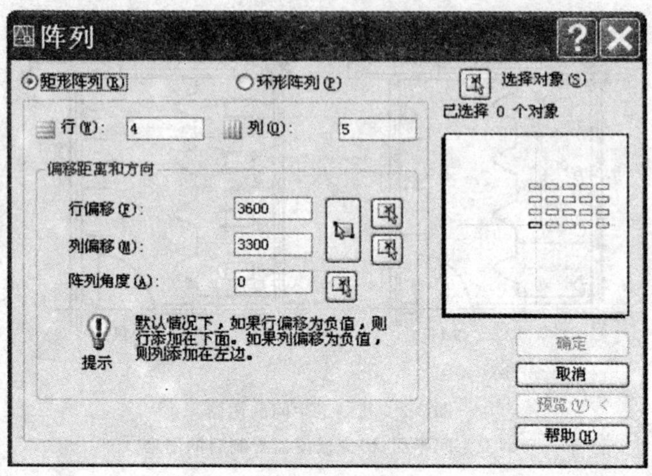

图 3-3 “阵列”对话框

“矩形阵列”的参数说明：

1.行:矩形阵列的行数。

2.列:矩形阵列的列数。

3.行偏移:行偏移的距离，输入正数，表示在原对象的上方阵列；输入负数，表示在原对象的下方阵列。

4.列偏移:列偏移的距离，输入正数，表示在原对象的右侧阵列；输入负数，表示在原对象的左侧阵列。

5.阵列角度:输入一个角度值，表示阵列的方向。

6.选择对象:选择阵列的对象。

“环形阵列”的参数说明：

1.中心点:环形阵列的中心。

2.方法:有 3 个选项，分别是：

1)项目总数和填充角度。

(1)项目总数:环形阵列的总数目。

(2)填充角度:填充总角度。

2)项目总数和项目间角度。

(1)项目总数:环形阵列的总数目。

(2)项目间角度:相邻元素之间的角度。

3)填充角度和项目间角度。

(1)填充角度:填充总角度。

(2)项目间角度:相邻元素之间的角度。

填充角度逆时针为"+",顺时针为"-"。

实例应用 1:已知建筑立面图中的一个窗户,完成该立面图。如图 3-4 所示。

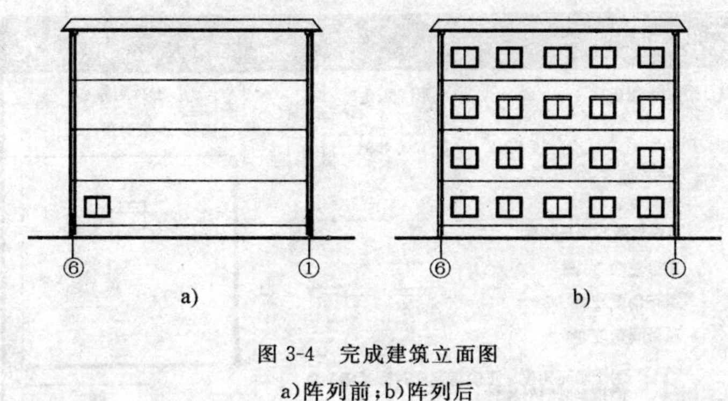

图 3-4　完成建筑立面图

a)阵列前;b)阵列后

作图方法:

执行"阵列"命令,显示"阵列"对话框。选择"矩形阵列",显示"矩形阵列"对话框内容,在"行"文本框中输入"4",在"列"文本框中输入"5",在"行偏移"文本框中输入"3600",在"列偏移"文本框中输入"3300"。如图 3-3 所示。

单击"选择对象"按钮,对话框暂时隐去,在图 3-4a)中选择窗户,单击鼠标右键或按"回车"键,对话框重新显示,在预览中显示阵列后的形状,同时 确定 按钮被激活,单击 确定 按钮,即形成图 3-4b)所示图形。

如果在"矩形阵列"对话框的"阵列角度"右侧文本框中输入一个角度值,阵列将按倾斜方向进行。如图 3-5 所示,已知楼梯的一个踏步和栏杆,利用阵列命令,可完成一段楼梯的图形。

实例应用 2:在餐桌旁均匀摆放 10 把餐椅,如图 3-6 所示。

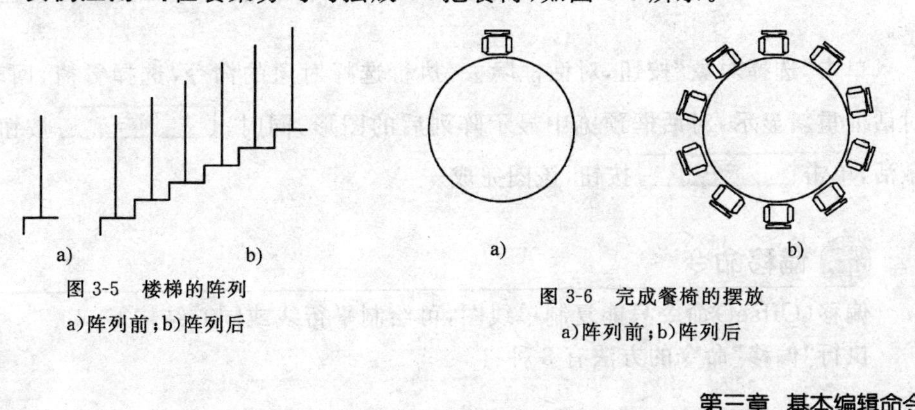

图 3-5　楼梯的阵列

a)阵列前;b)阵列后

图 3-6　完成餐椅的摆放

a)阵列前;b)阵列后

作图方法：

执行“阵列”命令，屏幕上显示“阵列”对话框，选择“环形阵列”，显示“环形阵列”对话框内容，如图3-7所示。

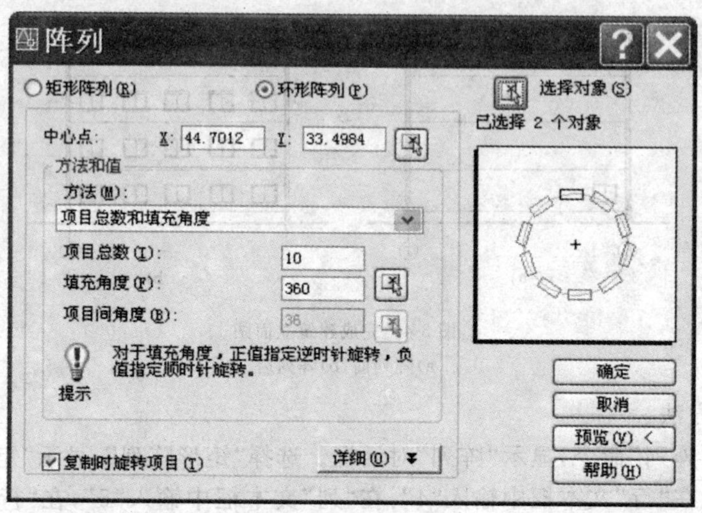

图3-7 “环形阵列”对话框

单击中心点右侧的按钮，对话框暂时隐去，将光标移动到餐桌上，直到出现餐桌圆心标记(圆心捕捉要打开)，单击鼠标左键，即输入了阵列中心。此时，对话框又重新显示。在“方法”下方的选项中，选择环形阵列的方法，在本例中选择“项目总数和填充角度”。在“项目总数”右侧的文本框中输入“10”，表示餐桌周围放10把餐椅。

在“填充角度”右侧的文本框中，输入“360”，表示围绕整个餐桌摆放。

在对话框的左下角单击“复制时旋转项目”，否则，最下面的餐椅将背向餐桌。

单击“选择对象”按钮，对话框隐去，执行选择对象的命令，选择餐椅，回车。对话框重新显示，对话框预览中显示阵列后的图形，同时，确定按钮被激活，单击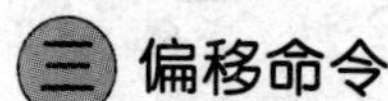

按钮，该图完成。

三 偏移命令

偏移(Offset)命令只能复制单线图，可绘制平行线或同心结构。

执行“偏移”命令的方法有3种：

1. 用鼠标单击“修改”工具栏上的“偏移”按钮 。
2. 在命令行中输入“OFFSET”或快捷键“O”。
3. 选择“修改”菜单→“偏移”命令。

命令及提示：

命令：OFFSET

指定偏移距离或[通过(T)/删除(E)/图层(L)]〈通过〉：

选择要偏移的对象，或[退出(E)/放弃(U)]〈退出〉：

指定要偏移的那一侧上的点，或[退出(E)/多个(M)/放弃(U)]〈退出〉：

参数说明：

1. 通过(T)：偏移的对象将通过的点。
2. 删除(E)：偏移后是否删除源对象。
3. 图层(L)：设定偏移后的对象所在的图层。
4. 退出(E)：退出偏移命令。
5. 多个(M)：一次执行多次偏移。
6. 放弃(U)：放弃前面所有的命令。

实例应用：将图 3-8a)中的直线 *AB* 通过偏移命令绘制成图 3-8b)所示的一组平行线。

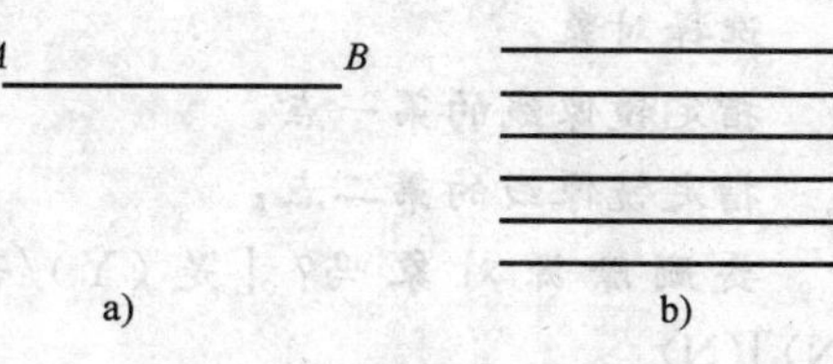

图 3-8 直线的偏移
a)偏移前；b)偏移后

作图方法：

执行“偏移”命令。

指定偏移距离或[通过(T)/删除(E)/图层(L)]〈通过〉：输入偏移的距离“5”并回车。

选择要偏移的对象，或[退出(E)/放弃(U)]〈退出〉：用拾取框单击直线 *AB*。

指定要偏移的那一侧上的点，或[退出(E)/多个(M)/放弃(U)]〈退出〉：在直线 *AB* 的下方单击鼠标左键，则在直线 *AB* 的下方出现与 *AB* 距离为 5 的平行线。

选择要偏移的对象，或[退出(E)/放弃(U)]〈退出〉：用拾取框单击直线 *AB* 下方刚才复制的平行线，在其下方单击，连续执行 4 次，图形完成。

偏移命令也可以对圆或用矩形命令绘制的图形进行复制，形成同心结构，如图 3-9 所示。

四 镜像命令

镜像(Mirror)命令也是复制命令的一种，但复制的图形与原对象呈对称结构。

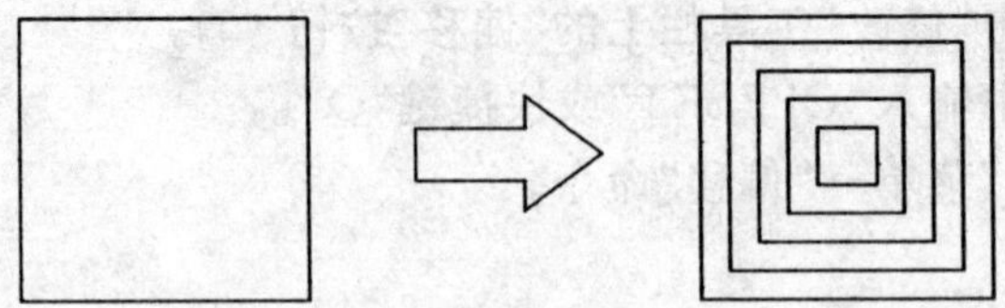

图 3-9　矩形复制

执行“镜像”命令的方法有 3 种：

1. 用鼠标单击“修改”工具栏上的“偏移”按钮 。

2. 在命令行中输入“MIRROR”或快捷键“MI”。

3. 选择“修改”菜单→“镜像”命令。

命令及提示：

命令：MIRROR

选择对象：

指定镜像线的第一点：

指定镜像线的第二点：

要删除源对象吗？［是（Y）/否（N）］〈N〉：

参数说明：

1. 是(Y)：表示镜像后删除源对象。

2. 否(N)：表示镜像后不删除源对象。缺省值为不删除。

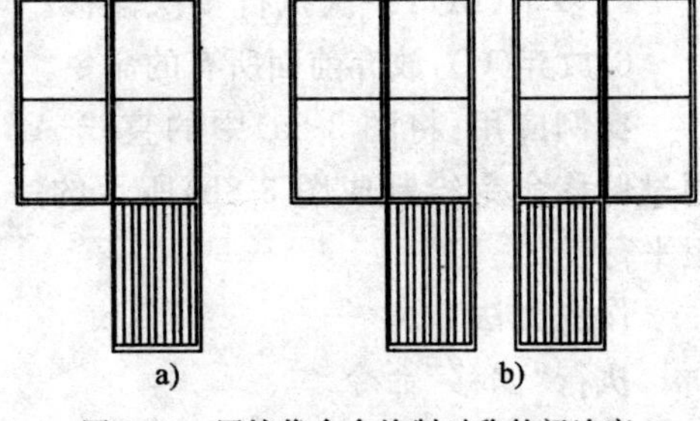

图 3-10　用镜像命令绘制对称的门连窗

a)镜像前；b)镜像后

【试一试】　将图 3-10a)所示的门连窗通过镜像命令绘制成图 3-10b)所示的对称门连窗。

【提示】　当阵列的对象中含有文本时，系统变量 MIRROR TEXT 为 1 时，阵列后的文本不可读，当 MIRROR TEXT 为 0 时，文本可读。

第二节　改变图形位置命令

一 移动命令

当图形的位置不符合要求时，可通过移动(Move)命令，改变图形的位置。

执行“移动”命令的方法有 3 种：

1. 用鼠标单击“修改”工具栏上的“移动”按钮 ✣ 。

2. 在命令行中输入“MOVE”或快捷键“M”。

3. 选择“修改”菜单→“移动”命令。

命令及提示：

命令：MOVE

选择对象：

指定基点或[位移(D)]〈位移〉：

指定第二点或〈使用第一个点作为位移〉：

参数说明：

1. 命令行提示“指定基点或[位移(D)]〈位移〉：”，此时指定移动的基点或直接输入位移的数值。

2. 命令行提示“指定第二点或〈使用第一个点作为位移〉：”，此时如果点取了一个点，则指定位移第二个点，如果直接回车，则用第一个点的数值作为位移移动对象。

实例应用：为了能够进行尺寸标注，将图 3-11a)中的水平投影图和侧面投影图移动到合适的位置。

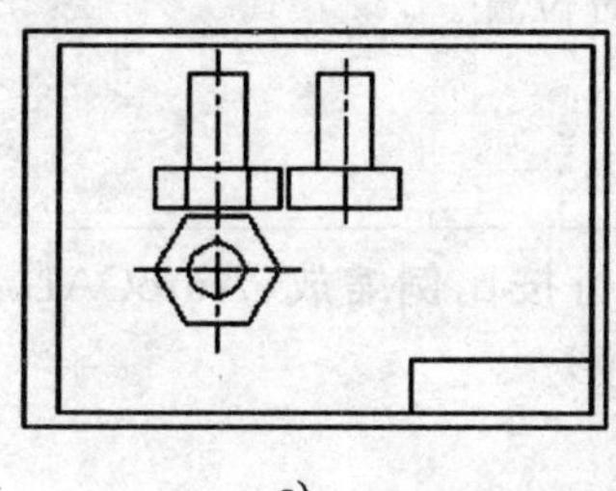

a)

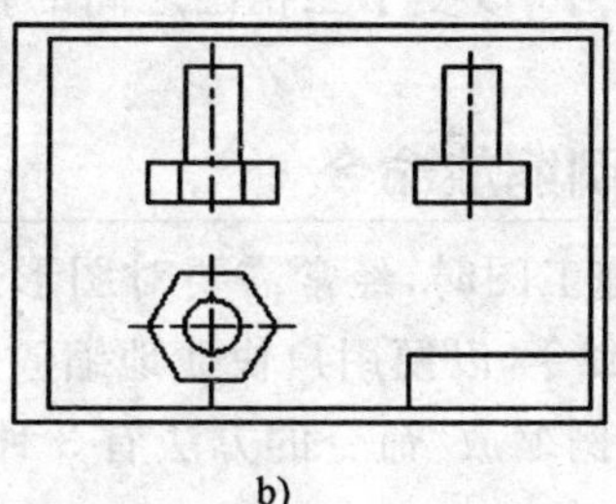

b)

图 3-11 用移动命令改变三视图位置

a)移动前的三视图；b)移动后的三视图

作图方法：

执行“移动”命令。

选择对象：选择水平投影图，回车。

指定基点或[位移(D)]〈位移〉：用鼠标左键单击水平投影图的最左面(基点)。

指定第二点或〈使用第一个点作为位移〉：将鼠标向下移动，将水平投影图移至合适的位置，再单击鼠标左键。水平投影图即移动到如图 3-11b)所示的位置。

采用相同的方法将侧面投影图移动至合适的位置。

移动命令也可以按给定的距离进行移动。移动目标时，当命令行出现“指定第二点或〈使用第一个点作为位移〉：”的提示后，输入新位置与原位置基点的距离即可，如“@200,0”，表示将图形向右移动 200mm。

【试一试】 将图 3-12a)中的窗户向右移动 200mm，形成图 3-12b)所示形式。

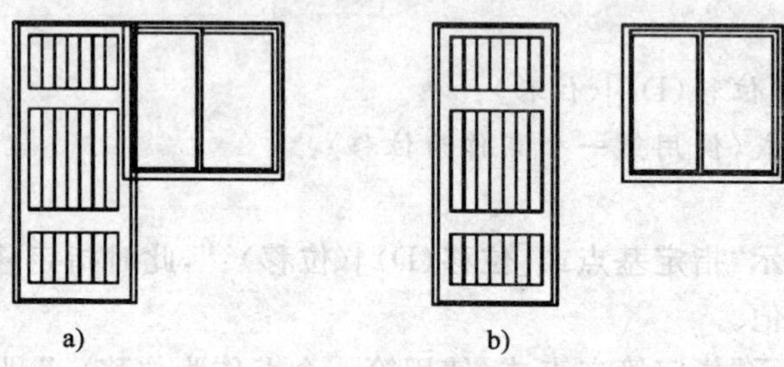

图 3-12 窗的移动
a)移动前；b)移动后

【提示】 “视图”菜单中的“平移”命令和“修改”菜单中的“移动”命令是不同的，前者表示视窗的移动，图形的位置是不变的。后者表示图形的位置发生改变，如图 3-11 中，改变了三视图之间的相对位置。

比例缩放命令

在绘制施工图时，经常需要对图形进行按比例缩放，AutoCAD 提供了比例缩放(Scale)命令，以便用户快捷地缩放图形。

执行“比例缩放”命令的方法有 3 种：

1. 用鼠标单击“修改”工具栏上的“比例缩放”按钮 。
2. 在命令行中输入“SCALE”或快捷键“SC”。
3. 选择“修改”菜单→“比例缩放”命令。

命令及提示：

命令：SCALE

选择对象：

指定基点：

指定比例因子或[复制(C)/参照(R)]〈1.000〉：

参数说明：

1. 复制(C)：在比例缩放时复制原对象。

2. 参照(R):用参照方式缩放对象。

实例应用 1:将柜子的图形缩小一倍,如图 3-13 所示。

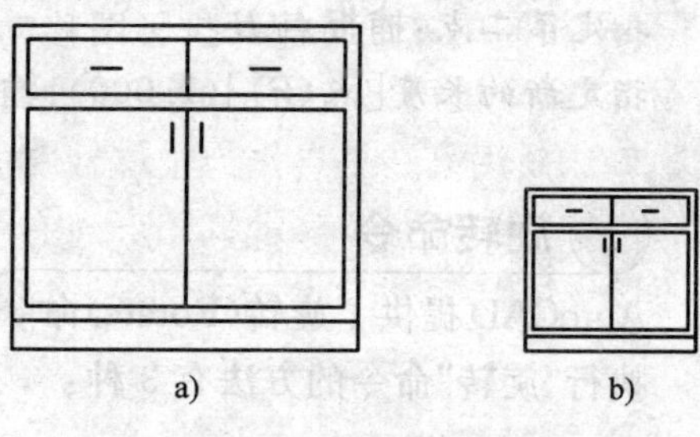

图 3-13　用缩放命令改变图形大小

a)缩放前;b)缩放后

作图方法:

执行“比例缩放”命令。

选择对象:选择图 3-13a)所示图形,回车。

指定基点:用鼠标左键单击图 3-13a)中图形的左下角(作为基点)。

指定比例因子或[复制(C)/参照(R)]〈1.000〉:输入本次缩放图形的比例因子“0.5”,回车,图形即缩小一倍,结果如图 3-13b)所示。

【小技巧】 比例缩放选择基点时,应选择实体的某一个特殊点,使得缩放后的图形尽量不再采用移动命令进行编辑。

在比例缩放中如执行“参照”缩放,可以将图形缩放到用户需要的大小。

实例应用 2:用比例缩放命令将图 3-14a)所示图形缩放为点 A 和点 B 间的距离为 100 的图 3-14b)所示的图形。

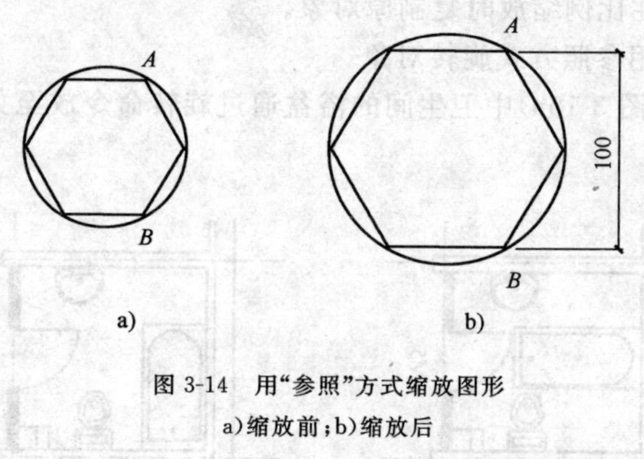

图 3-14　用“参照”方式缩放图形

a)缩放前;b)缩放后

作图方法:

执行“比例缩放”命令。

选择对象后命令行提示:

指定基点:捕捉圆心作为比例缩放的基点。

指定比例因子或[复制(C)/参照(R)]〈1.000〉:输入“参照”缩放的选项“R”,回车。

指定参照长度〈1.000〉:捕捉点 A。

指定第二点：捕捉点 B。

指定新的长度[点(P)]〈1.000〉：输入“100”，回车，即完成图形。

三 旋转命令

AutoCAD 提供了旋转(Rotate)命令，可以对图形进行旋转，达到设计的需要。

执行“旋转”命令的方法有 3 种：

1. 鼠标单击“修改”工具栏上的“旋转”按钮 。
2. 在命令行中输入“ROTATE”或快捷键“RO”。
3. 选择“修改”菜单→“旋转”命令。

命令及提示：

命令：ROTATE

选择对象：

指定基点：

指定旋转角度，或[复制(C)/参照(R)]〈0〉：

参数说明：

1. 复制(C)：在比例缩放时复制原对象。
2. 参照(R)：用参照方式旋转对象。

实例应用：将图 3-15a)中卫生间的浴盆通过旋转命令放至如图 3-15b)所示的合适位置。

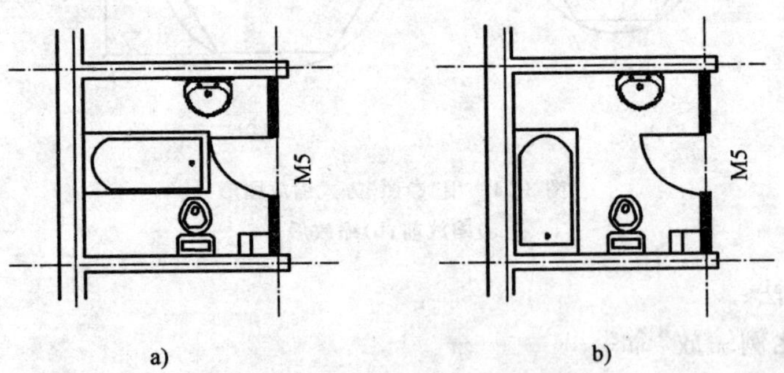

图 3-15 完成卫生间浴盆的摆放

a)浴盆位置不合适；b)浴盆已旋转至合适位置

作图方法：

执行“旋转”命令。

选择对象：选择目标浴盆，回车。

指定基点：单击浴盆圆弧部分的圆心（旋转基点）。

指定旋转角度，或[复制(C)/参照(R)]〈0〉：输入旋转角度“－90”（逆时针为正，顺时针为负），回车，即可。完成后的图形如图 3-15b)所示。

如果旋转目标时，有参照对象，则在命令行提示“指定旋转角度，或[复制(C)/参照(R)]〈0〉：”后，执行“参照”旋转的方式。如图 3-16 所示，将图3-16a)中 *ABCD* 部分，旋转到图 3-16b)所示的位置。

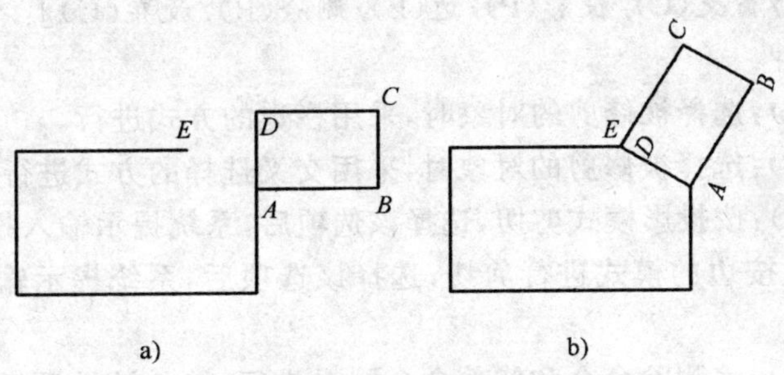

图 3-16　用“参照”方式旋转图形

a)旋转前；b)旋转后

执行“旋转”命令，选择旋转对象 *ABCD*，回车。

指定基点：单击点 *A*。

指定旋转角度，或[复制(C)/参照(R)]〈0〉：输入“R”，回车，进入“参照”旋转的命令。

指定参照角度〈0.0〉：捕捉点 *A*。

指定第二点：捕捉点 *D*。

指定新的角度[点(P)]〈0.00〉：捕捉点 *E*，完成。

第三节　使图形变形命令

在绘制图形时，经常遇到需要将所绘的图形变长或变短等情况，AutoCAD 提供了这些命令，能帮助设计人员进行编辑、修改，满足设计要求。

 一 修剪命令

如果一条线段，需要去掉指定边界一侧的部分，就需要修剪(Trim)命令。

执行“修剪”命令的方法有 3 种：

1. 用鼠标单击“修改”工具栏上的“修剪”按钮 -/-- 。
2. 在命令行中输入“TRIM”或快捷键“TR”。
3. 选择“修改”菜单→“修剪”命令。

命令及提示：

命令：TRIM

选择对象或〈全部选择〉：

[栏选(F)/窗交(C)/投影(P)/边(E)/删除(R)/放弃(U)]：

参数说明：

1. 栏选(F)：选择被修剪的对象时，采用栏选的方式进行。
2. 窗交(C)：选择被修剪的对象时，采用交叉选择的方式进行。
3. 投影(P)：按投影模式剪切，选择该选项后，系统提示输入投影选项。
4. 边(E)：按边的模式进行剪切，选择该选项后，系统提示输入隐含边延伸模式。
5. 删除(R)：将删除命令和修剪命令同时进行，输入该选项后，系统会提示：“输入删除对象：”，选择删除对象后，再执行修剪命令。

实例应用：利用修剪命令将图 3-17a)所示图形修改为图 3-17c)所示图形。

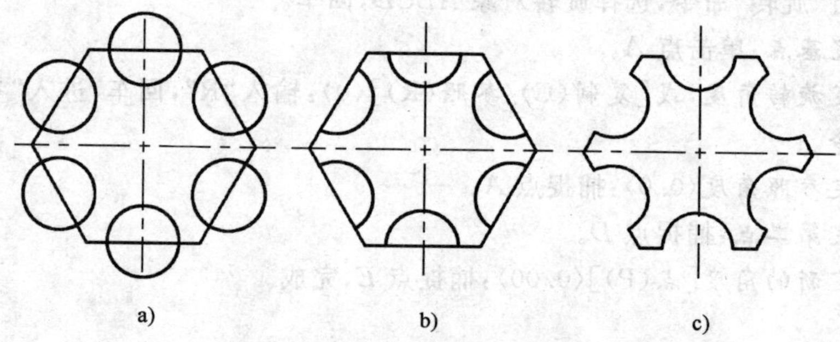

图 3-17 修剪命令的使用
a)修剪前；b)完成第一次修剪；c)完成第二次修剪

作图方法：

执行“修剪”命令。

选择对象或〈全部选择〉：选择六边形，回车。

[栏选(F)/窗交(C)/投影(P)/边(E)/删除(R)/放弃(U)]：依次单击六边形外侧的圆，则六边形外侧的圆全部被剪切掉，如图 3-17b)所示。

右击鼠标，重复执行“修剪”命令。

选择对象或〈全部选择〉：采用交叉选择或窗口选择的方法，将图 3-17b)所示图形全部选择，回车。

[栏选(F)/窗交(C)/投影(P)/边(E)/删除(R)/放弃(U)]：依次单击半圆中的六边形部分，使图形变成图 3-17c)所示的形状。

若在执行选择对象时，采用"栏选"的方式，一次可以修剪许多图线。如图 3-18 所示，将直线 AB 外的所有图线删除。

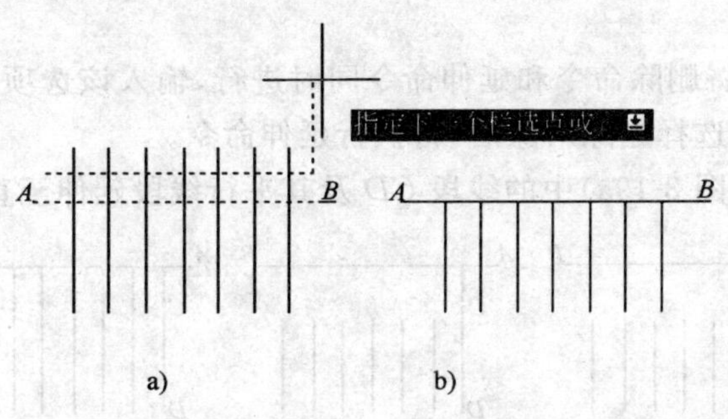

图 3-18 修剪"栏选"方式的应用
a)栏选；b)修剪完成

执行"修剪"命令，当命令行出现提示"[栏选(F)/窗交(C)/投影(P)/边(E)/删除(R)/放弃(U)]："时，输入"F"，进入"栏选"状态。

此时，光标变成"＋"形状，在直线 AB 上方的左侧单击。

命令行提示"指定下一点栏选点或[放弃(U)]："，在直线 AB 上方的右侧单击，回车两次。完成后的图形如图 3-18b)所示。

二 延伸命令

延伸(Extend)命令与修剪命令正好相反，延伸命令是将线段延长到指定直线处。

执行"延伸"命令的方法有 3 种：

1. 用鼠标单击"修改"工具栏上的"延伸"命令按钮 --/。
2. 在命令行中输入"EXTEND"或快捷键"EX"。
3. 选择"修改"菜单→"延伸"命令。

命令及提示：

命令：EXTEND

选择对象或〈全部选择〉：

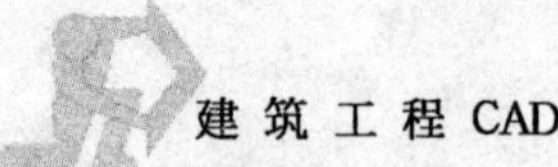

[栏选(F)/窗交(C)/投影(P)/边(E)/删除(R)/放弃(U)]:

参数说明:

1.栏选(F):选择被延伸的对象时,采用栏选的方式进行。

2.窗交(C):选择被延伸的对象时,采用交叉选择的方式进行。

3.投影(P):按投影模式延伸,选择该选项后,系统提示输入投影选项。

4.边(E):按边的模式进行延伸,选择该选项后,系统提示输入隐含边延伸模式。

5.删除(R):将删除命令和延伸命令同时进行,输入该选项后,命令行提示:"输入删除对象",选择删除对象后,再执行延伸命令。

实例应用:将图 3-19a)中的线段 *CD* 及其平行线段延伸至直线 *AB*。

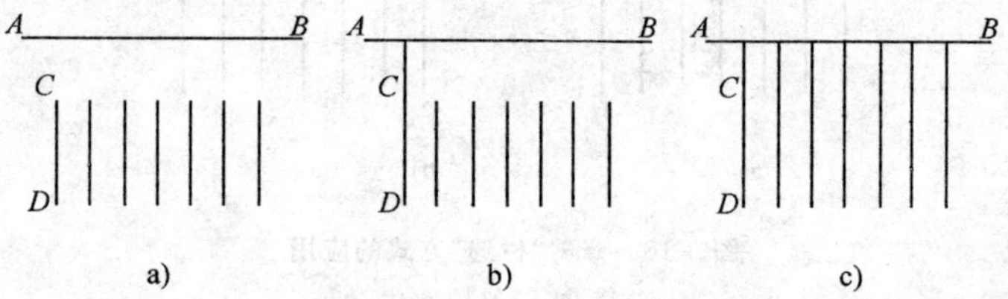

图 3-19 延伸"栏选"方式的应用

a)延伸前;b)线段 *CD* 延伸至直线 *AB*;c)全部延伸至直线 *AB*

作图方法:

执行"延伸"命令。

选择对象或〈全部选择〉:选择直线 *AB*,回车。

[栏选(F)/窗交(C)/投影(P)/边(E)/删除(R)/放弃(U)]:单击线段 *CD* 靠近直线 *AB* 的上面部分,线段 *CD* 就延伸至直线 *AB*,如图 3-19b)所示。

在命令行出现提示"[栏选(F)/窗交(C)/图样(P)/边(E)/删除(R)/放弃(U)]:"时,输入"F"并回车,进入"栏选"状态。

此时,光标变成"+"形状,在直线 *AB* 下方图线的左侧单击。

命令行提示"指定下一点栏选点或[放弃(U)]:",在直线 *AB* 下方图线的右侧单击,回车两次。完成后的图形如图 3-19c)所示。

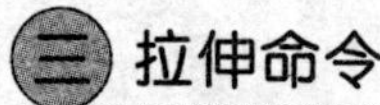

三 拉伸命令

拉伸(Stretch)命令,可以将已画好的图形,拉伸或缩短一定长度,这一命令对修改设计方案、绘制某些图形很方便。

执行"拉伸"命令的方法有 3 种:

1. 用鼠标单击“修改”工具栏上的“拉伸”按钮 。

2. 在命令行中输入“STRETCH”或快捷键“S”。

3. 选择“修改”菜单→“拉伸”命令。

命令及提示：

命令：STRETCH

选择对象：

指定基点或[位移(D)]〈位移〉：

指定第二个点或〈使用第一个点作为位移〉：

参数说明：

选择对象：只能采用交叉窗口或交叉多边形的方式选择拉伸的对象。

实例应用：利用拉伸命令将长度为1500的浴盆拉伸至1800。如图3-20所示。

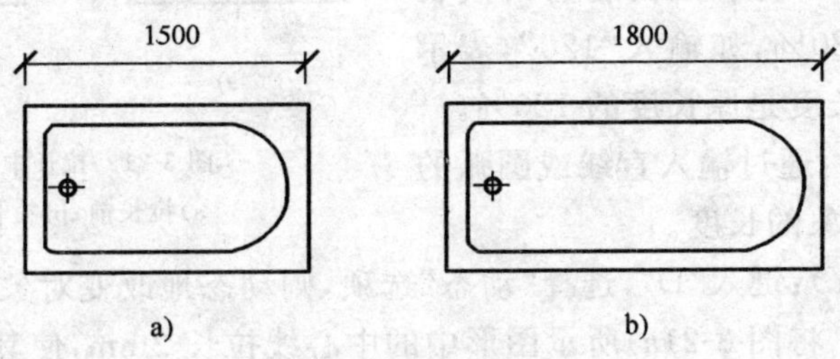

图 3-20 浴盆的拉伸

a)拉伸前；b)拉伸后

作图方法：

执行“拉伸”命令。

选择对象：利用交叉选择方式选择浴盆，回车。

指定基点或[位移(D)]〈位移〉：单击浴盆的右下角，作为拉伸的基点。

指定第二个点或〈使用第一个点作为位移〉：用相对坐标输入拉伸的长度“@300,0”，回车，浴盆即拉伸，如图3-20b)所示。

【提示】 执行拉伸命令中，选择对象必须用交叉选择对象的方法，否则拉伸命令不被执行。

四 拉长命令

拉长(Lengthen)命令可用于拉长或缩短直线、圆弧。

执行“拉长”命令的方法有2种：

1. 在命令行中输入“LENGTHEN”或快捷键“LEN”。

2. 选择“修改”菜单→“拉长”命令。

命令及提示：

命令：LENGTHEN

选择对象或[增量(DE)/百分数(P)/全部(T)/动态(DY)]：

参数说明：

1. 增量(DE)：通过给定一个增量值，使得直线或曲线的长度按给定的长度值增加。当输入值为正时，直线或圆弧伸长；当输入值为负时，直线或圆弧缩短。

2. 角度(A)：以角度的增量来改变弧长。

3. 百分数(P)：以总长的百分数的方式来改变直线或圆弧的长度。

如输入“80”，表示拉长后的线段长度是原长度的80%；如输入“120”，表示拉长后的线段长度是原长度的120%。

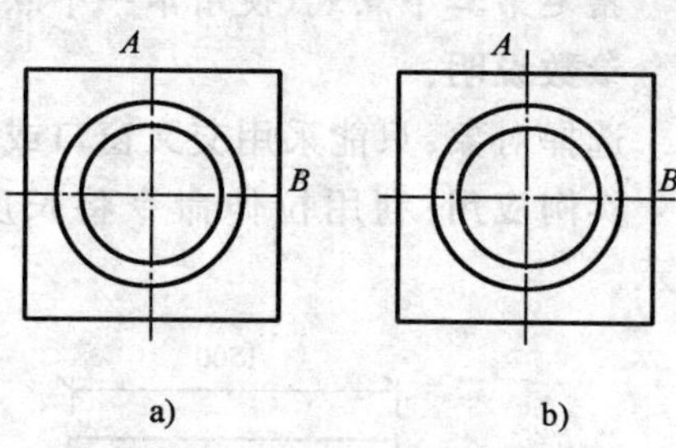

图3-21　拉长中心线

a)拉长前；b)拉长后

4. 全部(T)：通过输入直线或圆弧的新长度，改变对象的长度。

5. 动态(DY)：键入“D”，选择“动态”选项，则动态地改变对象的长度。

【试一试】 将图3-21a)所示图形中的中心线拉长2mm，使其变成图3-21b)所示的形状。

五 打断命令

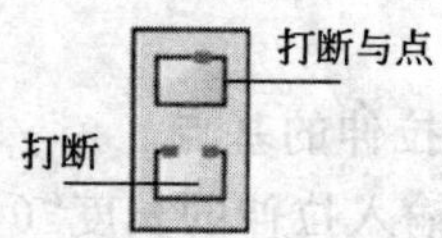

图3-22　打断命令

打断(Break)命令可以将线段一分为二，也可以将线段去掉一部分，缩短其长度。

打断命令有两个，一个是将线段或圆弧从一点处断开，另一个打断命令是将线段或圆弧从中间去掉一部分，或从一端去掉一部分，命令按钮如图3-22所示。

执行“打断”命令的方法有3种：

1. 用鼠标单击在“修改”工具栏上“打断”按钮。

2. 在命令行中输入“BREAK”或快捷键“BR”。

3. 选择“修改”菜单→“打断”命令。

命令及提示：

命令:BREAK

选择对象:

指定第一个打断点:

指定第二个打断点:

实例应用:进行如图 3-23 所示的操作,将圆去掉一部分。

作图方法:

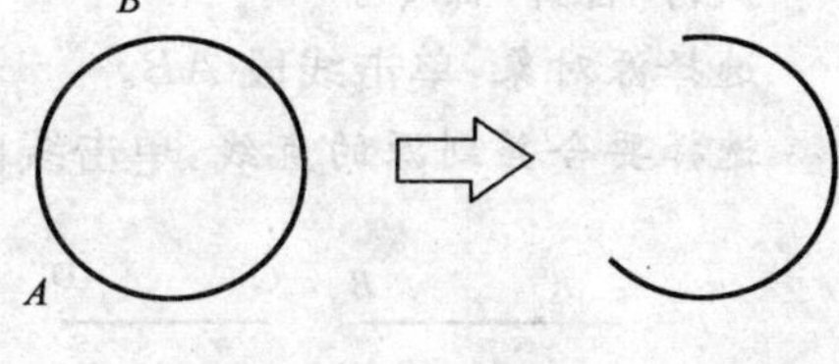

图 3-23　将圆打断

单击"打断"按钮,或输入快捷键"BR"。

选择对象:在圆上要打断的点 A 附近单击鼠标左键。

指定第二个打断端或[第一个点(F)]:在圆上需要打断的另一点点 B 附近单击鼠标左键,完成。

【提示】 在圆上两次单击,去掉的部分,是第一点到第二点的逆时针转动部分。

如将线段打断成两部分,在单击"打断"按钮后,选择线段 AB,此时命令行提示"指定第一个打断点:",在要打断的位置单击鼠标即可,如图 3-24 所示。

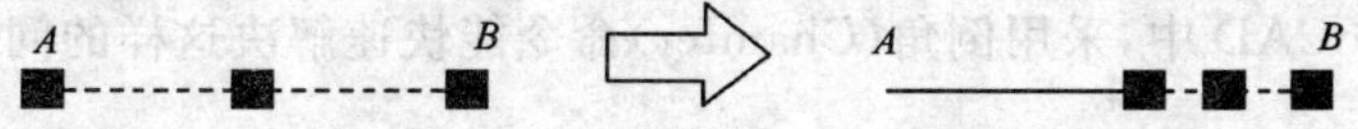

图 3-24　线段的打断

六 合并命令

合并(Join)命令可以将已经断开的线段重新拟合起来,形成一条线段。

执行"合并"命令的方法有 3 种:

1. 用鼠标单击"修改"工具栏上"合并"按钮。
2. 在命令行中输入"JOIN"或快捷键"J"。
3. 选择"修改"菜单→"合并"命令。

命令及提示:

命令:JOIN

选择源对象:

选择要合并到源的直线:

参数说明：

1. 选择源对象：选择合并到的对象。

2. 选择要合并到源的直线：选择要合并的对象。

实例应用：将线段 AB 和 CD 合并成一条线段，如图 3-25 所示。

作图方法：

执行“合并”命令。

选择源对象：单击线段 AB。

选择要合并到源的直线：单击线段 CD，回车即完成。

图 3-25 将两线段合并

第四节 倒角命令与分解命令

一 倒角命令

在绘制施工图时，经常会遇到如图 3-26 所示的将两段线连接并修剪的现象。在 AutoCAD 中，采用倒角(Chamfer)命令能快速解决这样的问题。

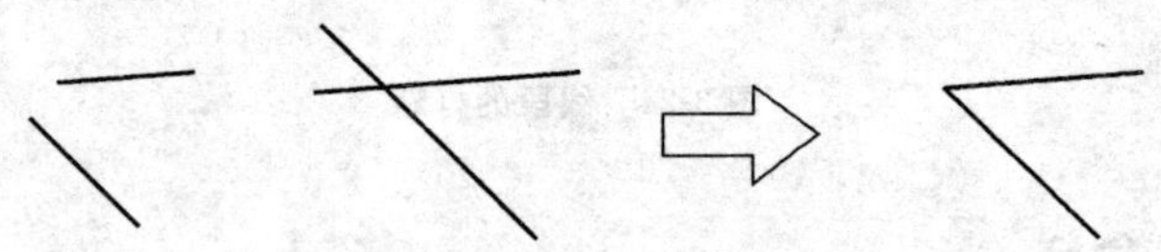

图 3-26 倒角的应用

执行“倒角”命令的方法有 3 种：

1. 用鼠标单击在“修改”工具栏上“倒角”按钮 。

2. 在命令行中输入“CHAMFER”或快捷键“CHA”。

3. 选择“修改”→“倒角”菜单。

命令及提示：

命令：CHAMFER

修剪模式当前倒角距离 1＝0.0000，距离 2＝0.0000

选择第一条直线或[放弃(U)/多段线(P)/距离(D)/角度(A)/修剪(T)/方

式(E)/多个(M)]:

选择第二条线:

参数说明:

1. 多段线(P):对多段线进行倒角。

2. 距离(D):设定倒角距离。

3. 角度(A):通过距离和角度设置倒角大小。

4. 修剪(T):设定修剪模式。如果为修剪模式,倒角时自动将不足的补齐,超出的剪掉;如果为不修剪模式,则仅仅增加一倒角,原图线不变。

5. 方式(E):设定修剪方式为距离或角度。

6. 多个(M):同时能执行多个倒角命令。

实例应用:利用倒角命令,将图 3-27a)所示的洗面池修改成图 3-27b)所示形状。

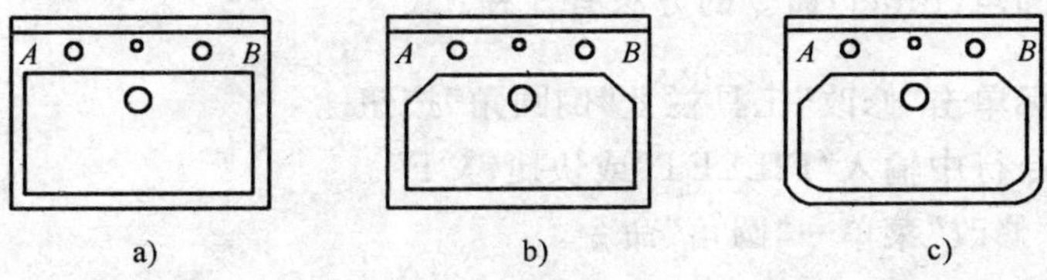

图 3-27 绘制洗面池

a)修改前;b)倒角后;c)进一步倒圆角

作图方法:

执行"倒角"命令。

修剪模式,当前倒角距离 1=5,距离 2=5

选择第一条线或[放弃(U)/多段线(P)/距离(D)/角度(A)/修剪(T)/方式(E)/多个(M)]:输入"D",回车,调用"距离"选项,设置倒角的尺寸。

指定第一个倒角距离〈5.000〉:输入"70",回车。

指定第二个倒角距离〈5.000〉:输入"70",回车。

选择第一条直线或[放弃(U)/多段线(P)/距离(D)/角度(A)/修剪(T)/方式(E)/多个(M)]:单击点 A 一边的线段。

选择第二条直线:单击点 A 另一边的线段,完成。

右击鼠标,重复执行"倒角"命令,完成点 B 处的图形。或者在命令行提示"选择第一条直线或[放弃(U)/多段线(P)/距离(D)/角度(A)/修剪(T)/方式(E)/多个(M)]:"时,输入"M",进入"多个"选项中,执行"倒角"命令,将点 A、点 B 两侧的线段,一次执行完倒角任务,完成后的图形如图3-27b)所示。

【小技巧】 当执行的倒角距离不相等时,要想得到对称图形,单击倒角线段时,应呈对称形单击。如图 3-28 所示,单击倒角边时,顺序应为:1→2、3→2、3→4、1→4。否则图形会不对称,出现如图 3-28c)所示的形状。

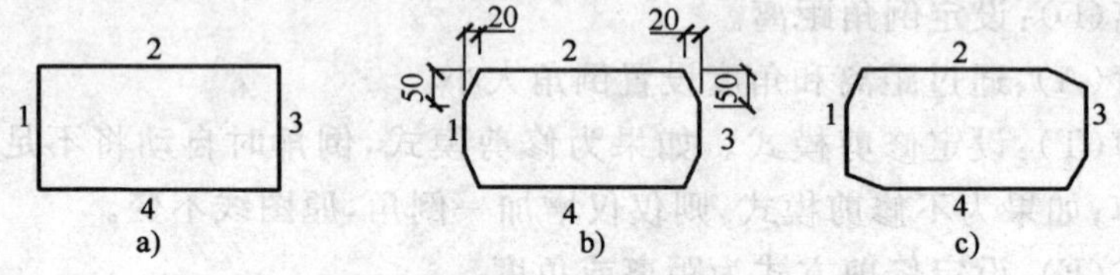

图 3-28 不等距离倒角

a)倒角前;b)倒角为对称图形;c)倒角为非对称图形

二 倒圆角命令

执行倒圆角(Fillet)命令的方法有 3 种:

1. 用鼠标单击“修改”工具栏上“倒圆角”按钮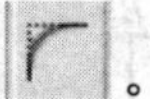。
2. 在命令行中输入“FILLET”或快捷键“F”。
3. 选择“修改”菜单→“圆角”命令。

命令及提示:

命令:FILLET

模式=修剪,半径=0.000

选择第一个对象或[放弃(U)/多段线(P)半径(R)/修剪(T)/多个(M)]:

选择第二个对象:

参数说明:

1. 放弃(U):放弃执行倒圆角任务。
2. 多段线(P):对多段线进行倒圆角。
3. 半径(R):输入倒圆角的半径值。
4. 修剪(T):设定修剪模式。
5. 多个(M):一次命令,可以执行多个倒圆角的任务。

实例应用:将图 3-27b)所示图形通过倒圆角命令修改为图 3-27c)所示图形。

作图方法:

执行“倒圆角”命令。

模式=修剪,半径=0

选择第一个对象或[放弃(U)/多段线(P)半径(R)/修剪(T)/多个(M)]：输入“R”，回车，调用“半径”选项，设置倒圆角的半径。

指定圆角半径〈0.000〉：输入“50”，回车。设定倒圆角半径为50。

选择第一个对象或[放弃(U)/多段线(P)半径(R)/修剪(T)/多个(M)]：输入“M”，回车，进入“多个”倒圆角的状态。

连续单击要倒角的线段，形成如图3-27c)所示图形。

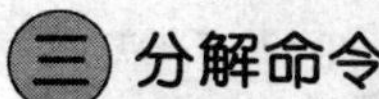

三 分解命令

AutoCAD绘制的有些元素如块、多段线、尺寸标注以及图案填充都是一个整体，如果要对这些元素的一个部位进行编辑，首先应将这些整体进行分解，执行分解(Explode)命令后，使其成为若干个单一的元素，才能进行编辑。

执行“分解”命令的方法有3种：

1. 用鼠标单击“修改”工具栏上“分解”按钮 。
2. 在命令行中输入“EXPLODE”或快捷键“X”。
3. 选择“修改”菜单→“分解”命令。

命令及提示：

命令：EXPLODE

选择对象：

实例应用：将多段线进行分解，如图3-29所示。

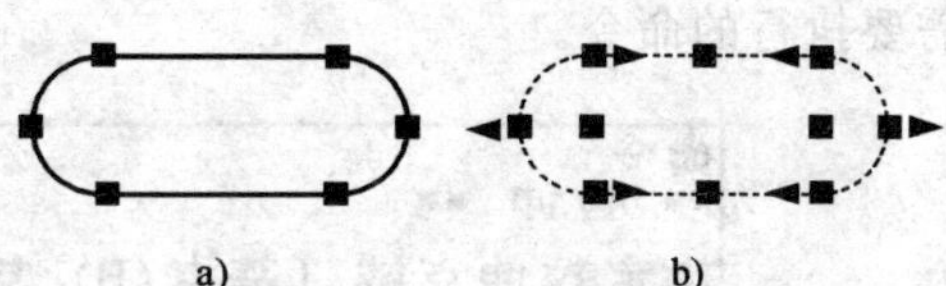

图3-29 将多段线分解成4段

a)分解前；b)分解后

作图方法：

执行“分解”命令。

选择对象：单击多段线，回车，即完成。

【提示】 多段线经分解后将变为细实线。

第五节 使用夹点编辑图形

在未执行任何命令的情况下，选择一个元素，被选中的元素上会出现若干个小方框，如图3-30所示。这些小方框是元素的特征点，叫做夹点(Grips)，通过这些夹点可以对元素进行编辑，如拉伸、旋转、复制等。这些小方框有两种形态：冷态和热态，热态的夹点是指被选中的夹点，将要进行编辑，未被选中的夹点，称为冷态夹点。热态夹点与冷态夹点的颜色不同，如图3-31所示。

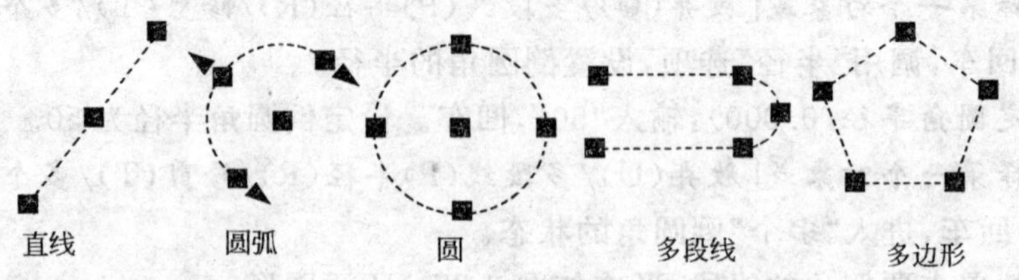

图 3-30　元素的夹点

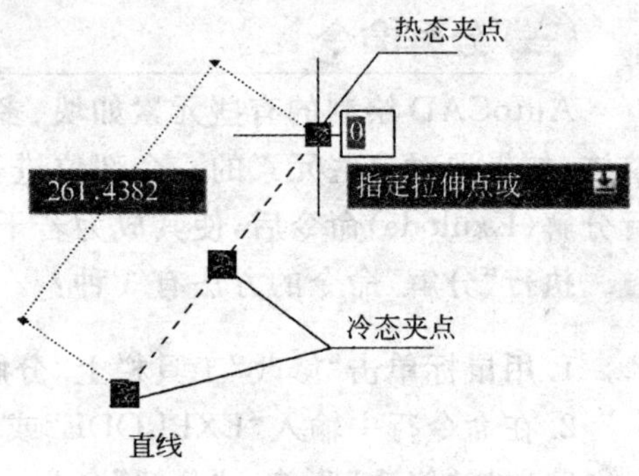

图 3-31　夹点的热态与冷态

当所选的元素处于热夹点状态时，AutoCAD 允许直接利用夹点对元素进行拉伸、旋转、缩放、镜像、复制等编辑。

利用夹点编辑对象时，首先选中对象，使其出现夹点，再激活其中的一个夹点，命令行显示如图 3-32 所示的命令。此时，如执行“拉伸”命令，则直接进入拉伸状态；若回车，进入“移动”命令状态，再回车，进入“旋转”命令状态；连续回车，则会分别进入“比例缩放”命令状态和“镜像”命令状态。从中选择需要执行的命令。


```
命令:
** 拉伸 **
指定拉伸点或 [基点(B)/复制(C)/放弃(U)/退出(X)]:
```

图 3-32　激活夹点后命令行的显示

也可以激活夹点后，右击鼠标，显示如图 3-33 所示的小菜单，可以从中选择命令，但只有在执行了一级菜单命令后才能执行二级菜单命令。

命令及提示：

指定拉伸点或[基点(B)/复制(C)/放弃(U)/参照(R)/退出(X)]：

参数说明：

1. 基点(B)：编辑的基点。
2. 复制(C)：在编辑的过程中复制原对象。
3. 放弃(U)：放弃该操作。
4. 参照(R)：指定编辑的参照对象。

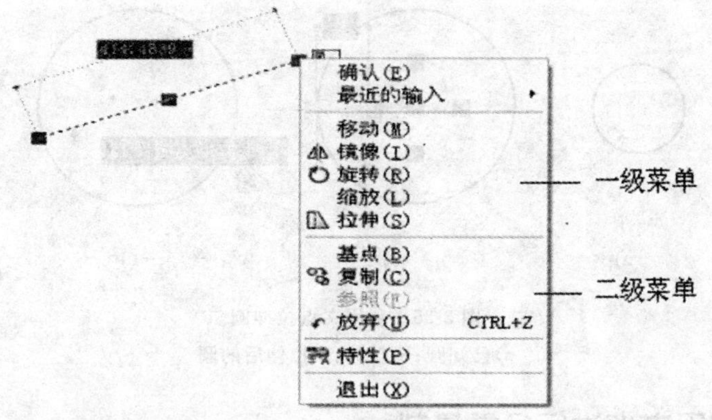

图 3-33 夹点小菜单

5. 退出(X):退出夹点编辑模式。

一 利用夹点拉伸对象

选择线段使其出现夹点,单击线段两端的一个夹点,使该夹点由冷态变成热态,压住鼠标左键,向外拖动,线段会变长,如图 3-34 所示。或者,使线段端点变成热态后,右键鼠标,出现菜单,从中选择“拉伸”命令,也能将线段进行拉伸。

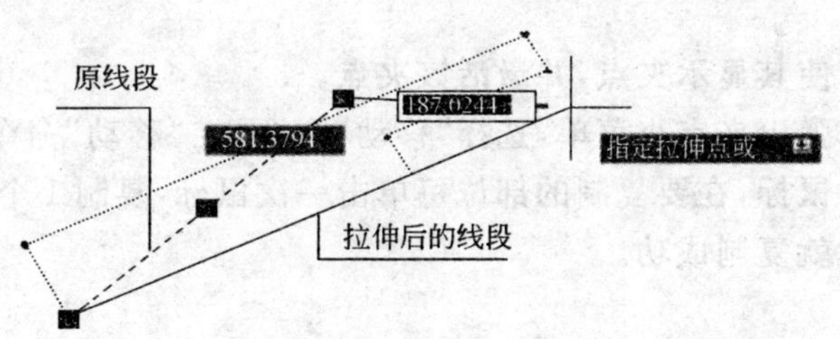

图 3-34 利用夹点拉伸线段

实例应用:利用夹点拉伸命令,拉伸图 3-35a)所示的圆。

作图方法:

选择图 3-35a)中的圆。

激活象限点的一个夹点,如图 3-35b)中圆的右侧夹点。

指定拉伸点或[基点(B)/复制(C)/放弃(U)/参照(R)/退出(X)]:向外移动鼠标到合适的位置,单击鼠标左键,完成,结果如图 3-35c)所示。

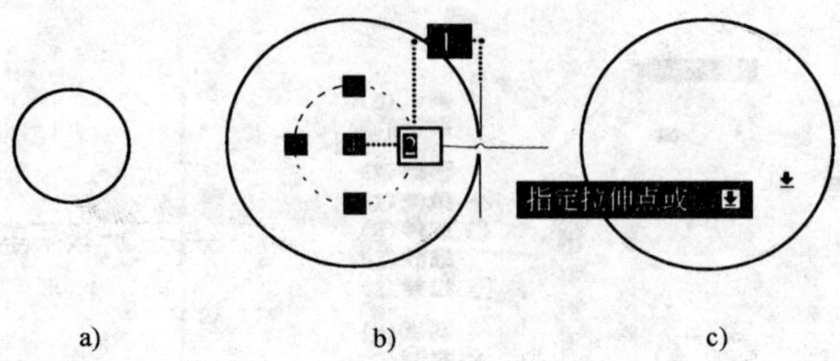

图 3-35 利用夹点拉伸圆

a)已知圆;b)拉伸;c)拉伸后的圆

二 利用夹点进行多重复制

利用夹点可以多重复制,执行命令的方法与利用夹点拉伸对象的方法完全相同。

实例应用:利用夹点复制 3 个沙发,如图 3-36 所示。

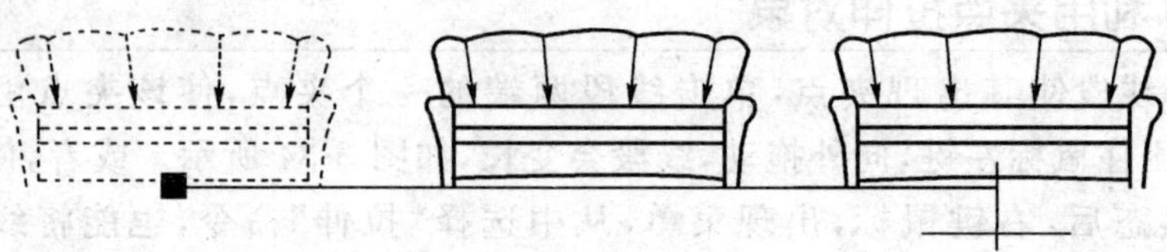

图 3-36 利用夹点复制沙发

作图方法:

选择沙发,使其显示夹点,并激活该夹点。

右击鼠标,弹出夹点小菜单,选择"移动"命令,在"移动"命令下选择"复制"命令,之后移动鼠标,在要复制的部位每单击一次鼠标,复制 1 个沙发,再单击一次,第 3 个沙发就复制成功。

三 利用夹点移动和旋转对象

(一)利用夹点移动对象

选中对象后,单击对象中间的夹点,使其处于热态,移动鼠标到合适的位置,单击鼠标,对象被移动到需要的位置。如图 3-37 所示。

(二)利用夹点旋转对象

选择对象,出现夹点后,选择一个夹点,右击鼠标,弹出夹点小菜单,选择"旋转"命令进行旋转对象。

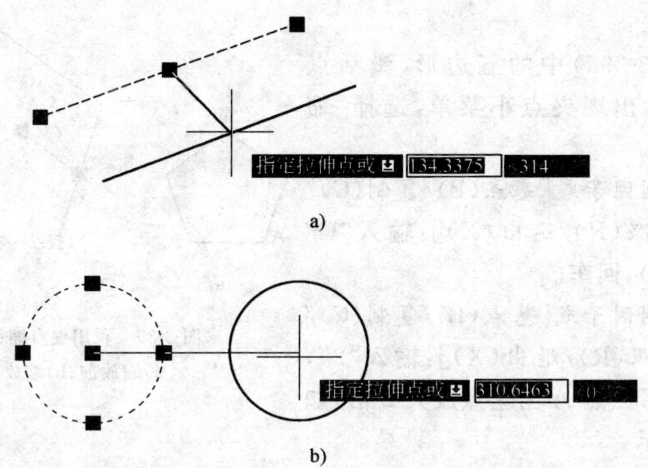

图 3-37　利用夹点移动直线和圆

a)利用夹点移动直线；b)利用夹点移动圆

实例应用：将直线 AB 以点 B 为基点逆时针旋转 45°，如图 3-38 所示。

作图方法：

选中对象 AB，使其出现夹点。

单击点 B，使点 B 变成热态，并右击鼠标，出现夹点小菜单，选择“旋转”命令。

指定旋转角度或[基点(B)/复制(C)/放弃(U)/参照(R)/退出(X)]：输入“C”(旋转并复制)，回车。

“*指定旋转角度或[基点(B)/复制(C)/放弃(U)/参照(R)/退出(X)]*：输入“45°”，回车。直线 AB 以点 B 为基点，逆时针旋转 45°，如图 3-38 所示。

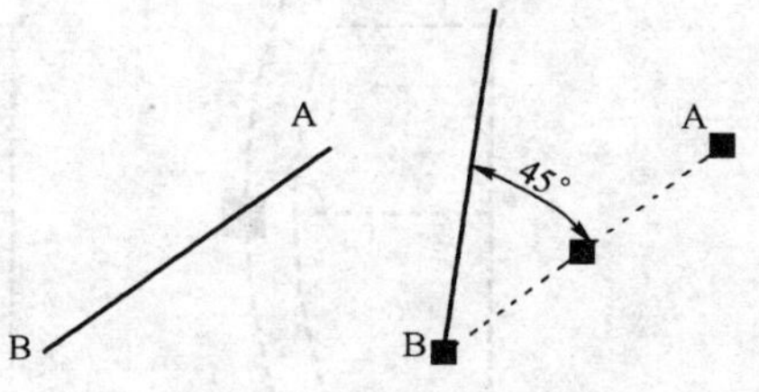

图 3-38　利用夹点旋转线段

四 利用夹点按比例缩放对象

利用夹点可以将选中的对象进行按比例缩放，以满足用户的要求。

执行夹点缩放命令时，选中对象，激活一个夹点，右击鼠标，显示夹点的小菜单，选择“缩放”命令。

实例应用：将五边形以点 A 为基点，放大 1 倍，如图 3-39 所示。

作图方法：

选中图 3-39a）中的五边形，激活点 *A*，右击鼠标，出现夹点小菜单，选择“缩放”命令。

指定比例因子或[基点(B)/复制(C)/放弃(U)/参照(R)/退出(X)]：输入“C”(缩放并复制)，回车。

指定比例因子或[基点(B)/复制(C)/放弃(U)/参照(R)/退出(X)]：输入“2”，回车。五边形以点 *A* 为基点放大 2 倍，如图 3-39b）所示。

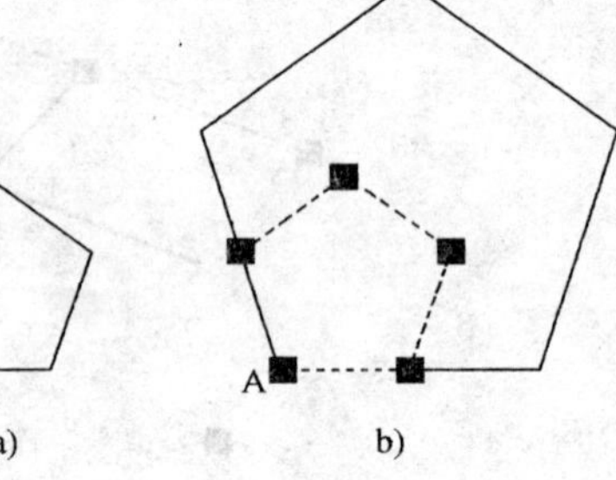

图 3-39　利用夹点缩放图形

a)缩放前；b)缩放后

【提示】 夹点缩放对象和比例缩放对象一样，在选择缩放基点时，都要注意，尽量减少执行完缩放命令后再进行移动的操作。

五　利用夹点创建镜像对象

利用夹点可以对选中的对象进行镜像操作。作图时，选择对象，出现夹点，再选择基点，右击鼠标，出现夹点小菜单，选择“镜像”操作。

实例应用：利用夹点镜像命令镜像复制二人沙发，如图 3-40 所示。

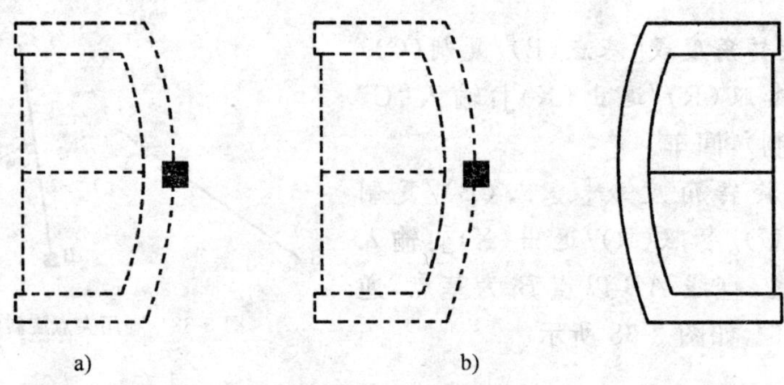

图 3-40　利用夹点镜像复制沙发

a)镜像前；b)镜像后

作图方法：

选择图 3-40a）所示沙发，使沙发显示夹点，如图 3-40a）中所示的小方点。

激活该夹点，并右击鼠标，出现夹点小菜单，选择“镜像”命令。

指定第二点或[基点(B)/复制(C)/放弃(U)/退出(X)]：输入“C”，回车。

指定第二点或[基点(B)/复制(C)/放弃(U)/退出(X)]:输入"B"并回车。

指定基点:在沙发右上方单击鼠标左键。

指定第二点或[基点(B)/复制(C)/放弃(U)/退出(X)]:在沙发右下方单击鼠标左键,并回车。

此时图中出现图 3-40b)中右边的沙发,再次回车,左边的沙发也恢复实线。

第六节 快速选择对象

在第一章中介绍了选择对象的 4 种方法:单选方式、窗口选择方式、交叉选择方式和全选方式。

在绘制施工图时,经常遇到选择的对象较多,而采用上述选择方式又不是很理想的情况。为方便绘图,结合绘图、编辑命令再介绍几种选择对象的方式。

一 栏选选择方式

如果有较多的对象需要编辑,可以画一条多段折线,被多段折线穿过的对象被全部选择,这种选择对象的方式称为栏选(Fence)。

实例应用:删除图 3-41a)所示图形中下方的 3 个的六边形,使其变成图 3-41c)所示的形状。

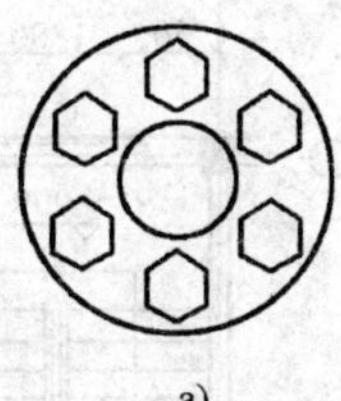

a)

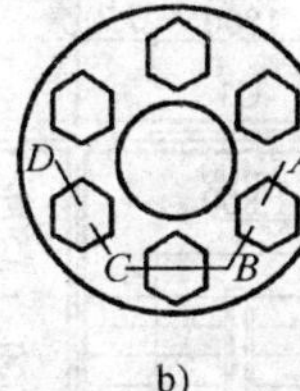

b)

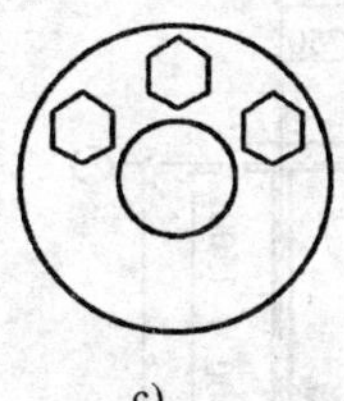

c)

图 3-41 栏选命令的应用

a)修改前;b)修改操作中;c)修改完成

作图方法:

执行"删除"命令。

选择对象:输入"栏选"快捷键"F",回车。

指定第一点栏选点:在点 A 处单击图 3-40b)。

指定下一点栏选点:在点 B、C、D 处分别单击,回车,下方的 3 个六边形被选中,再回车,这 3 个六边形被删除。

【提示】 第一次回车表示选择对象的结束,第二次回车表示执行删除命令。

二 前一次选择方式

前一次(Previous)选择,表示执行某个编辑命令需要选择对象时,所选的对象是前一次选择过的对象。

实例应用:如图3-42所示,已知标准层楼梯平面图,完成楼梯平面图的绘制。

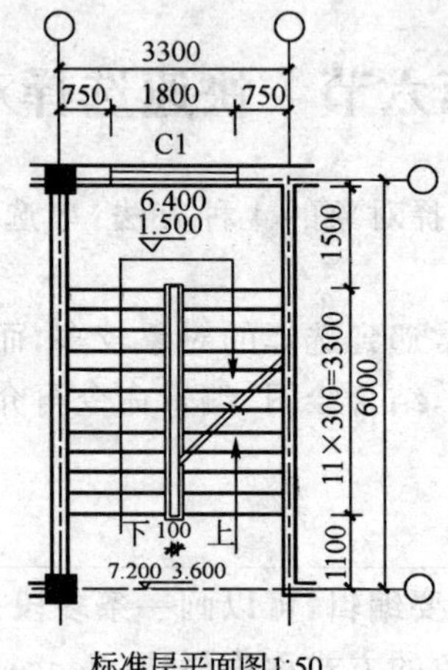

a)

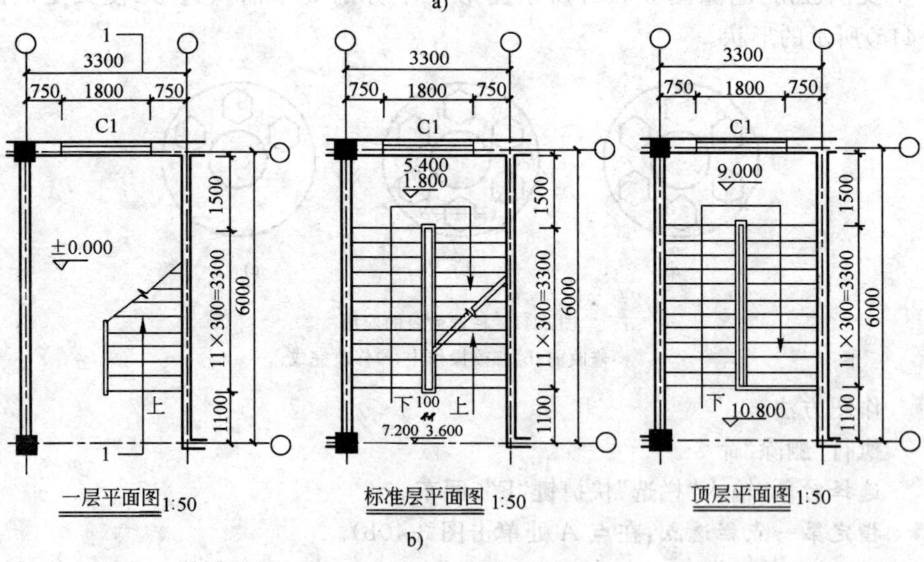

b)

图3-42 完成楼梯平面图的图样

a)标准层平面图;b)完整楼梯平面图

作图方法：

执行“复制”命令。

选择对象：采用交叉选择对象的方式将图 3-42a)中图形全部选择，回车。

指定基点或[位移(D)]〈位移〉：选择图 3-42a)中楼梯左侧定位轴线的下端点作为复制的基点。

指定基点或[位移(D)]〈位移〉：指定第二个点或〈使用第一个点作为位移〉：向左移动鼠标至底层平面图的位置，单击并回车，复制完成了一个平面图。

再次执行“复制”命令。

选择对象：输入“前一次”选择方式的快捷键“P”，回车。

指定基点或[位移(D)]〈位移〉：选择上次复制的基点为本次复制的基点。

指定基点或[位移(D)]〈位移〉：指定第二个点或〈使用第一个点作为位移〉：向右移动鼠标至顶层平面图的位置，单击并回车，又复制完成一个平面图。

采用其他编辑命令将复制的两个标准层平面图修改成如图 3-42b)所示的一层平面图和顶层平面图，完整的楼梯平面图即绘制完成。

【试一试】 通过采用编辑和绘图命令完成图 3-42b)所示的楼梯平面图。

三 除去选择方式

在编辑图形时，有时需要将选择对象中的一部分去掉，AutoCAD 提供了除去(Remove)选择方式，满足用户的这一要求。

实例作用：将图 3-43a)所示图形进行修剪，使其成为图 3-43c)所示的形状。

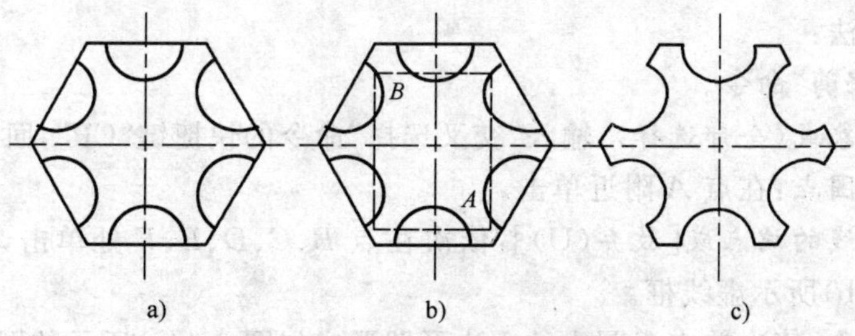

图 3-43 除去选择命令的应用

a)修剪前；b)修剪操作中；c)修剪完成

作图方法：

执行“修剪”命令。

选择对象或〈全部选择〉：用鼠标在点 *A* 附近单击，移动鼠标至点 *B* 附近单击(用交叉选择的方式选择图中的 6 个半圆)，显示如图 3-43b)中所示的虚线矩形框，回车。

选择对象或〈全部选择〉：输入“除去”选择命令的快捷键“R”，回车。

选择对象：单击铅垂中心线，回车。

[栏选(F)/窗交(C)/图样(P)/边(E)/删除(R)/放弃(U)]：依次单击半圆内的六边形即形成图3-43c)所示的图形。

四 多边形选择和交叉多边形选择方式

多边形(WPolygon)选择方式，是画一个任意的多边形，被多边形包围在内的对象被选中。

交叉多边形(CPolygon)选择方式，是画一个任意多边形，与多边形相交的对象以及被多边形包围的对象全部被选中。

实例应用：如图3-44所示，将图3-44a)所示图形修改为图3-44c)所示形状。

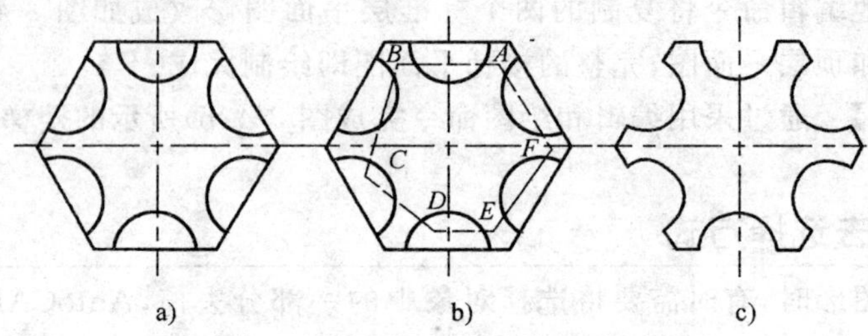

图3-44　交叉多边形选择命令的应用

a)修剪前；b)修剪操作中；c)修剪完成

作图方法：

执行“修剪”命令。

选择对象或〈全部选择〉：输入“交叉选择”命令的快捷键“CP”，回车。

第一圈围点：在点 A 附近单击。

指定直线的端点或[放弃(U)]：依次在点 B、C、D、E、F 处单击，并回车，形成如图3-44b)所示虚线框。

选择对象：依次单击半圆内的六边形即形成如图3-44c)所示的图形。

本章小结

本章介绍了AutoCAD绘图、编辑的主要命令。

绘制多个图形命令分别介绍了：复制命令、阵列命令、偏移命令和镜像命令的基本编辑功能、特点和执行方法。

改变图形位置命令介绍了：移动命令、比例缩放命令和旋转命令的功能和使用方法。

使图形变形命令介绍了：修剪命令、延伸命令、拉伸命令和打断命令的功能及作图方法。

倒角命令与分解命令分别介绍倒角、倒圆角和分解图形的功能及使用方法。

使用夹点编辑图形是 AutoCAD 绘图的一个捷径，方便、快捷，在可能的情况下，用户应尽量采用夹点进行图形编辑。利用夹点可以实现拉伸对象、复制对象、移动和旋转对象、按比例缩放对象和创建镜像对象等编辑功能。

综合练习题

运用本章介绍的命令和方法，完成图 3-45 至图 3-49 所示的操作。

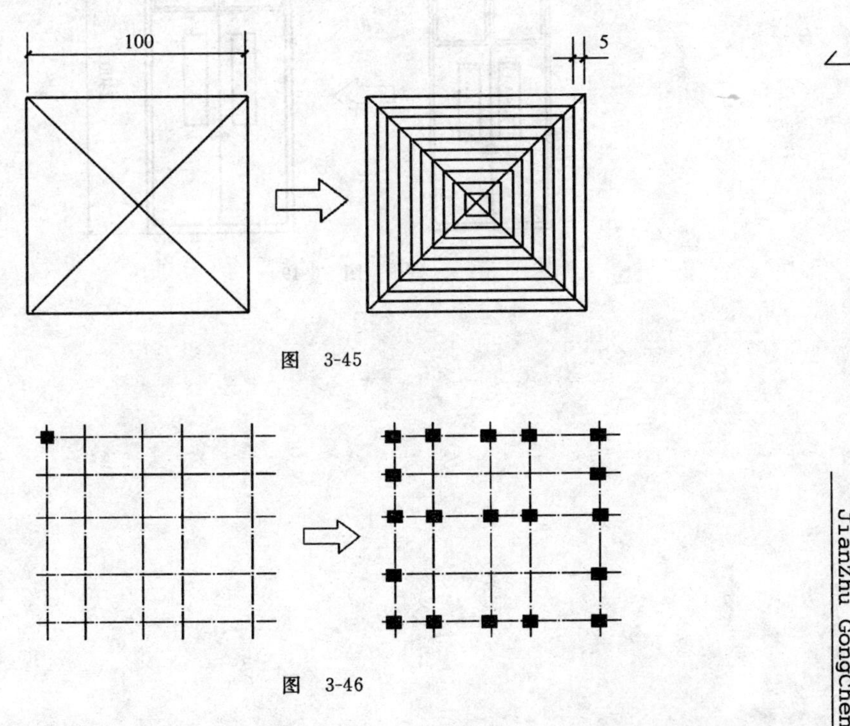

图 3-45

图 3-46

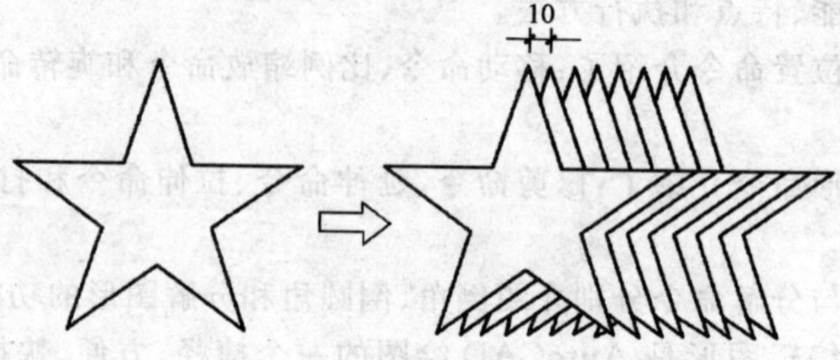

图 3-47

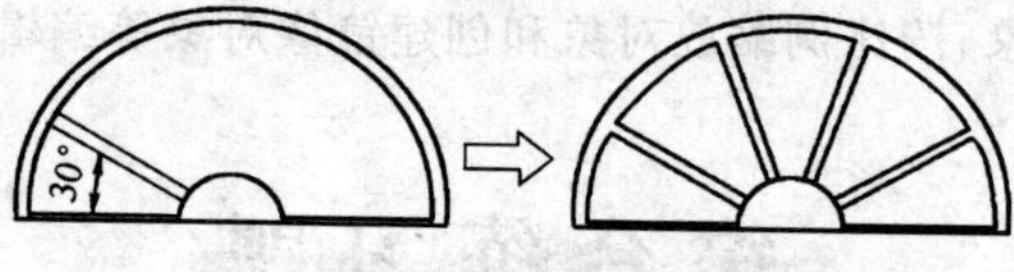

图 3-48

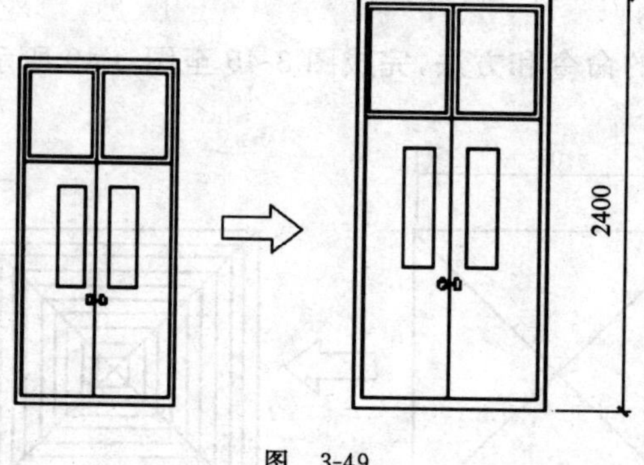

图 3-49

第四章 高级编辑命令

【职业能力目标】

通过学习本章知识学生应能根据所绘图样的情况，合理地选择 AutoCAD 的高级编辑命令，高效编辑图样。

【知识目标】

学习高级编辑命令的应用条件和使用方法。

【学习要求】

1. 了解常用的查询命令和 AutoCAD 辅助功能，并能利用设计中心调用绘图资源。

2. 掌握常用的高级编辑命令，能熟练地使用图层、块、对象实体特性等命令对图形进行编辑和控制。

使用基本编辑命令，用户已经可以简便、快速地绘制出完整的工程图，而 AutoCAD 还设置了高级编辑命令，不但能提高所绘图形的表达能力和可读性，同时还可更好地管理和控制绘图资源，避免重复的绘制工作，节省绘图时间和计算机存储空间，大大提高绘图效率。

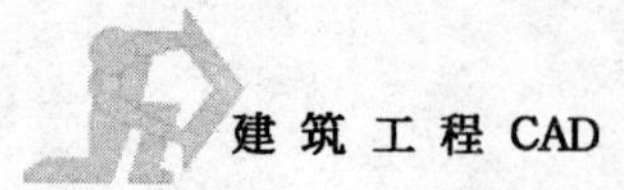

第一节　实体特性控制

设置线型

在制图规范中，一般用线型来表示不同的对象，例如，粗实线表示主要可见轮廓线，细单点长划线表示中心线、对称线等。在 AutoCAD 中，可对不同的图形要素设置不同的线型。系统默认的线型为 Continuous（连续实线），ByLayer（随层）和 ByBlock（随块）也是两种常用的线型。AutoCAD 中还有几十种线型保存在 acadiso. lin 和 acad. lin 线型库中，需要时可以进行加载。用户还可以使用一些自己定义的线型。

设置“线型”的方法有 3 种：

1. 在“对象特性”工具栏中“线型控制”下单击“其他…”选项，如图 4-1 所示。

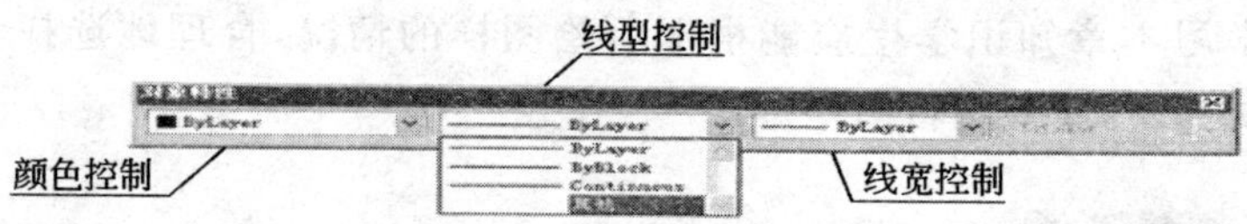

图 4-1　“对象特性”工具栏

2. 选择“格式”→“线型”菜单。

3. 在命令行中输入“LINETYPE”或 “LT”、“LTYPE”。

命令及提示：

命令：LINETYPE

弹出“线型管理器”对话框，如图 4-2 所示。

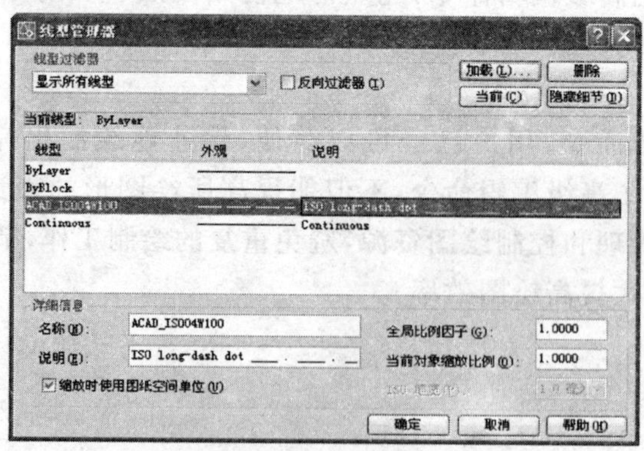

图 4-2　“线型管理器”对话框

参数说明：

1. 线型过滤器：显示在线型列表框中已加载的线型。默认选项是显示所有线型。如果选择“反向过滤器”复选框，仅显示不满足当前过滤器要求的全部线型。

2. 加载(L)... ：用于显示“加载和重载线型”对话框，加载其他所需线型。

加载线型的步骤如下：

1)执行“线型”命令，弹出“线型管理器”对话框，如图 4-2 所示。

2)单击 加载(L)... 按钮，弹出“加载或重载线型”对话框，如图 4-3 所示。

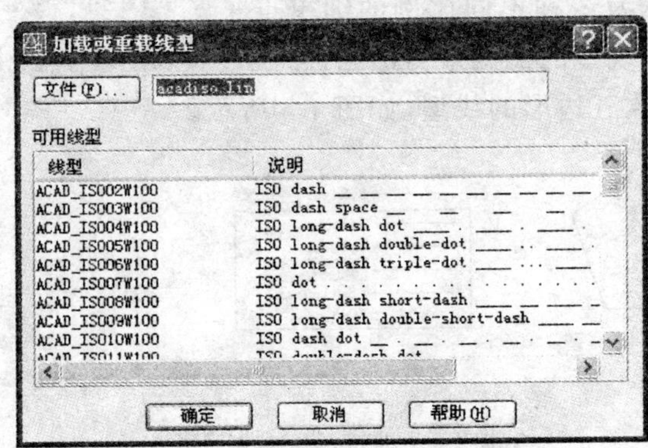

图 4-3 “加载或重载线型”对话框

3)在该对话框中选中需要的线型后单击 确定 按钮。

4)将以上 3 步加载完成的线型置为当前后即可使用该线型。

【小技巧】 在命令行中输入调用线型命令，按两次“回车”键可直接弹出“加载或重载线型”对话框。

3. 删除 ：可从线型列表中删除不需要且未参照的线型。但 Continuous，ByLayer、ByBlock、当前线型、被引用的线型以及依赖外部参照的线型等不能被删除。

4. 当前(C) ：显示当前线型的名称。

5. 显示细节(D) 或 隐藏细节(D) ：可控制显示或隐藏“线型管理器”对话框中的“详细信息”部分。

6. 线型列表：显示满足过滤条件的线型及其基本信息，包括线型、外观和说明。要迅速选定或清除所有线型，可通过在线型列表中单击右键显示的快捷菜单来操作。

7. 详细信息:用于设置选定线型的特性及附加设置。该项可对已加载线型的名称和说明进行编辑。“缩放时使用图纸空间单位”复选框用于按相同的比例在图形空间和模型空间缩放线型。“全局比例因子”用于设置应用于所有线型的全局缩放比例因子。“当前对象缩放比例”用于设置新建对象的线型比例。当设置的线型显示不正常时,可通过设置“全局比例因子”和“当前对象缩放比例”来改变。图 4-4 所示为 3 种不同比例的细单点长划线,显然,最右边线型的比例最为适当。

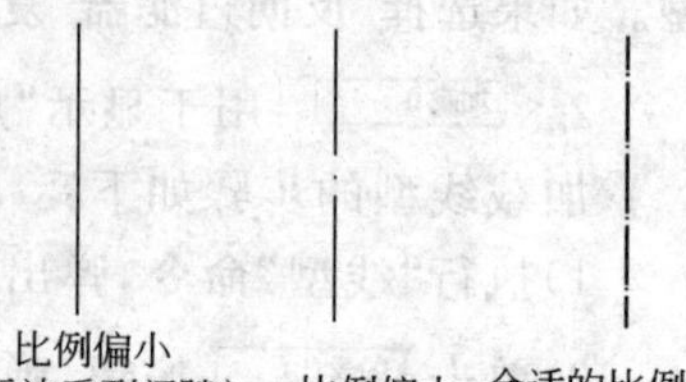

图 4-4　不同比例的细单点长划线

实例应用:更改五边形的线型,如图 4-5 所示。

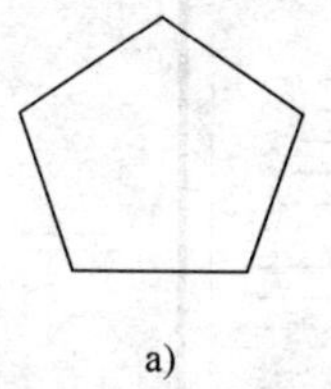

a)

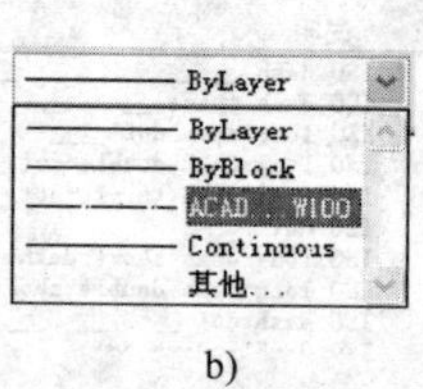

b)

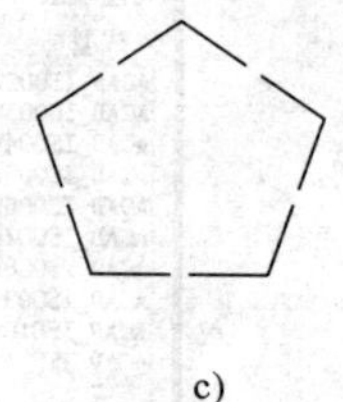

c)

图 4-5　更改对象的线型示例

a)原图;b)选择线型;c)更改结果

方法:选取对象,单击线型列表框中合适的线型,结果如图 4-5c)所示。

【试一试】 将图 4-6a)中厨房的定位轴线替换为图 4-6b)中所示的线型。

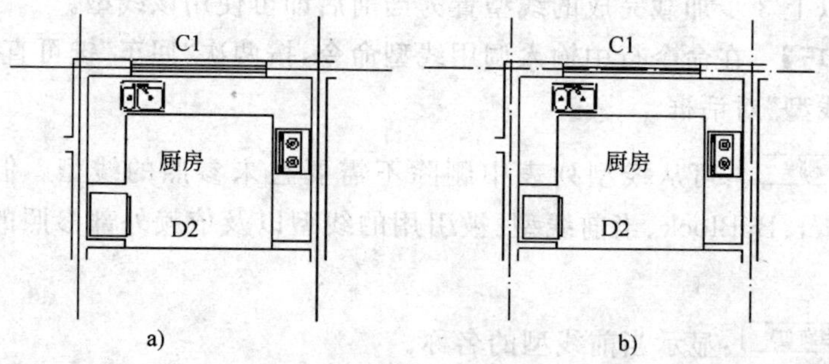

图 4-6　更改厨房定位轴线的线型

a)原图;b)线型修改完成

二 设置线宽

线宽即线条对象的宽度。如果为图形对象指定线宽,则对象将根据此线宽的设置进行显示和打印。在 AutoCAD 中,系统提供了从 0mm 至 2.11mm 的线宽。另外，还有 3 种常见的线宽：一种是创建图形时的默认线宽，其默认值为 0.25mm，另两种线宽是 ByLayer 和 ByBlock。

设置“线宽”的常用方法有 5 种：

1. 选择“格式”→“线宽”菜单。

2. 在“状态栏”的“线宽”按钮上单击鼠标右键，在弹出的小菜单中选择“设置”。

3. 在“工具”→“选项”菜单对话框的“用户系统设置”选项卡上选择“线宽设置”。

4. 在“对象特性”工具栏中“线宽控制”中选择。

5. 在命令行中输入“LWEIGHT”或快捷键 “LW”。

命令及提示：

命令：LWEIGHT

弹出“线宽设置”对话框，如图 4-7 所示。

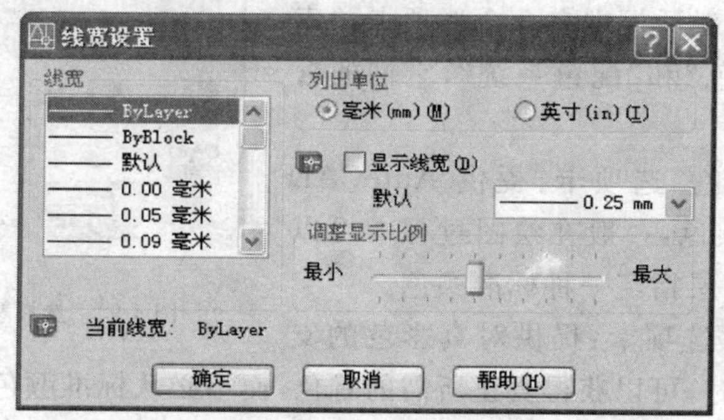

图 4-7 “线宽设置”对话框

参数说明：

1. 线宽：用于设置对象线宽值。

2. 列出单位：用于设置线宽的单位，一般应选择“毫米(mm)”。

3. 显示线宽：此复选框开关用于控制是否按照实际线宽显示，如图 4-8 所示。

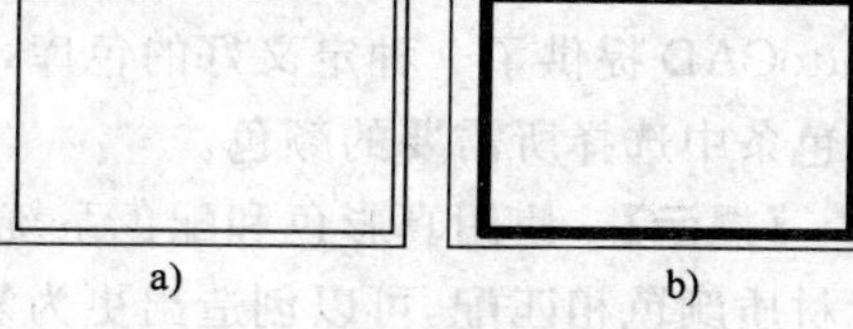

图 4-8 线宽状态显示与否示例

a)不显示线宽；b)显示线宽

4. 默认：设置默认选项的线宽取值。

5. 调整显示比例：用于控制“模型”选项卡上线宽的显示比例。

6. 当前线宽：显示当前设置的线宽。

三 设置颜色

AutoCAD 系统共有 255 种颜色供用户使用，其中 7 种标准颜色有自己的编

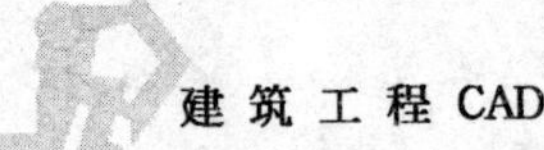

号，分别为：1（红色）、2（黄色）、3（绿色）、4（青色）、5（蓝色）、6（品红色）和7（白色或黑色），缺省的颜色为白色。用户可以选用“随层”、“随块”或某一具体颜色等选项来指定颜色。

设置“颜色”的方法有3种：

1. 选择“格式”→“颜色”菜单。
2. 选择“对象特性”工具栏上的“颜色控制”中的颜色。
3. 在命令行中输入“COLOR”或快捷键“COL”、“DDCOLOR”。

命令及提示：

命令：COLOR

弹出“选择颜色”对话框，如图4-9所示。

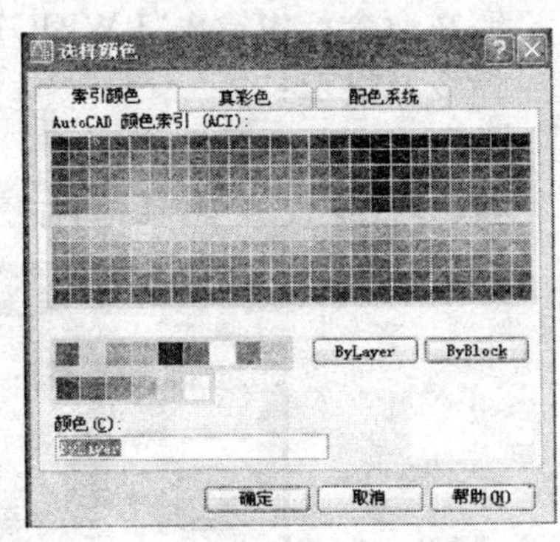

图4-9 “选择颜色”对话框

参数说明：

“选择颜色”对话框中有3个选项卡：“索引颜色”、“真彩色”和“配色系统”，它们的含义分别如下：

1. “索引颜色”选项卡：提供AutoCAD中使用的标准颜色，一般在绘图过程中可以为某一对象或图层指定一种标准颜色。

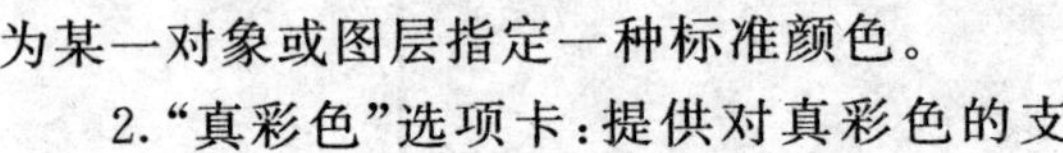

2. “真彩色”选项卡：提供对真彩色的支持，使用真彩色时，可以获得真正所需的着色，而不必从标准颜色中选择，指定真彩色时，可以使用HSL或RGB颜色模式。

3. “配色系统”选项卡：可从“配色系统”下拉列表中选择预定义的颜色。AutoCAD提供了9种定义好的色库，可以选择其中的一种色库，然后在显示的颜色条中选择所需要的颜色。

【提示】 使用真彩色和配色系统，用户可以很容易地使图形中的颜色与实际材质颜色相匹配，可以创造出更为复杂的演示图形。

第二节 建立和管理图层

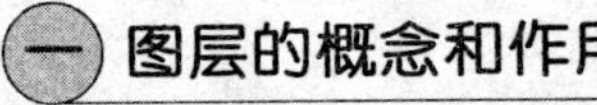

一 图层的概念和作用

图层相当于一层层重叠的透明图纸，是非常有效的对象属性管理器，也是计算机绘图不可缺少的功能。简单的说，图层就是图形对象的载体，多个图层重叠在一起，彼此之间是透明的，去掉一个图层，那么图层上的图形对象也随之消失，同样，在一个图层中进行颜色、线型等特性的修改，也不会影响到其他图层。

AutoCAD 中允许建立无限多个图层，根据需要，用户可以决定应该建立多少个图层，并为每个图层指定相应的名称、线型和颜色等属性。在绘图中，用户可以将不同种类和用途的图形分别置于不同的图层下，从而实现对同类型图形的统一管理。

在 AutoCAD 中，专门有“图层”工具栏，如图 4-10 所示。通过下拉列表框可查看各个图层的名称和基本特性。

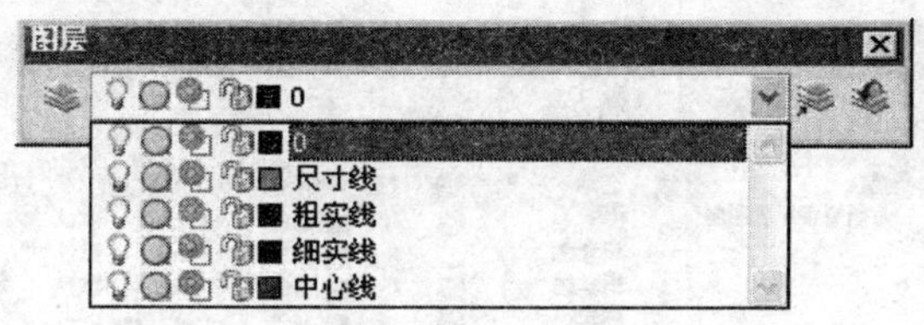

图 4-10 “图层”工具栏

二 图层的设置和管理

在 AutoCAD 中，正在使用的图层称为当前图层，用户只能在当前图层中进行操作。图层的使用和管理是通过图层特性管理器实现的。图层可以新建、删除和重命名，也可以修改特性或添加说明。

调用“图层特性管理器”的方法有 3 种：

1. 单击“图层”工具栏上的“图层特性管理器”按钮。

2. 选择“格式”菜单→“图层”命令。

3. 在命令行中输入“LAYER”或“LA”、“DDLMODES”。

命令及提示：

命令：LAYER

在绘图区弹出“图层特性管理器”对话框，如图 4-11 所示。

参数说明：

1. 新建图层：创建新图层，单击，即可在图层列表框中新建一个图层，用户可以对其重命名。新图层将继承图层列表中当前选定图层的特性和状态，如颜色、开/关状态等。

2. 删除图层：选定需删除图层后单击 ×，单击 应用(A) 或 确定 按钮，即可删除相应图层。

3. 置为当前：可将选定图层设置为当前图层。

4.当前图层显示框:用于显示当前图层的名字。

5.图层列表框:显示图层和图层过滤器状态及其特性和说明。其中各选项含义如下:

1)状态:显示图层和过滤器的状态,✓ 表示当前图层正在使用,× 表示被删除图层,表示该图层未被使用。

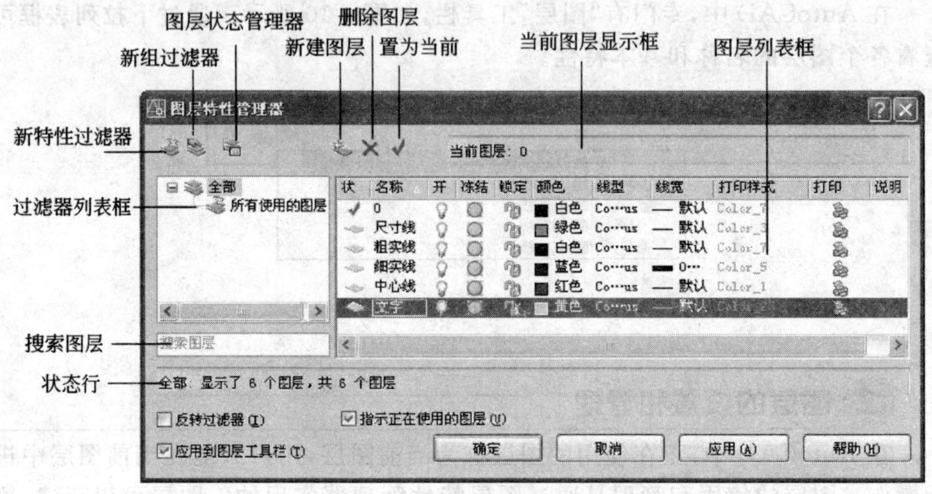

图 4-11 “图层特性管理器”对话框

2)名称:显示图层或过滤器的名称。

3)开:打开或关闭选定图层。灯泡的亮灭可控制图层对象的显示与否。黄色图标表示该图层为打开状态,这时,绘图区中该图层上的图形是可见的,并且可以打印;当图标为灰色时,该图层上的图形不可见,且不能打印。

4)冻结:在所有可视窗口中冻结选定的图层。图标和分别表示图层未被冻结和被冻结。用鼠标单击图标可以进行切换。图层被冻结时,该图层上的实体对象在屏幕上不显示,也不能被打印和重生成。冻结图层可以加快视图缩放、视图平移和许多其他操作的运行速度。但用户不能冻结当前层,也不能将冻结层改为当前层。

5)锁定:控制图层的锁定与解锁状态。锁定就是把对应图层锁住,使之不能绘图也不能进行编辑操作;解锁就是解除图层锁定状态。

6)颜色:显示和设置图层的颜色。为了区分不同的图层,用户可为每个图层定义不同的颜色。要为某一图层设置颜色,只要单击该层的颜色图标,即可进行操作。

7)线型:设置图层的线型。新建一个图层时,该图层的线型将继承“图层列表框”中某个选定图层的线型。如要改变某一图层的线型,可在列表框中单击该层对应的线型图标,打开“选择线型”对话框,如图 4-12 所示,在该对话框中将显示当前图形中的可用线型,默认线型为 Continuous,若列表中无所需线型,用户可通过“加载”按钮添加所需线型,单击 加载(L)... ,弹出“加载或重载线型”对话框,选中所需线型单击 确定 即可完成线型加载。

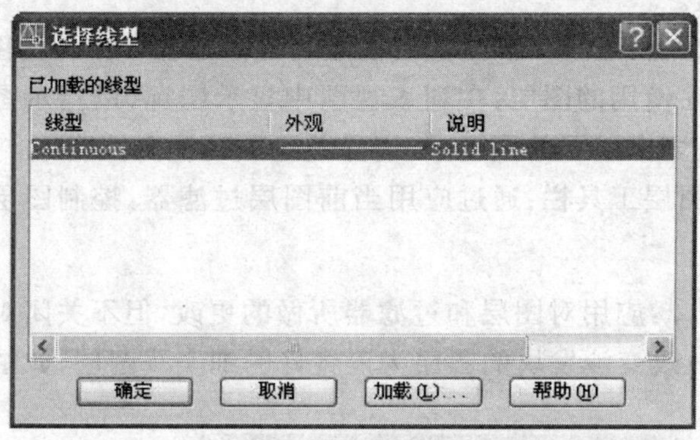

图 4-12 “选择线型”对话框

8)线宽:用于设置图层的线型宽度。如要改变某一个图层的线宽,可在“图层列表框”中单击该层的线宽图标,打开“线宽”对话框,如图 4-13 所示,在该对话框中选择新的线宽后,单击 确定 即可。

9)打印样式:设置指定图层的打印样式。

10)打印:控制是否打印选定的图层。

6. 新特性过滤器:根据选定的图层特性创建图层过滤器。按钮主要用于创建符合特定条件的图层过滤器,把不需要的图层过滤掉,并将符合过滤条件的图层显示在该过滤器的“图层列表框”之中。

7. 图层状态管理器:用于保存、恢复和管理图层的状态和特性。由于在使用过程中,经常需要在不同的图层状态和特性下面绘制图形。当用户设置的图层较多时,如果频繁地进行设置,将会影响绘图效率。使用此功能,可

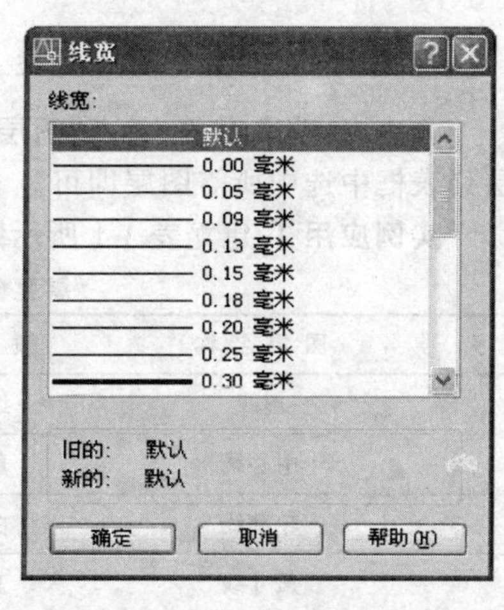

图 4-13 “线宽”对话框

将绘图过程中一些常用的图层状态设置保存起来，在需要时进行切换和恢复即可。

8. 过滤器列表框：显示图形中图层和过滤器的层次结构列表。顶层节点“全部”显示了图形中的所有图层。过滤器按字母顺序显示。

9. 搜索图层：可快速过滤图层列表。

10. 状态行：显示当前过滤器的名称、图层列表框中所显示图层的数量和图形中图层的数量。

11. 反向过滤器：显示不满足选定图层特性过滤器中条件的图层。

12. 指示正在使用的图层：在列表视图中显示图标，以指示图层是否处于使用状态。在具有多个图层的图形中，清除此选项可提高性能。

13. 应用到图层工具栏：通过应用当前图层过滤器，控制图层列表中图层的显示。

14. 当前(C)：应用对图层和过滤器所做的更改，但不关闭对话框。

实例应用 1：改变沙发块的图层为设置好的细实线图层，如图 4-14 所示。

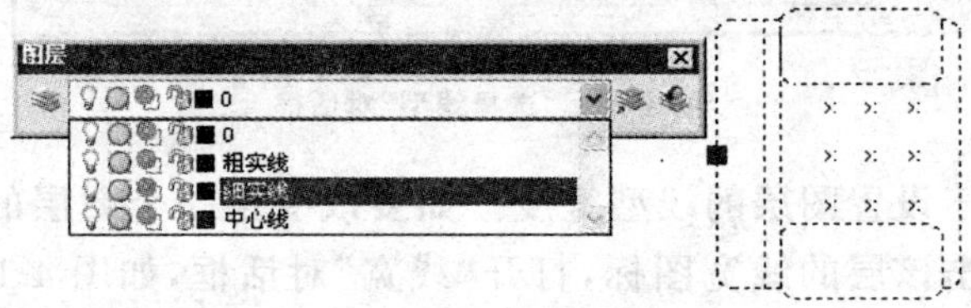

图 4-14　更改对象所在图层

方法一：选取对象，在工具栏上图层列表框中选择设置好的细实线图层。

方法二：选取对象，单击“图层”工具栏上的“图层特性管理器”按钮，在图层列表框中选中所需图层即可。

实例应用 2：建立表 4-1 所示图层并加载图层属性。

需要创建的图层及其属性　　表 4-1

序　号	图层名称	颜　色	线　型	线　宽
1	虚线	红色	ACD_ISO02W100	0.30mm
2	中心线	黄色	ACD_ISO04W100	随层
3	轮廓线	白色	随层	0.60mm
4	尺寸线	蓝色	随层	随层

作图方法：

1. 创建文件并保存。新建一名为“创建图层”的文件。

2. 创建图层。单击“图层”工具栏上的按钮，打开“图层特性管理器”。单击按钮，并将图层命名为“虚线”；图层颜色加载为“红色”；图层线型加载为“ACD_ISO02W100”；图层线宽加载为“0. 30mm”。加载结果如图 4-15 所示。各属性加载完毕后单击确定按钮。

图 4-15　图层的创建和属性的加载

3. 重复上述步骤，按照表 4-1 中的序号依次进行图层的创建。

【提示】 “过滤器列表框”和“图层列表框”中的大部分操作都可以通过单击鼠标右键显示的快捷菜单进行操作。

第三节　块体操作与图案填充

一 块体操作

绘图时，经常会遇到这样的情况：相同的图形对象出现在一幅图形中的多处，或者是出现在多幅不同的图形中。如在绘制建筑图形时，需要绘制大量的门、窗、阳台、楼梯等相同或相似对象。在 AutoCAD 中，用户可以将图形对象定义为块，然后用插入块的方法将其插入到一幅图形中的多处或多幅不同的图形中。

(一) 图块的制作

创建一种块，这种块只能被创建它的图形使用，即所谓的内部块。内部块中组成块的各对象可不在同一图层上。

创建内部块的方法有 3 种：

1. 单击“绘图”工具栏上的“创建块”按钮。
2. 选择“绘图”菜单→“块”→“创建”命令。
3. 在命令行中输入“BLOCK”、“BMAKE”或快捷键“B”。

命令及提示：

命令:BLOCK

在绘图区弹出“块定义”对话框，如图 4-16 所示。

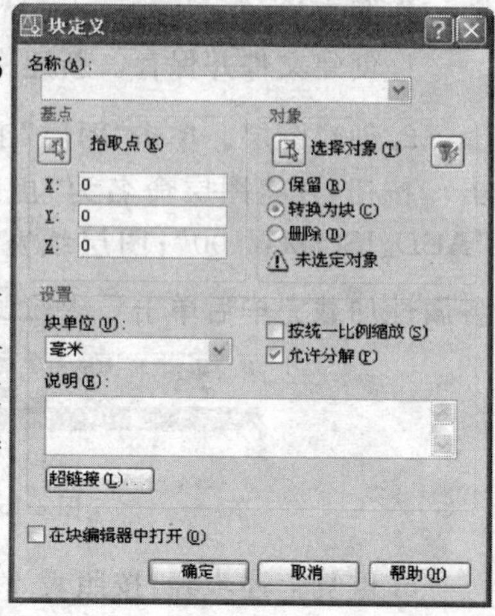

图 4-16 “块定义”对话框

参数说明:

1. 名称:给要创建的块指定名称。

2. 基点:指定插入块时块的插入基点，默认基点为(0,0,0)。用户可在其下的文本框中输入基点的坐标值，不过最常用的是单击按钮在屏幕上直接选取要定义为块的对象上的一个特征点作为基点，特征点一般选中心点、角点或中点等，块在被插入的时候会以基点为基准，类似于带基点复制和粘贴的操作。

3. 对象:指定在创建的新块中所要包含的对象以及创建块后如何处理这些对象。

1)选择对象:供用户选择组成块的对象。单击按钮将返回绘图区，这时用户可以选择用于创建块的对象。选择好对象后，按回车键将重新回到“块定义”对话框。

2)快速选择:单击按钮将显示“快速选择”对话框，用户可快速选择需要的对象。

3)保留:创建块后选定的对象将保留在图形中，不做任何变化。

4)转换为块:创建块后选定的对象仍保留在图形中，放置在原来的位置，但已被转换成块对象。

5)删除:创建块以后，将从图形中删除选定的用来创建块的对象。

6)提示:在该组件的下部显示选择对象的数量。

4. 设置:用于指定块的设置。

5. 在块编辑器中打开:定义是否在“编辑器”中打开当前的块定义。

实例应用:将图 4-17 所示的沙发创建为一个名为“沙发”的内部块。

操作步骤:

1. 单击“绘图”工具栏上的“创建块”按钮，弹出“块定义”对话框。

2. 在该对话框的“名称”下拉列表框中输入“沙发”。

3. 单击“拾取点”按钮，用鼠标捕捉到沙发最左侧直线的中点，如图 4-17 中所示方点。

4. 在“块定义”对话框中单击“选择对象”按钮后返回绘图区，用鼠标选择沙发图形后按“回车”键返回对话框。

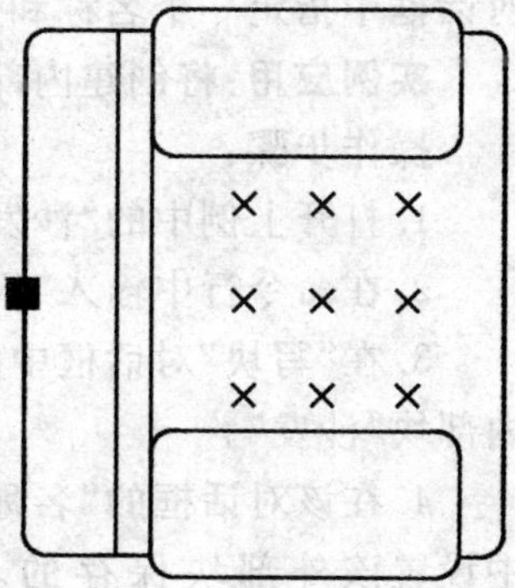

5. 在“说明”文本框中输入注释“沙发块”后单击 确定 按钮。

图 4-17 沙发

（二）图块的存盘

在实际设计过程中，往往需要把定义好的图块进行共享，使所有相关的用户都能方便地引用。这种可供其他图形文件插入和引用的公共块被称为外部块。AutoCAD 中提供了 WBLOCK 命令，可将图块、对象选择集或一个完整文件单独以图形文件形式存盘，形成外部块。

创建外部块的方法：

在命令行中输入“WBLOCK”或“W”。

命令及提示：

命令：WBLOCK

调用命令后弹出如图 4-18 所示对话框。下面主要介绍其与图 4-16 不同之处。

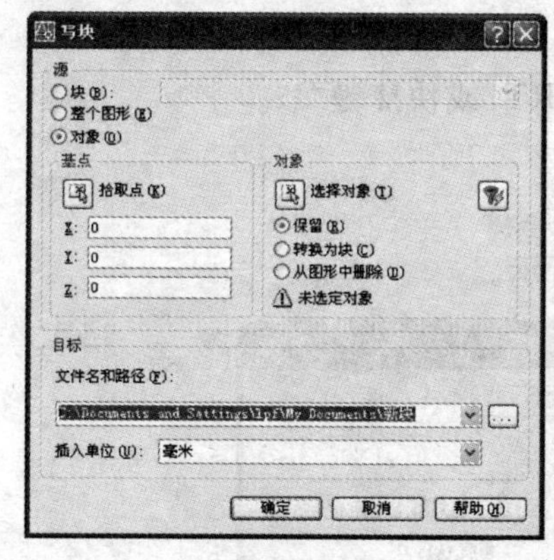

图 4-18 “写块”对话框

参数说明：

1. 源：指定创建外部块的对象，将其保存为文件并指定插入点。

1)块：指明存入图形文件的是块。选择该项可从右边的下拉列表中选择一个已经定义好的内部块，并将其转换为外部块。

2)整个图形：用于把当前的整个图形定义为一个外部块。

3)对象：用于将当前图形中选定的对象定义为外部块。

2. 目标：指定创建的外部块名称、保存路径及插入块时使用的单位。

文件名和路径：指定外部块的文件名和保存块或对象时的路径。用户可以在下拉列表中输入一个路径，或单击右边的按钮，在打开的“浏览图形文件”

对话框中指定一个名称和保存路径。

实例应用:将创建内部块实例中的“沙发”内部块转换为外部块。

操作步骤:

1. 打开上例中的“沙发”图形文件。

2. 在命令行中输入“W”,然后按“回车”键。

3. 在“写块”对话框中的“源”组件中选择“块”,在下拉列表中选择已定义的内部块“沙发”。

4. 在该对话框的“名称”下拉列表框中输入“沙发”。在对话框的“目标”组件中设置该外部块保存的名称和路径,如“E:\绘图图库\沙发”,然后单击 确定 按钮即可。

【试一试】 将创建内部块实例中的“沙发”图形直接定义为外部块,并将其保存在“E:\绘图图库\沙发”位置。

(三) 图块的插入

插入块就是把已定义的外部块或在当前图形中已定义的内部块插入到当前图形中。

插入块的方法有 3 种:

1. 单击“绘图”工具栏上的“插入块”按钮。

2. 选择“插入”菜单→“块”命令。

3. 在命令行中输入“INSERT”、“DDINSERT”或快捷键“I”。

命令及提示:

命令:INSERT

在绘图区弹出“插入”对话框,如图 4-19 所示。

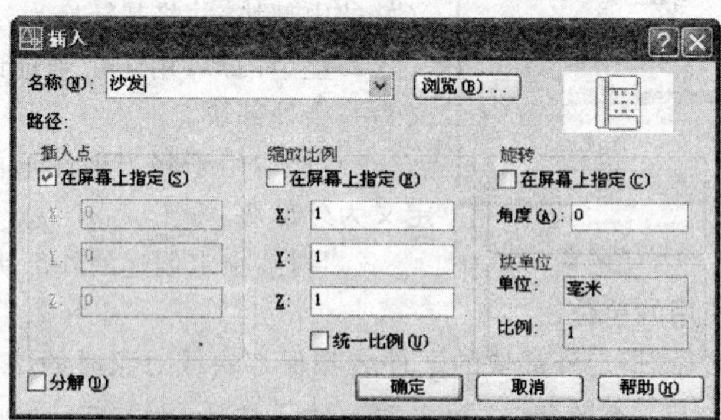

图 4-19 “插入”对话框

参数说明：

1. 名称：用于指定要插入块的名称，或指定要作为块插入的文件名称。用户可在下拉列表中选择一个当前图形中定义的内部块或已经插入过的块，或单击[浏览(B)...]按钮，从打开的“选择图形文件”对话框中选择要插入到图形中的块或图形文件。

2. 路径：显示要插入块的路径。

3. 插入点：用于指定块的插入点，即块的基点位置。可以在“X”、“Y”、“Z”文本框中输入点的坐标，也可以在屏幕上指定块的插入点位置。

4. 缩放比例：指定插入块在 x、y、z 轴方向上的比例。

1)在屏幕上指定：选择该项可用定点设备在屏幕上指定块的缩放比例。

2)X、Y、Z：未选“在屏幕上指定”时可以通过这 3 个文本框直接输入插入块在 3 个方向的缩放比例因子。

3)统一比例：选择该项，可为 x、y、z3 个方向指定同一个比例因子。

5. 旋转：在当前坐标系下指定插入块的旋转角度(以块的基点为中心)。“在屏幕上指定”和“角度”项是分别通过鼠标和输入旋转角度旋转插入的块。

6. 块单位：指定块的单位信息。其中“单位”中显示了该块在创建时所用的单位；而“比例”显示了创建块时的单位与插入该块的当前图形的单位之比值。

7. 分解：选择该项，在插入块的同时将对块进行分解。同时，该选项要求只能使用统一比例对块进行缩放。

实例应用：将上例创建的“沙发”外部块插入到客厅中，如图 4-20 所示。

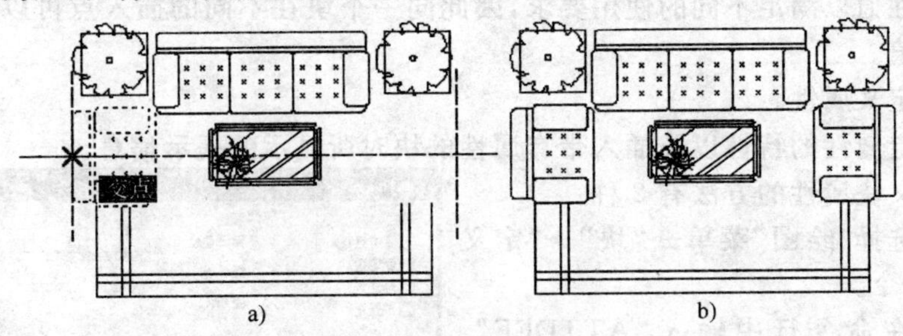

图 4-20　插入“沙发”块

a)捕捉插入基点；b)插入效果图

作图方法：

1. 绘制好客厅图形，为便于捕捉插入点位置可同时绘制 3 条辅助线，以辅助线交点作为插入基点，如图 4-20a)所示。

2. 单击“插入块”按钮，从显示的“插入”对话框中打开上例中的“沙发”

块,然后单击 确定 按钮。

3.在屏幕上用鼠标移动“沙发”块到左边辅助线交点附近,捕捉到交点作为插入基点,单击鼠标左键,如图4-20a)所示。

4.用同样的方法将“沙发”插入到右侧的辅助线交点,然后以插入基点为中心将块旋转180°。

5.删除辅助线,完成客厅内沙发的布置。插入结果如图4-20b)所示。

【提示】 创建块和插入块的最快捷方法是:选择要创建块的对象后右击,在快捷菜单中选择“复制”(或按【Ctrl+C】组合键)。再次单击或在编辑菜单中选择“粘贴为块”选项,即可将复制的对象转换为块。

(四)块的属性

为了对块进行说明,可以给块附加一定的文字信息,以增强图块的通用性。这种附加到块上的非图形信息就是块的属性。它是块中的文本信息,是图块的一个组成部分,它与块共同构成一个整体。

块属性通常有属性标记和属性值两部分组成。属性标记,即为属性的名字。当用户定义了块属性后,属性即以属性标记显示在图形中。插入带有属性的块时,系统将提示输入需要的属性值,用户指定了属性值后,属性最终是用属性值显示在图形中。

为了使用块属性,定义块前首先定义属性,然后将属性附着于块,即在选择块时将块属性一起选择进去,再插入带有属性的块。插入时,用户可以根据提示更改属性值以满足不同的使用要求,因此同一个块在不同的插入点可以有不同的属性值。

1.定义属性。

指定属性的特性以及插入带有属性的块时所显示的提示信息。

定义块属性的方法有2种:

1)选择“绘图”菜单→“块”→“定义属性”命令。

2)在命令行中输入“ATTDEF”、“DDATTDEF”或快捷键“ATT”。

命令及提示:

命令:ATTDEF

在绘图区弹出“属性定义”对话框,如图4-21所示。

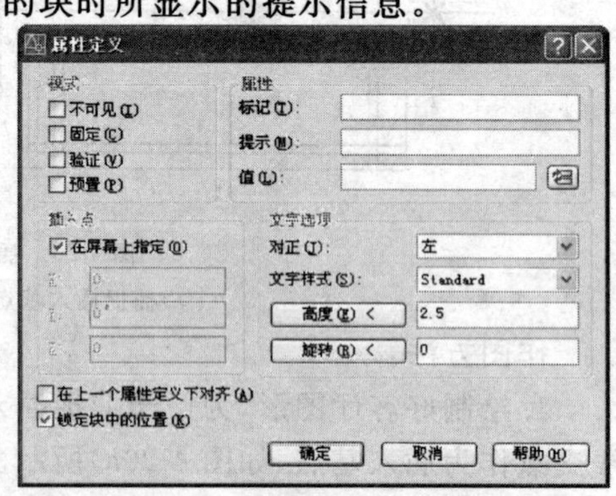

图4-21 “属性定义”对话框

参数说明:

1)模式:在图形中插入块时,设置与块关联的属性值的使用方式。

(1)不可见:选择该项,在图形中插入块时将不显示或打印块的属性值。

(2)固定:控制属性是常量属性还是变量属性。选择该项时,在图形中插入块时,块的属性为固定值。

(3)验证:控制是否对输入的属性值进行验证。选择该项,在当前图形中输入块时,系统提示验证输入的属性值是否正确。

(4)预置:选择该项,在当前图形中插入块时,将使用"值"文本框中的默认值作为该属性的属性值。

2)属性:用于设置属性数据。

(1)标记:设置属性的名称,以标志图形中每次出现的属性。

(2)提示:指定在插入包含该属性定义的块时所显示的提示。如果不输入提示,则将以属性标记为提示。

(3)值:设置属性的默认值。用户可以在文本框中输入一个常用的属性值或单击右边的"插入字段"按钮,插入一个字段作为属性的默认值。

3)插入点:指定属性的插入位置。用户可用定点设备(如鼠标)在绘图区指定属性的插入位置,也可在文本框中输入坐标值。

4)文字选项:设置属性文字的格式。

(1)对正:设置文字的对正方式。

(2)文字样式:选择属性文字的文字样式。

(3)高度:设置属性文字的高度。用户可以在文本框中输入一个高度,也可单击 高度(E) < 按钮,然后在绘图区中通过指定两点来确定属性文字的高度。如果选择的某个文字样式设置有固定高度,或选择了"对齐"对正方式,则该项不可用。

(4)旋转:指定属性文字的旋转角度。用户可通过在文本框输入值或单击 旋转(R) < 按钮来实现文字的旋转。如果选择了"对齐"或"调整"对正方式,则该选项不可用。

5)在上一个属性定义下对齐:可将后续的属性定义的属性标记直接置于上一个已定义属性的属性标记下面。

6)锁定块中的位置:用于锁定块参照中属性的位置。

2. 将属性附着于块。

在属性定义完成以后,如果要使用属性,必须先将属性附着于块。其方法如下:

1)调用创建内部块或外部块的命令。

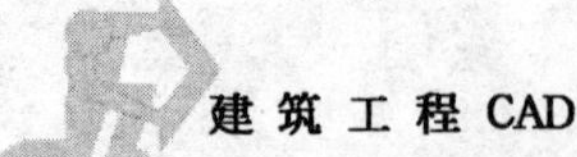

2)在“块定义”对话框或“写块”对话框中输入块名、指定块的插入基点。如果创建外部块，还需要指定块的保存路径。

3)选取创建块的对象。在选择对象时一定要将需要的属性一起选择进去，这样属性即附着于该块之上，成为块的一部分。一个块可以附着多个属性。

4)在“块定义”对话框或“写块”对话框中，单击 确定 按钮将显示“编辑属性”对话框，如图4-22所示。该对话框中显示了带有属性的块的名称，属性的提示信息和属性的默认值。如果用户要修改属性的默认值，可在其中输入一个新值，否则单击 确定 按钮即可。

实例应用1：将图4-23a)所示的图形定义成带属性的图块，其中块的名称为“带属性的定位轴线块1”、属性标记为“ZXH”、提示为“请输入横向定位轴线编号”。

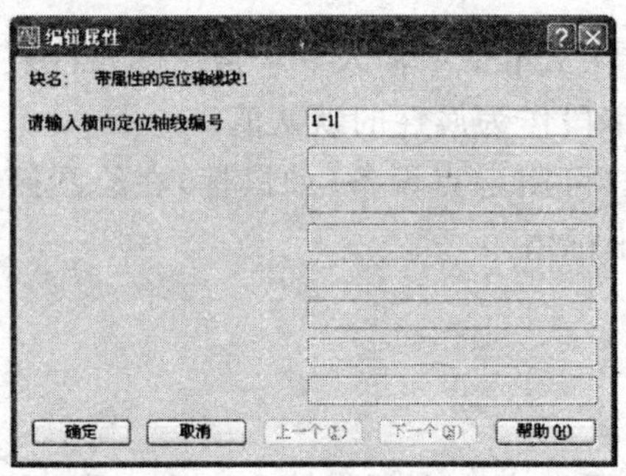

图4-22 “编辑属性”对话框

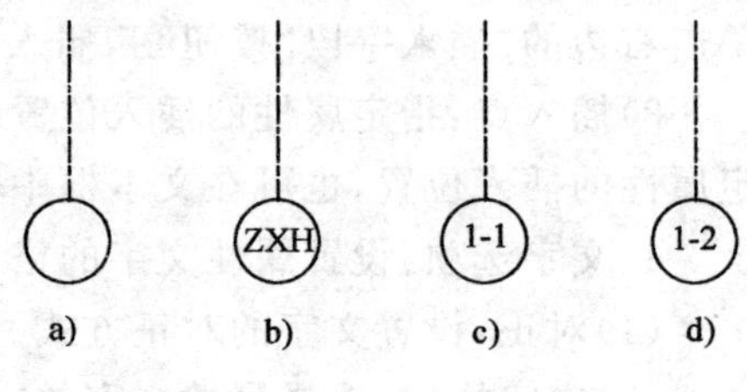

图4-23 定位轴线图块

a)定义属性前；b)定义属性后；c)附着于块；d)插入的属性块

操作步骤：

1)参照前面章节介绍的绘图方法，绘制定位轴线图形，如图4-23 a)所示。

2)选择“格式”菜单→“文字样式”命令，弹出“文字样式”对话框，将“字体”选项区域中的“SHX字体”和“大字体”分别选中“txt.shx”和“gbcbig.shx”，然后依次单击 应用(A) 和 关闭(C) 按钮。

3)选择“绘图”→“块”→“定义属性”菜单，弹出“属性定义”对话框，然后输入属性标记与提示，选择好文字样式及对正方式并将文字高度调整为10。

4)单击 确定 按钮，选择圆心作为属性的放置位置，并单击鼠标左键，结果如图4-23 b)所示。

5)选择“绘图”菜单→“块”→“创建”命令，弹出“块定义”对话框。

6)在“名称”编辑框中输入块名“带属性的定位轴线块 1”，单击“选取对象”按钮，在绘图窗口中选中全部对象(包括图形元素和属性)；单击鼠标右键返回对话框；单击“拾取点”按钮，在绘图区的适当位置单击确定块的基点。

7)单击 确定 按钮，系统将打开如图 4-22 所示的对话框。

8)在“请输入横向定位轴线编号”编辑框中输入“1-1”，然后单击 确定 按钮，此时画面如图 4-23 c)所示。可以看出，图 4-23 b)中的“ZXH”属性标记在此处已经被输入的具体属性值取代。

如果用户在图 4-22 所示的对话框中不输入任何值，则绘图区的图块中不显示定义属性的任何内容。当需要添加属性内容时，用户可双击属性块，出现图 4-24所示的对话框，在“值”文本框中输入所需的值单击 确定 按钮即可。

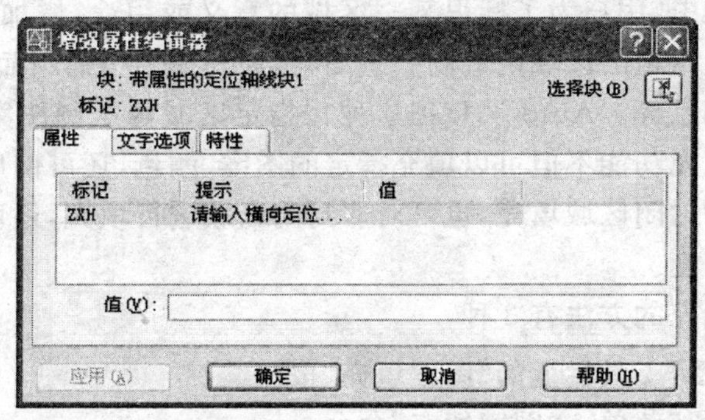

图 4-24 “增强属性编辑器”对话框

实例应用 2：将上例中带属性的图块插入到当前图形中。

操作步骤：

1)选择“插入”→“块”菜单，打开“插入”对话框。

2)在“名称”下拉列表中选择“带属性的定位轴线块 1”，选中“插入点”组件中的“在屏幕上指定”复选框，如图 4-25 所示。单击 确定 按钮，在绘图区选定位置单击，确定块的插入点。

3)这时在命令行中将显示“请输入横向定位轴线编号：”的输入提示，比如输入“1-2”，回车，结果如图 4-23d)所示。

【提示】 用户也可以像修改其他对象一样对块的属性进行编辑，具体方法有两种：一种是单击选中块，另一种是选择“修改”菜单→“对象”→“属性”→“单个”命令。

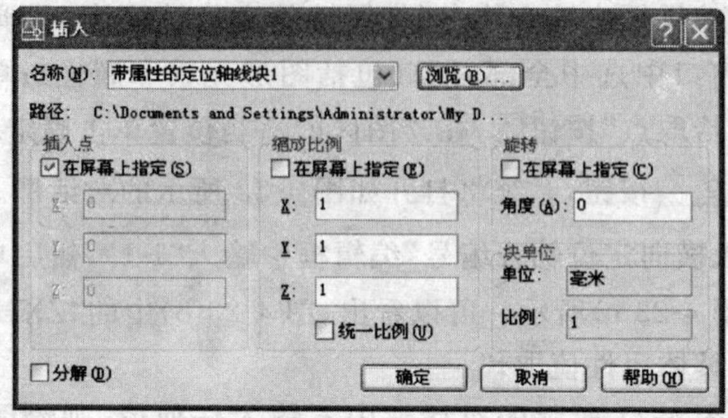

图 4-25 "插入"对话框

 图案填充

在绘图过程中,用户为了标识某一区域的意义或用途,增加图形的可读性,常常需要在某些指定的区域内绘制一些图案,如表现结构的断面情况、建筑表面的装饰纹理和颜色等。AutoCAD 把这种在指定区域内绘制图案的操作叫做图案填充。图案填充功能不但可以填充指定的图案、颜色,还可使用渐变色进行填充。用户既可对封闭区域填充,也可对非封闭区域进行填充,还可控制填充图案的疏密程度和角度。

创建图案填充的方法有 3 种:

1. 单击"绘图"工具栏上的"图案填充"按钮。
2. 选择"绘图"菜单→"图案填充"命令。
3. 在命令行中输入"HATCH"或"H"、"BHATCH"、"BH"。

命令及提示:

命令:HATCH

在绘图区弹出"图案填充和渐变色"对话框,如图 4-26 所示。该对话框包括"图案填充"、"渐变色"两个选项卡以及一些控制按钮及单选按钮、复选框等。"图案填充"选项卡用于设置需应用的填充图案的外观。"渐变色"选项卡在绘制建筑平面图中较少用到,感兴趣的用户可参考"帮助"查看该选项卡的功能。单击对话框右下角的和按钮可展开和折叠该对话框。

参数说明:

1. 类型:设置填充图案的类型。下拉列表中选项的含义为:

预定义:使用 AutoCAD 的预定义图案;用户定义:基于图形的当前线型,临时定义直线填充图案,该填充图案由一组平行线或两组相互垂直交叉的平行线

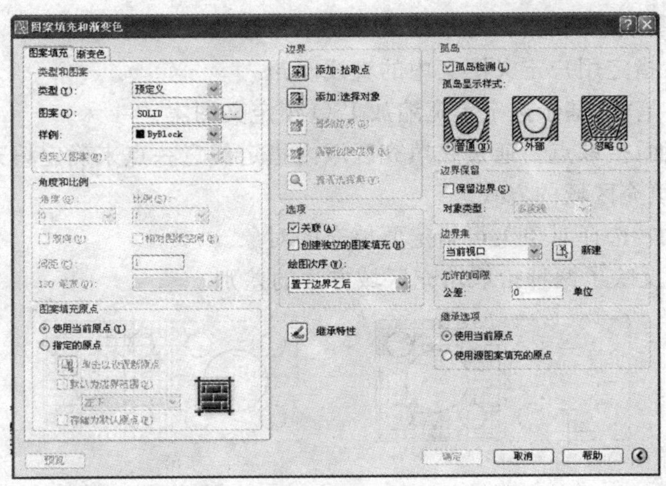

图 4-26 “图案填充和渐变色”对话框

组成;自定义:使用用户自定义的图案。

2. 图案:列出可用的预定义图案。用户可通过下拉列表框选择一个图案样式或单击□按钮打开“填充图案选项板”对话框,如图 4-27 所示,可在其中选择一个需要的图案。

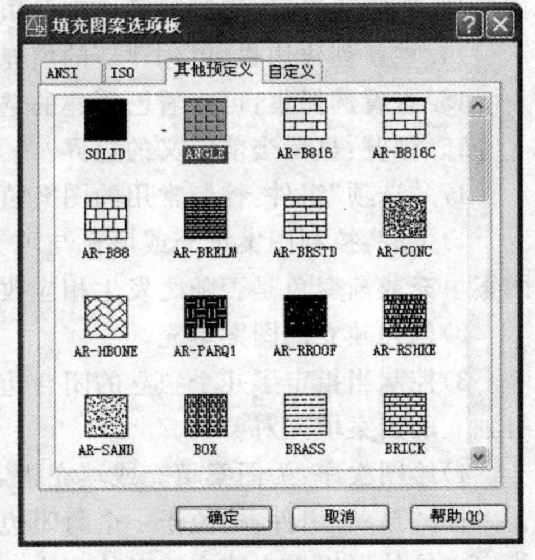

图 4-27 “填充图案选项板”对话框

3. 样例:显示选定图案的预览图像。

4. 自定义图案:列出可用的自定义图案,此项只有在“类型”选择了“自定义”后才可使用。

5. 角度:指定图案填充时的旋转角度,用户可在下拉列表中选择或另外输入一个新角度。默认角度为 0。

6. 比例:用于放大或缩小预定义或自定义填充图案的间距。用户同样可在下拉列表中选择或另外输入一个新比例。默认比例为 1。

7. 双向:确定是否为用户定义图案选用垂直于第一组平行线的第二组平行线。该项只有在用户在“类型”中选择“用户定义”时才能执行。

8.相对图纸空间:指相对于图纸空间单位缩放填充图案。

9.间距:指定用户定义图案中的直线间距。

10.ISO 笔宽:基于选定笔宽缩放 ISO 预定义图案。

11."添加:拾取点":通过在填充区域内指定任意一点来确定填充区域,是最常用的选择填充区域的方式。

12."添加:选择对象":可指定要填充的对象。

图 4-28 反映了两种拾取填充区域方法的差别。

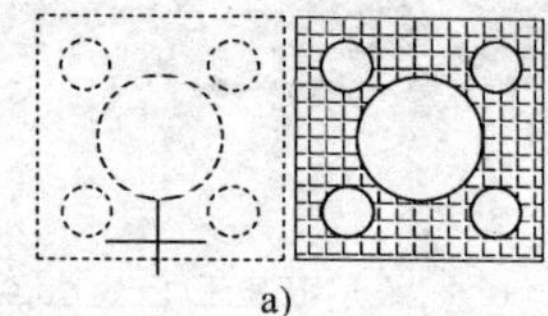
a)

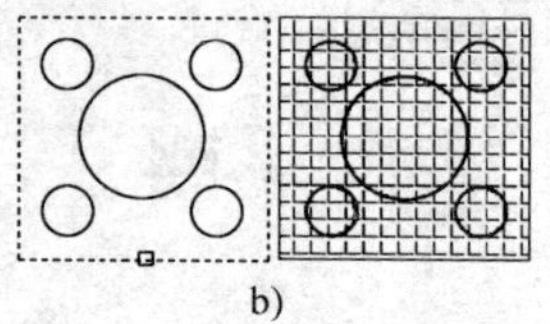
b)

图 4-28 定义填充的区域

a)通过拾取点指定填充区域;b)通过选择对象指定填充区域

13.删除边界:用于删除已选定的填充边界。

14.重新创建边界:可创建新的填充边界。

15.查看选择集:可查看已创建的选择集。

16.预览:显示当前定义的边界。

17."选项"组件:控制常用的图案填充或填充选项。

1)关联:控制图案填充或填充与填充边界是否关联,即当修改填充边界时,图案填充或渐变色是否随之发生相应改变。

2)创建独立的图案填充。

3)控制当指定了几个独立的闭合边界时,是创建一个整体还是创建多个各自独立的图案填充对象。

4)绘图次序:为图案填充或填充指定绘图次序。

18."孤岛"组件:把位于一个封闭边界内的封闭区域叫做孤岛。该组件用于指定在最外层边界内填充图案的方法。

1)孤岛检测:控制是否检测内部闭合边界。

2)普通:选择该项将从外部边界向内填充。填充时遇到奇数封闭区域填充,遇到偶数封闭区域则不填充。

3)外部:也是从外部边界向内填充,但只填充最外面一个封闭区域。

4)忽略:选择该项,将忽略所有内部对象进行图案填充。

19."边界保留"组件:确定是否将填充边界以对象的形式保留下来,并指定应用于这些对象的对象类型。

20."允许的间隙"组件:设置将对象用作图案填充边界时可以忽略的最大间隙。

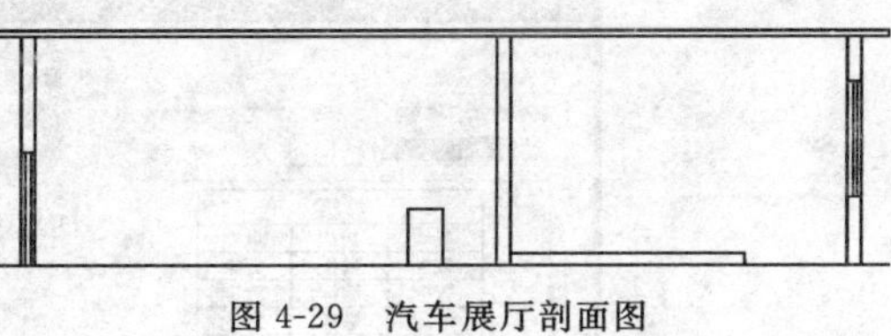

图 4-29 汽车展厅剖面图

实例应用:对图 4-29 中所示的汽车展厅剖面图进行填充。

作图方法:

1.在绘图区中绘制好汽车展厅剖面图。

2.单击"图案填充"按钮,在弹出的"图案填充和渐变色"对话框中单击"样例"或"图案"中的按钮,打开"填充图案选项板"对话框,选择"其他预定义"选项卡,选择其中的"SOLID"图标,然后单击 确定 按钮返回"图案填充和渐变色"对话框。

3.单击按钮,返回绘图区,单击选择楼板和展台为填充对象,选完后右击,从快捷菜单中选择"确认",最后再在返回的对话框中单击 确定 按钮即可完成楼板和展台的填充。

4.采用同样的方法给墙体填充上斜线,结果如图 4-30 所示。

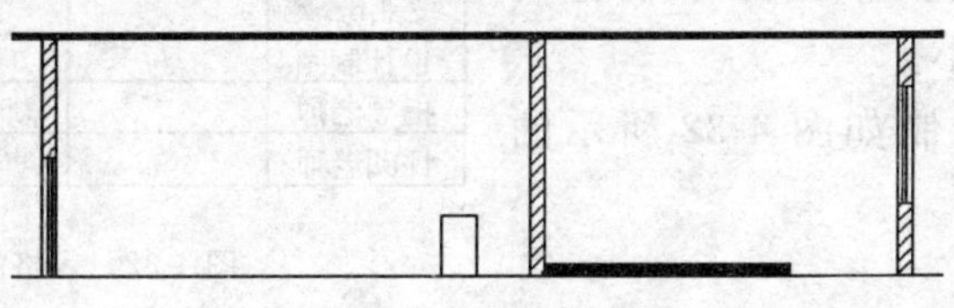

图 4-30 图案填充结果

三 设置表格

表格是在行和列中包含数据的对象。创建表格对象时,首先创建一个空表格,然后在表格的单元中添加内容。

创建表格的方法有 3 种:

1.单击"标准"工具栏上的"表格"按钮。

2.选择"绘图"菜单→"表格"命令。

3.在命令行中输入"TABLE"。

命令及提示:

命令:TABLE

在绘图区弹出"插入表格"对话框,如图 4-31 所示。

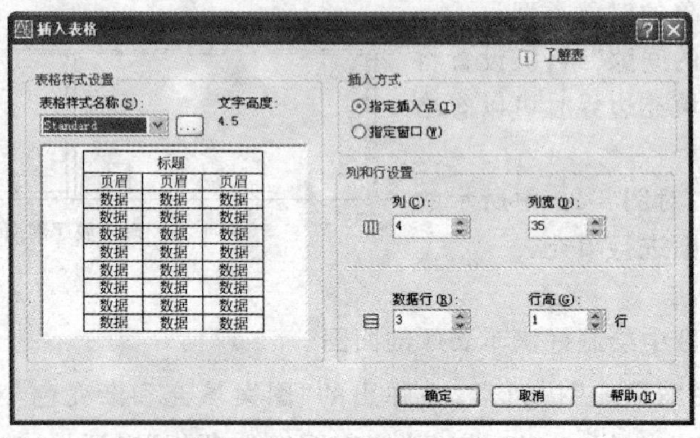

图 4-31 “插入表格”对话框

参数说明:

1. 表格样式设置:该区用于设置表格的外观。

2. 插入方式:该区用于指定表格的插入方式。其中,“指定插入点”方式通过指定表格左上角的位置插入表格;“指定窗口”方式是通过指定表的大小和位置插入表格。

3. 列和行设置:该区用于设置列和行的数目和大小。

实例应用:绘制如图 4-32 所示的表格。

钢筋混凝土外伸梁结构设计			
专业班级		学号	
设计制图		比例	
指导老师		制图日期	
评阅老师		评阅日期	

图 4-32 表格的绘制

操作步骤:

1. 单击“标准”工具栏上的“表格”按钮,将弹出的“插入表格”对话框按照图 4-31 所示的内容进行设置。

2. 将表格插入到绘图区中,然后输入标题栏内容,其文字格式设置如图4-33 所示。

图 4-33 文字格式设置

a)标题栏文字设置;b)数据栏文字设置

3. 按照上述步骤依次在需设置内容的数据栏内双击,输入内容。内容全部输入完毕时单击“文字格式”上的 确定 按钮即可。

第四节　修改实体特性

在 AutoCAD 中，对象特性是一个比较广泛的概念，它包括颜色、图层、线型等通用特性，也包括各种几何信息，还包括与具体对象相关的附加信息，如文字的内容、样式等。

一　特性匹配

“特性匹配”类似于 Word 里的格式刷，即将一个物体的特性传递给另一个或多个物体，在图纸的修改中这个命令用得较多。使用特性匹配时，系统首先提示选择一个源对象，然后提示选择目标对象，AutoCAD 将把目标对象的某些属性改变成源对象的属性。

可以通过特性匹配改变的对象特性有：颜色、图层、线型、线型比例、线宽、厚度和打印样式，有时也包括标注、文字和图案填充。

执行“特性匹配”的方法有 3 种：

1. 单击“标准”工具栏上的“特性匹配”按钮。
2. 选择“修改”菜单→“特性匹配”命令。
3. 在命令行中输入“MATCHPROP”或快捷键“MA”。

命令及提示：

命令：MATCHPROP

选择源对象：

选择目标对象或［设置(S)］：

参数说明：

1. 选择源对象：选择一个源对象。
2. 选择目标对象或［设置(S)］：选择目标对象，按“回车”键完成操作。若通过输入“S”来设置，会弹出如图 4-34 所示的“特性设置”对话框。

在对话框中进行设置，取消相应的特性，可以使相应特性不影响目标对象的显示。

【试一试】　将图 4-35a）所示的填充图案样式改为图 4-35b）所示的样式。

【提示】　MATCHPROP 命令只能选择一个图元作为源对象。

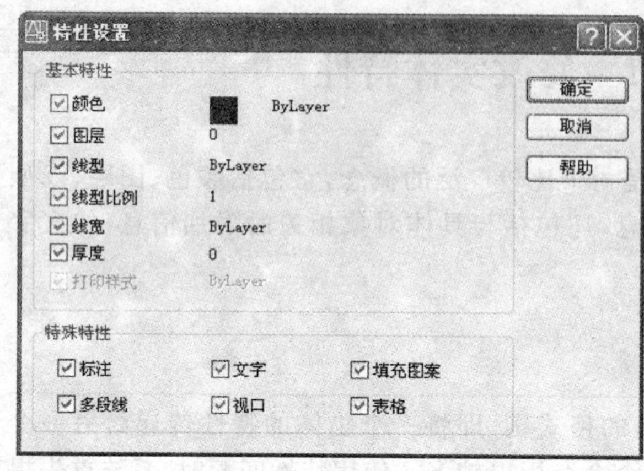

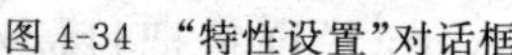
图 4-34 “特性设置”对话框

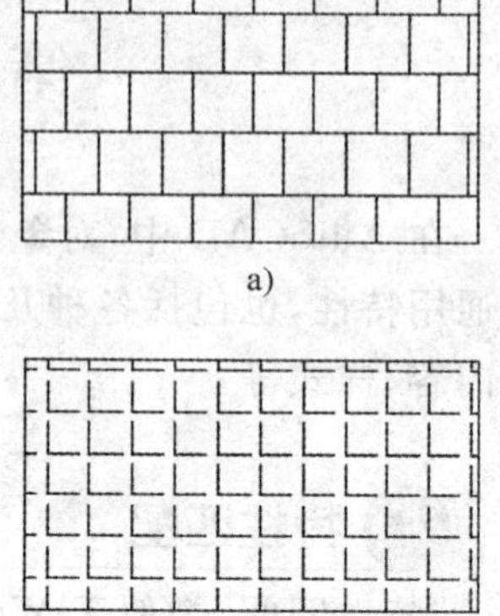

图 4-35 利用特性匹配修改对象
a)修改前;b)修改后

二 特性管理器

(一) 对象特性工具栏

利用如图 4-1 所示的“对象特性”工具栏,用户可以快速地查看或改变现有对象的颜色、线型、线宽和打印样式等特性。

设置新对象特性的方法是:在绘制新图形前,先选择好颜色、线型、线宽和打印样式,然后才开始绘制图形。

查看和改变原有图形对象特性的方法是:

1. 在绘图区选择某个对象,则“对象特性”工具栏各下拉列表框中将显示该对象的颜色、线型、线宽和打印样式等属性。

2. 当用户选择了某个对象后,在各个下拉列表框中选择需要的属性样式,则可以修改该对象的某些特性。

3. 修改后按【Esc】键退出。

(二) 对象特性选项板

在前面章节中我们学习了如何使用各种编辑、修改和查询命令来访问对象的特性,但这些命令只涉及对象的一种或几种特性,如果用户想访问特定对象的完整特性,可以通过“特性”选项板来实现。“特性”选项板列出的内容为选定对象或对象集的特性的当前设置,用户可以从中修改任何可以通过指定新值进行修改的特性。

调用“特性”选项板的方法有 3 种：

1. 单击“标准”工具栏上的“特性”按钮。

2. 选择“修改”或“工具”→“特性”菜单。

3. 在命令行中输入“PROPERTIES”或“PR”、“MO”等。

命令及提示：

命令：PROPERTIES

在绘图区弹出“特性”选项板，如图 4-36 所示。该对话框由标题栏、按钮区和特性显示区等组成。

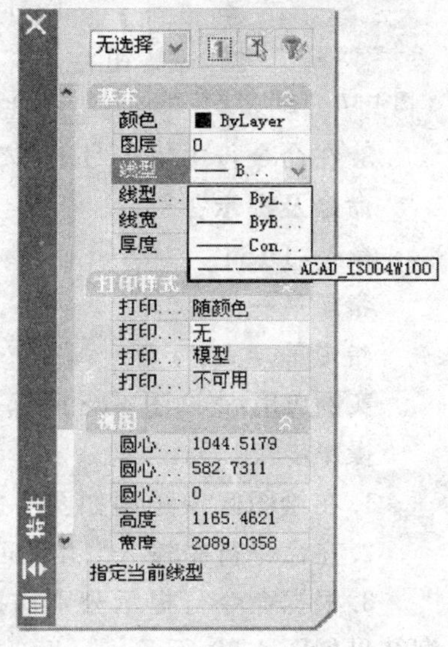

图 4-36 “特性”选项板

参数说明：

1. 标题栏：由多个按钮组成。按钮可关闭“特性”选项板；“自动隐藏”按钮用于控制选项板的显示；“特性”按钮用于控制选项板的移动、大小、关闭、允许固定和自动隐藏。用鼠标拖动标题栏可改变窗口位置，双击标题栏则可在固定和浮动状态之间切换。

2. 按钮区：位于选项板上方，单击按钮区可完成与对象特性有关的操作。

3. 特性显示区：分类显示选定的对象，其位于选项板右侧，通过选择各区可完成以下操作：“基本”区列出对象的基本特征；“打印样式”区列出打印样式以及包含在当前打印样式表中的任何打印样式；“视图”区列出对象的视图特性；“其他”区列出对象的其他特性。

4. 说明栏：位于选项板的右下侧，显示选定条目的说明。

【提示】 按组合键【Ctrl+1】也可调用“特性”选项板。

第五节 查询命令

AutoCAD 为用户提供了一些查询功能，以便用户能够及时了解系统的运行状态、图形对象的数据信息及一些几何信息，如距离和面积等。

一 查询距离

该命令用于测量两点之间的距离及两点连线与 x 轴的夹角。

图 4-37 “查询”工具栏

调用“距离”命令的方法有 3 种：

1. 打开如图 4-37 所示的“查询”工具栏，单击“距离”按钮 。

2. 选择“工具”菜单→“查询”→“距离”命令。

3. 在命令行中输入“DIST”或快捷键“DI”。

命令及提示：

命令：DIST

指定第一点：

指定第二点：

实例应用：查询图 4-38 所示三角形中线段 AC 的长度。

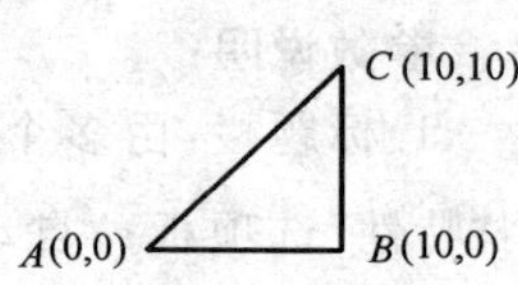

图 4-38 距离查询

操作步骤：

1. 在绘图区中绘制如图 4-38 所示图形。

2. 在命令行中输入“DI”，回车。

3. 根据命令行提示分别捕捉并单击点 A 和点 C，查询结果如图 4-39 所示。

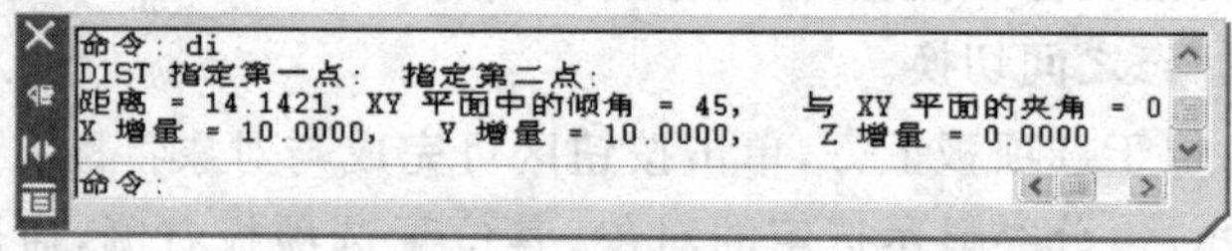

图 4-39 查询距离命令行显示

【提示】 测量矩形的长和宽时，选取对角点即可一次得到结果。

二 查询面积

查询面积命令可以计算一系列指定点之间的面积和周长或计算多种对象的面积和周长，还可使用加模式和减模式来计算组合面积。

调用“面积”命令的方法有 3 种：

1. 打开“查询”工具栏，单击“面积”按钮 。

2. 选择“工具”菜单→“查询”→“面积”命令。

3. 在命令行中输入“AREA”或快捷键“AA”。

实例应用：查询图 4-38 所示三角形的面积和周长。

操作步骤：

1. 在命令行中输入“AREA”，回车。

2. 根据命令行提示分别捕捉并单击点 A、点 B 和点 C，然后单击鼠标右键，查询结果见图 4-40。

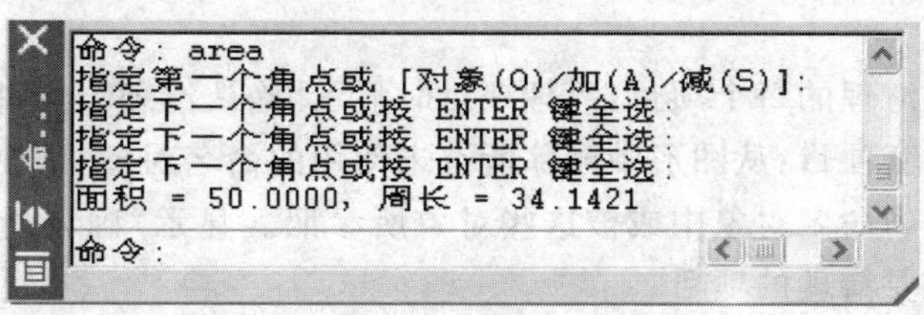
命令: area
指定第一个角点或 [对象(O)/加(A)/减(S)]:
指定下一个角点或按 ENTER 键全选:
指定下一个角点或按 ENTER 键全选:
指定下一个角点或按 ENTER 键全选:
面积 = 50.0000, 周长 = 34.1421
命令:

图 4-40　查询三角形面积和周长命令行显示

【提示】 在计算某对象的面积和周长时，如果该对象不是封闭的，则系统在计算面积时认为该对象的第一点和最后一点间通过直线进行封闭；而在计算周长时则为对象的实际长度，不考虑对象第一点和最后一点间的距离。

第六节　辅 助 功 能

一　清除图形中的不用对象

绘图中难免会有许多命名项目在图形中未使用，例如图层、线型、各种样式和块等，用户可通过清理命令进行删除。

执行"清理"命令的方法有 2 种：

1. 选择"文件"菜单→"绘图实用程序"→"清理"命令。

2. 在命令行中输入"PURGE"或快捷键"PU"。

命令及提示：

命令：PURGE

在绘图区弹出"清理"窗口，如图 4-41所示。

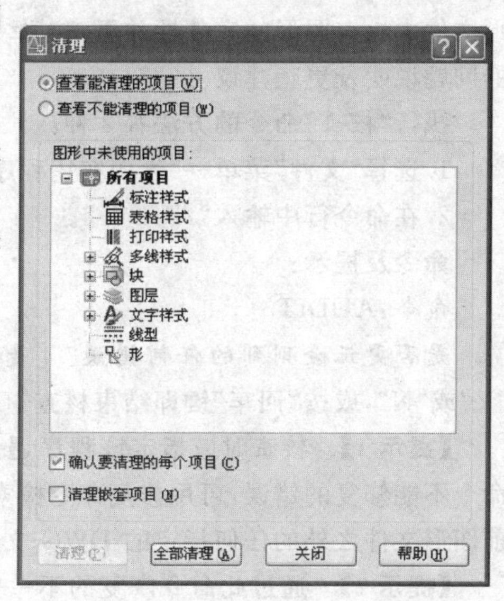

图 4-41　"清理"窗口

参数说明：

1. 查看能清理的项目：可通过⊟和⊞图标切换树状图以显示当前图形中可以清理的命名对象的概要。

2.图形中未使用的项目:列出当前图形中未使用的、可被清理的命名对象。可以通过单击⊞或双击对象类型列出任意对象类型的项目,选择要清理的项目进行清理操作。

3.确认要清理的每个项目:清理项目时显示“确认清理”对话框。

4.清理嵌套项目:从图形中删除所有未使用的命名对象,即使这些对象包含在其他未使用的命名对象中或被这些对象所参照。显示“确认清理”对话框,可以取消或确认要清理的项目。

5.查看不能清理的项目:切换树状图以显示不能清理的当前图形中的命名对象的概要。

6. 清理(P):清理所选项目。

7. 全部清理(A):清理所有未使用项目。

二 核查

文件损坏后,可以通过使用命令查找并更正错误来修复部分或全部数据。如果在图形文件中检测到损坏的数据或者用户在程序发生故障后要求保存图形,那么该图形文件将标记为已损坏。如果只是轻微损坏,有时只需打开图形便可修复它,否则,可使用核查和修复命令来修复。核查命令只能在打开的当前图形文件中检查图形的完整性并更正某些错误,同时核查文件将生成该图形文件的问题说明及更正建议。

执行“核查”命令的方法有 2 种:

1.选择“文件”菜单→“绘图实用程序”→“核查”命令。

2.在命令行中输入“AUDIT”。

命令及提示:

命令:AUDIT

是否更正检测到的任何错误?[是(Y)/否(N)] <N>:在命令行中输入“Y”或“N”,或按“回车”键即结束核查。

【提示 1】 核查时应指定该程序遇到问题时是否修复,如果图形含有核查命令不能修复的错误,可用修复命令检索图形并更正错误,修复命令将修复除当前图形文件之外的任何指定的 DWG 文件。

【提示 2】 通过此命令恢复的不一定与原图形文件完全一致,只是该程序将从损坏的文件中提取尽可能多的数据。

三 修复

修复命令可核查并尝试打开任何图形文件。

执行“修复”命令的方法有 2 种：

1. 选择“文件”菜单→“绘图实用程序”→“修复”命令。

2. 在命令行中输入“RECOVER”。

(一)修复损坏的图形文件

操作步骤：

1. 调用“修复”命令。

2. 在如图 4-42 所示的“选择文件”对话框中，选择一个文件，然后单击“打开”按钮。

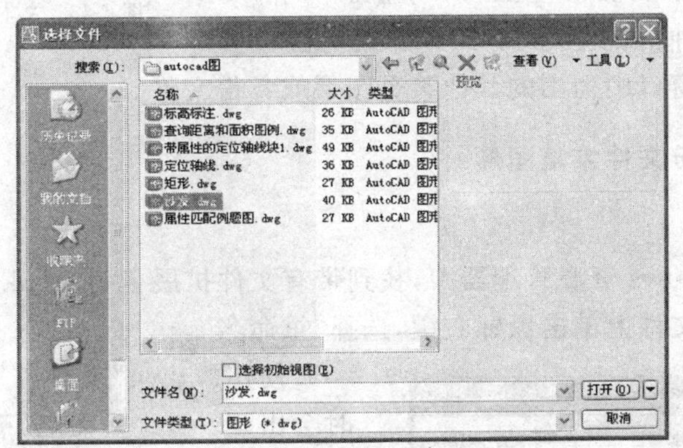

图 4-42 “选择文件”对话框

3. 核查后，修复将所有出现错误的对象置于“上一个”选择集中，以便于用户访问。修复结果如图 4-43 所示。

(二)修复由系统故障引起的损坏的图形文件

操作步骤：

1. 如果修复出现问题无法继续，则将显示错误信息(对于某些错误，显示错误代码)。记录错误代码，保存更改(如果可能)，然后退出操作系统。

2. 重新启动修复程序。

3. 在“图形修复”窗口“备份文件”下，双击图形节点以展开该节点。在列表中，双击某个图形或备份文件以打开该图形或备份文件。

如果修复命令检测到图形已损坏，将显示一条询问用户是否继续的信息。

4. 输入“Y”，继续。

修复命令尝试修复图形时，将显示诊断报告。如果将AUDITCTL系统变量设置为1(开)，则核查结果将写入核查日志(.ADT)文件。

5. 根据修复是否成功，执行以下操作之一：

如果修复成功，图形将打开。保存图形文件。

如果该程序无法修复文件，将显示一条信息。在这种情况下，从步骤3开始，选择“图形修复”窗口中列出的其他某个图形或备份文件。

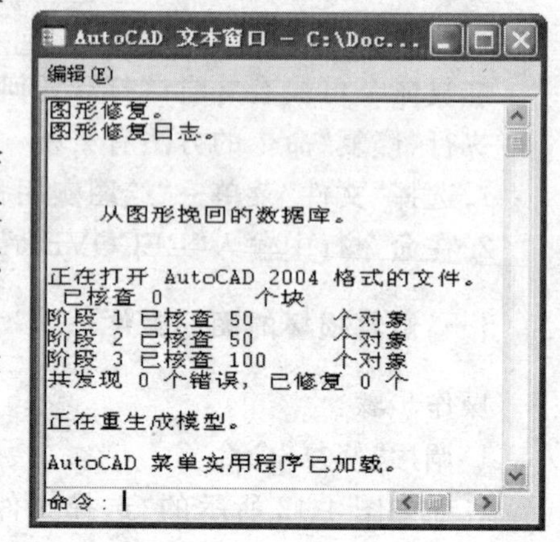

图4-43 文本窗口

(三)从备份文件恢复图形

操作步骤：

1. 在Windows资源管理器中，找到带有文件扩展名为“.bak”的备份文件。

2. 在备份文件上单击鼠标右键，选择“重命名”。

3. 使用“.dwg”文件扩展名输入新名。这时会出现一个“重命名”警告窗口，如图4-44所示。

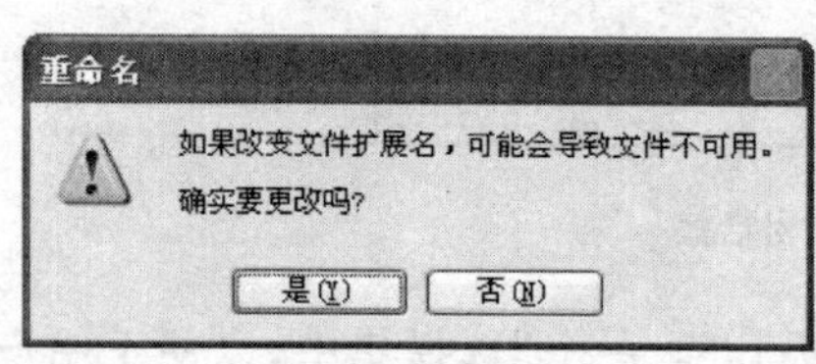

图4-44 “重命名”警告窗口

4. 单击 是(Y) 按钮后就可像打开任何其他图形文件一样打开此文件。这时我们会发现，更改文件扩展名后图形的图标也相应发生变化。

第七节 设计中心

设计中心是AutoCAD为用户提供的一个用于管理和使用图形的工具，它相当于一个设计的大型资源库，其界面类似于Windows的资源管理器。通过设计中心，可以完成以下操作：

1. 组织对图形、块、图案填充和其他图形内容的访问。

2. 将源图形中的任何内容拖动到当前图形中。

3. 将图形、块和填充图案拖动到工具选项板上以便于使用。

如果用户同时打开了多个图形，则可以使用设计中心在图形之间快速进行复制和粘贴。

一 设计中心窗口

启动“设计中心”窗口，激活窗口方法有 3 种：

1. 单击“标准”工具栏上的“设计中心”按钮。
2. 选择“工具”菜单→“设计中心”命令。
3. 在命令行中输入“ADCENTER”或快捷键“ADC”。

命令及提示：

命令：ADCENTER

在绘图区弹出“设计中心”窗口，如图 4-45 所示。

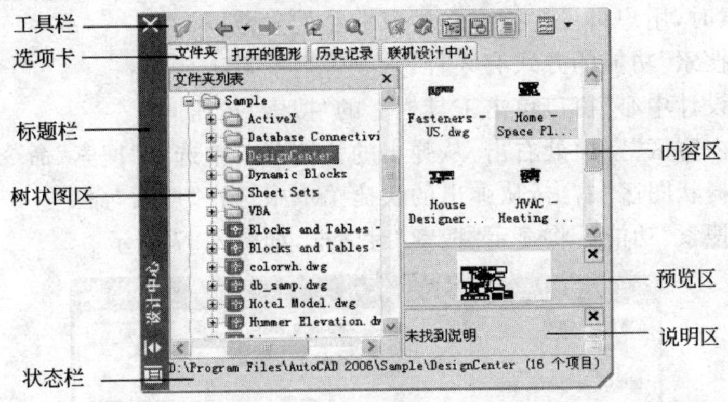

图 4-45 “设计中心”窗口

参数说明：

1. 标题栏：位于“设计中心”的最左边，其上按钮功能同“特性”选项板和“命令”窗口标题栏的功能。

2. 工具栏：位于“设计中心”窗口的顶部，控制左半部树状图域和内容区中信息的浏览和显示，如图 4-46 所示。

3. 树状图区：显示用户计算机和网络驱动器的文件和文件夹的层次结构、打开图形的列表、自定义内容以及上次访问过的位置的历史记录，其包括 4 个选项卡。

4. 内容区：显示“树状图区”中当前选定项目的下一级内容。

5. 预览区、说明区：显示“内容区”选定项目的预览图像和文字说明。

6. 状态栏：位于窗口底部，显示当前文件所在的目录。

【提示】 按组合键【Ctrl＋2】也可以打开设计中心。

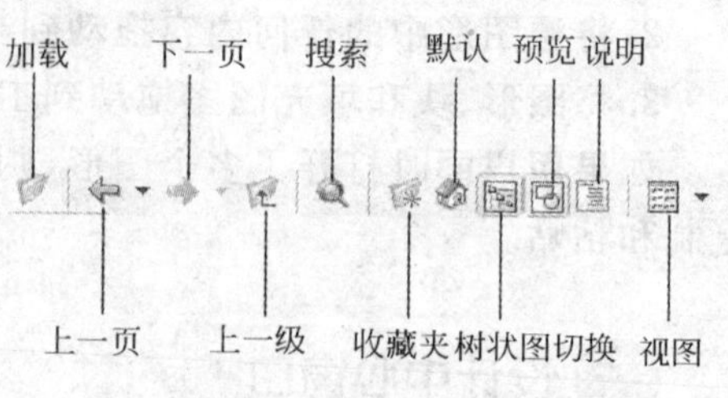

图 4-46 “设计中心”工具栏

设计中心功能简介

(一) 搜索

利用此功能，用户可以搜索指定的各种内容，如图形、图块、图层、标注样式等。在搜索时，用户可设置搜索条件以缩小搜索范围。

启动“搜索”功能的方式有 3 种：

1. 在“设计中心”窗口单击工具栏上的“搜索”按钮 。
2. 在“内容区”空白处右击，从弹出的快捷菜单中选择“搜索”命令。
3. 在“树状图区“右击，从弹出的快捷菜单中选择“搜索”命令。

启动“搜索”功能后将显示“搜索”对话框，如图 4-47 所示。

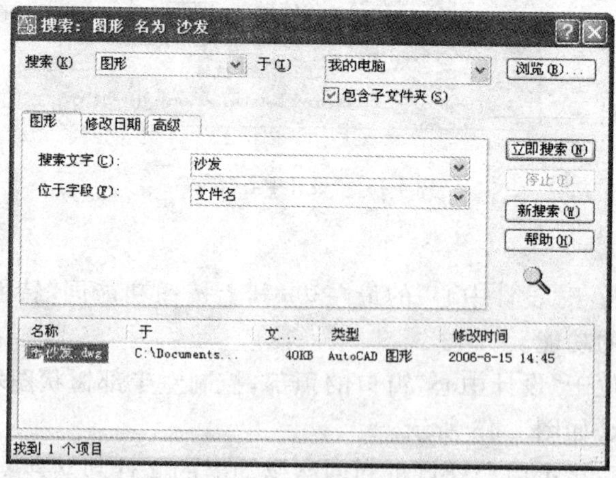

图 4-47 “搜索”对话框

参数说明：

1.搜索：该下拉列表可用于指定要搜索的内容类型。只有在下拉列表中选择"图形"选项时，才显示"修改日期"和"高级"选项卡。

2.于：显示搜索文件的路径。

3.信息：该区位于对话框的最下方，显示符合搜索条件的文件的名称、位置、文件的大小、文件类型和修改日期。

4.图形：指定要搜索的字符串及要搜索的特性字段。

5.修改日期：根据文件的创建日期和修改日期进行搜索。

6.高级：在该选项卡中可以指定搜索包含特定内容或文件的文件。

设置结束后，单击[立即搜索(N)]按钮即可开始搜索，并在对话框下方显示搜索结果；若在搜索完成前已经找到所需内容，可单击"停止"按钮停止搜索，以节省时间；单击"新搜索"按钮可以清除当前搜索，使用新条件进行新的搜索；要重新使用搜索条件，可打开"搜索文字"下拉列表，然后从中选择以前定义的搜索条件。

实例应用：搜索不知具体存储位置的"沙发"图形文件。

操作步骤：

1.打开"设计中心"窗口，单击按钮，弹出"搜索"对话框。

2.将搜索路径设置为"我的电脑"，在"搜索文字"里输入"沙发"。

3.单击[立即搜索(N)]按钮进行搜索，搜索结果如图 4-47 所示。

(二) 使用设计中心向图形文件中添加内容

在 AutoCAD 设计中心中，可将控制面板或"搜索"对话框中的内容直接拖到打开的图形中，还可以将内容复制到剪贴板上，然后粘贴到图形中。根据插入内容的类型，可以选择不同的方法。

1.向图形中插入块。

使用设计中心向当前图形文件中插入块，首先通过"树状图区"或"搜索"对话框找到要插入的块，并使要插入的图块名称显示在"设计中心"的"内容区"或"搜索"对话框的"搜索结果"面板中。然后，用下面的方法之一将所需的图形插入到当前图形中。

1)用鼠标左键将块拖动到当前图形中。

2)用鼠标右键将块拖到当前图形中，然后松开右键，这时将显示一个快捷菜单，如图 4-48a)所示，选择"插入块"，这时会弹出如图 4-49 所示的对话框，设置好"插入"对话框里面的参数后单击[确定]即可。

3)在块图标或块名称上右击，从弹出的如图 4-48b)和图 4-48c)所示快捷菜

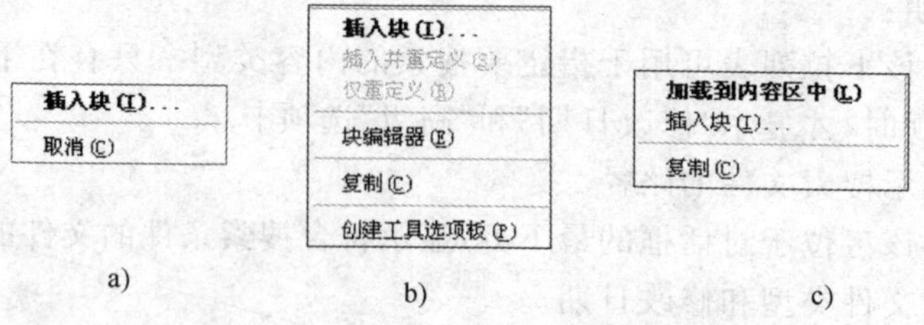

图 4-48　向图形中插入块快捷菜单

a)右键拖动时；b)在“设计中心”内容区；c)在“搜索结果”面板

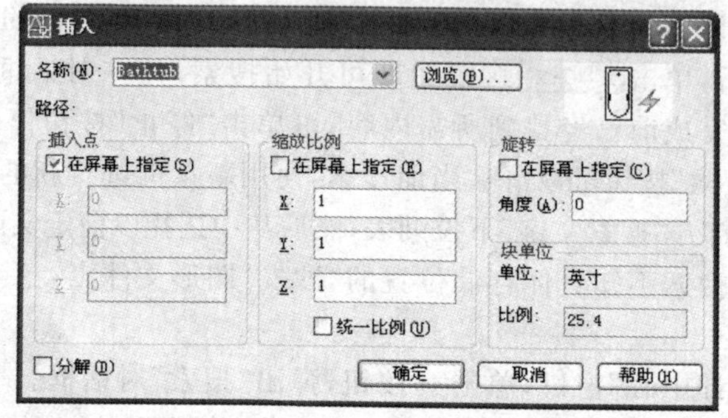

图 4-49　“插入”对话框

单中选择“插入块”选项。

4)在块图标或块名称上右击，从弹出的如图 4-48b)和图 4-48c)所示快捷菜单中选择“复制”选项，然后在当前图形中右击，从快捷菜单中选择“粘贴”选项即可将该块插入到当前图形中。

【提示】 在“设计中心”的“内容区”要插入的图块上双击，在显示的如图 4-49所示的对话框内设好参数后单击 确定 也可向图形中插入块。

2.将图形文件插入到当前图形中。

用户可以以块或外部参照的形式，将需要的图形插入到当前图形中，操作方法与上面类似。具体为：

1)用鼠标左键将需要的图形直接拖动到当前图形中。

2)用鼠标右键将图形拖动到当前图形中，放开右键时将显示一个快捷菜单，如图 4-50a)所示，选择“插入为块”或“附着为外部参照”即可。

3)在要插入的图形上右击，从弹出的如图 4-50b)和图 4-50c)所示的快捷菜单中选择“插入为块”或“附着为外部参照”即可进行插入。如果从菜单中选择了“复制”选项，可在当前图形中右击，再从快捷菜单中选择“粘贴”选项即可将图形以块的方式插入到当前图形中。

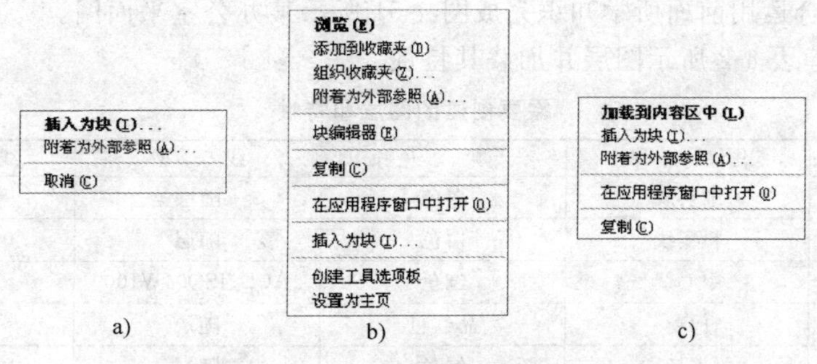

图 4-50 插入图形文件快捷菜单

a)右键拖动时;b)在“设计中心”内容区;c)在“搜索结果”面板

本章小结

本章介绍了 AutoCAD 绘图、编辑的高级编辑命令。

实体特性控制介绍了:线型、线宽、颜色的功能及其设置、使用方法。

建立和管理图层介绍了:图层的基本概念、作用,图层设置的基本步骤和使用方法。

块体操作与图案填充介绍了:块体的制作、存盘、插入及块的属性和图案填充的功能、设置和使用方法。

修改实体特性介绍了:特性匹配和特性管理器的功能及使用方法。

查询命令分别介绍了查询时间、列表显示、查询距离、查询面积的功能及使用方法。

综合练习题

1. 如何制作和插入图形块?
2. 试述查询命令在建筑工程中的使用。
3. AutoCAD 中常用的辅助功能有哪些?
4. 简述 AutoCAD 设计中心的功能和使用方法。

5. 从设计中心中搜索名为“bathtub”的块，并将其插入到当前图形中。

6. 综合运用前面所学知识完成图 4-51 所示某办公室平面图。

1)创建表 4-2 所示图层并加载其特性。

需要创建的图层和特性 表 4-2

序号	图层名称	颜色	线型	线宽
1	细实线	白色	随层	默认
2	粗实线	白色	随层	0.35mm
3	中心线	红色	ACD_ISO04W100	默认
4	门窗	品红色	随层	默认
5	楼梯	绿色	随层	默认

2)对图中所示墙体进行图案填充。

3)将 M2、C1 设置成图块，并将其插入到当前图形中。

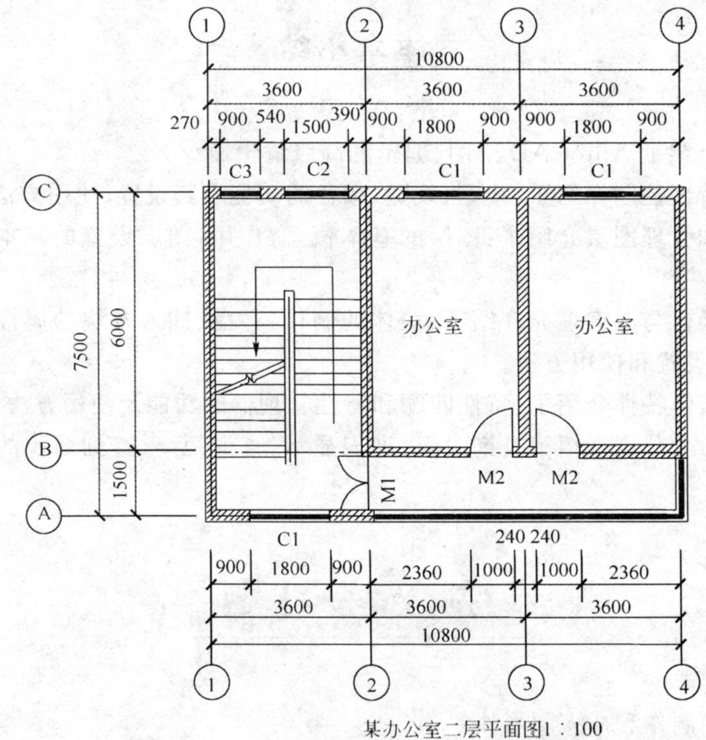

图 4-51

提示：1. 不需标注尺寸。

2. “某办公室二层平面图 1∶100”下划线的线型用粗实线。

第五章 文本标注与尺寸标注

【职业能力目标】

通过学习本章知识学生应能根据所绘图样的情况，利用 AutoCAD 的相关命令，为图样添加文字说明和尺寸标注。

【知识目标】

学习文本标注命令和尺寸标注命令的使用方法。

【学习要求】

1. 了解文本样式及尺寸标注样式的创建方法。

2. 掌握单行文本、多行文本标注命令和编辑命令、各种尺寸标注命令和编辑命令。

第一节 文本标注

在工程图中除了要将实际物体绘制成几何图形外，还需要加上必要的注释，最常见的如技术要求、尺寸、标题栏、明细表等，利用注释可以将一些用几何图形难以表达的信息表示出来，可以说，这些注释是对工程图形非常必要的补充。

在 AutoCAD 中所有的这些注释都离不开一种特殊对象——文字。

 建立文本样式

AutoCAD 图形中的所有文字都具有与之相关联的文字样式。对于单行文字工具,如果想要使用其他的字体来创建文字或者改变它的字体,必须对每一种字体设置一个文字样式,然后通过改变这行文字的文字样式来达到改变字体的目的。

在输入文本时经常需要以不同的字符模式规定不同的中、西文字体。使用文字样式(Style)命令就能达到这种目的。STYLE 命令的功能是创建或修改已命名的文字样式,以及设置图形中文字的当前样式。

执行"文字样式"命令的方法有 3 种:

1. 用鼠标单击"文字"工具栏上的"文字样式"按钮。
2. 在命令行中输入"STYLE"或快捷键"ST"。
3. 选择"格式"菜单→"文字样式"命令。

命令及提示:

命令:STYLE

在绘图区弹出"文字样式"对话框,如图 5-1 所示。

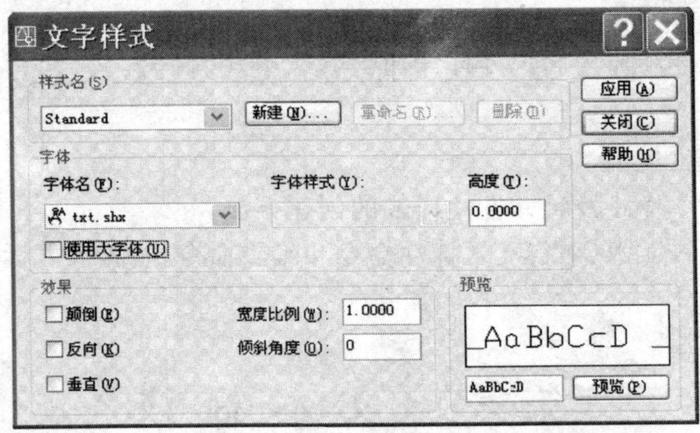

图 5-1 "文字样式"对话框

参数说明:

1. 样式名。

1)样式下拉列表框:选择当前文字样式。

2)新建:创建一个文字样式。

3)重命名:更改已有的文字样式名。

4)删除:删除已有的文字样式。

【提示】 Standard样式不能被重命名或删除。当前的文字样式和已经被引用的文字样式不能被删除,但可以重命名。

2. 字体。

1)字体名:在下拉列表框中选择所要用的字体。

2)高度:按绘图单位指定文字的高度。

3. 效果。

1)颠倒:选定该复选框可使输入的文字颠倒。

2)反向:选定后,可使输入的文字反向。

3)垂直:选定后,可使所输入的文字垂直绘制。

4)宽度比例:可在此文本框中输入文字的宽度比例。

5)倾斜角度:倾斜角决定了文字倾斜方式。输入一个－85～85之间的数值可使文字倾斜。倾斜角的值为正时文字向右倾斜,值为负时文字向左倾斜。

4. 预览。

随着字体的改变和效果的修改,动态显示文字样例。

在字符预览图像下方的文本框中输入字符,将改变样例文字。

5. 应用。

在“字体名”下拉列表中,可选择所用的字体样式名称,再单击“应用”按钮即可。

实例应用:建立一个新的文字样式,样式名为“建筑文字”,字体为“仿宋”,其他项默认。

操作步骤:

单击“文字”工具栏上的“文字样式”按钮 或在命令行中输入快捷键“ST”并回车。

在绘图区弹出“文字样式”对话框,如图5-1所示。

单击“新建”按钮,弹出“新建文字样式”对话框,在“样式名”文本框中输入“建筑文字”,如图5-2所示。

单击“确定”按钮,返回“文字样式”对话框。

在“文字样式”对话框中取消“使用大字体”复选项。在“字体名”下拉列表框中选择“仿宋”字,单击“应用”按钮,则“建筑文字”样式成为当前样式,如图5-3所示。单击“关闭”

图5-2 新建文字样式

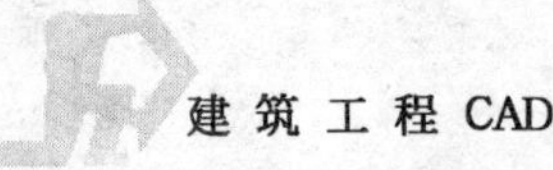

按钮返回绘图区。“建筑文字”样式创建完毕。

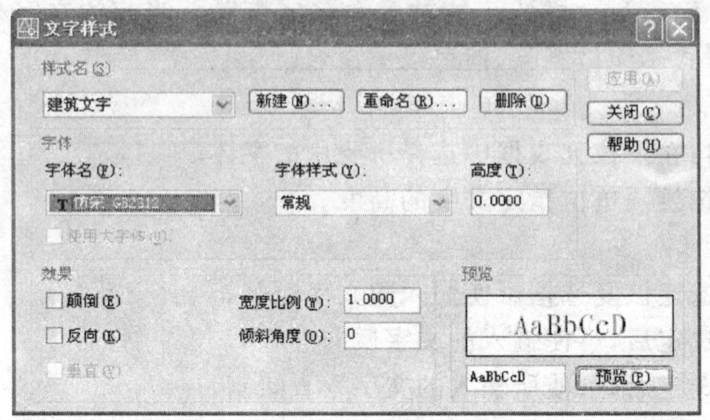

图 5-3 “文字样式”对话框

【提示】 如果指定固定高度作为文字样式的一部分,那么当创建单行文字时,AutoCAD不会提示输入高度(在文字样式中,当“高度”设置为“0”时,每次创建单行文字,AutoCAD都要提示输入高度)。而且,在标注设置中,文字的高度也不能改变。因此在创建文字时决定其高度或在标注中设置其他高度时,应将字体“高度”设置为“0”。

二 输入单行文本

绘制土木工程设计图,需要在图纸中写技术要求,对局部放大区域写文字性说明。使用TEXT命令能方便地完成这种任务。

执行“单行文字”命令的方法有3种:

1. 用鼠标单击“文字”工具栏上的“单行文字”按钮 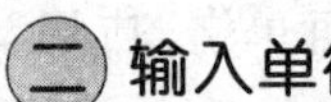。

2. 在命令行中输入“TEXT”或快捷键“DT”。

3. 选择“绘图”菜单→“文字”→“单行文字”命令。

命令及提示:

命令:TEXT

当前文字样式:缺省值

文字高度:缺省值

指定文字的起点或[对正(J)/样式(S)]:

参数说明:

1. 对正(J):设置文字的对齐方式。

1)对齐(A):通过指定基线端点来指定文字的高度和方向。

2)调整(F):指定文字按照由两点定义的方向和一个高度值布满一个区域。

3)中心(C):从基线的水平中心对齐文字,此基线是由用户给出的点指定的。

4)中间(M):文字在基线的水平中点和指定高度的垂直中点上对齐。

5)右(R):在由用户给出的点指定的基线上右对正文字。

6)左上(TL):在指定为文字顶点的点上左对正文字。

7)中上(TC):以指定为文字顶点的点居中对正文字。

8)右上(TR):以指定为文字顶点的点右对正文字。

9)左中(ML):在指定为文字中间点的点上靠左对正文字。

10)正中(MC):在文字的中央水平和垂直居中对正文字。

11)右中(MR):以指定为文字的中间点的点右对正文字。

12)左下(BL):以指定为基线的点左对正文字。

13)中下(BC):以指定为基线的点居中对正文字。

14)右下(BR):以指定为基线的点靠右对正文字。

2.样式(S):设置用于当前输入的文字样式。

?:显示全部文字样式。

实例应用:利用已创建的“建筑文字”样式标注文字。

操作步骤:

执行“单行文字”命令。

当前文字样式:Standard 当前文字高度:2.5000

指定文字的起点或[对正(J)/样式(S)]:输入“S”并回车。

输入样式名或[?]<Standard >:输出“建筑文字”并回车。

当前文字样式:建筑文字 当前文字高度:2.5000

指定文字的起点或[对正(J)/样式(S)]:用鼠标在绘图区点取一点。

指定高度 <2.5000>:输入“20”并回车。

指定文字的旋转角度 <0>:回车,不改变旋转角度。

在绘图区出现闪烁的光标,输入文字内容,如“AutoCAD 中文版”,按两次回车或用鼠标在空白绘图区点取一点,输入文字内容显示在绘图区,如图 5-4 所示。

AutoCAD中文版

图 5-4 单行文本输入

【提示】 如果在当前文字样式中文字“高度”被设置为“0”,将提示指定文字的高度。TEXT 命令在屏幕上显示键入的文字,每行文字都是独立的对象。

三 输入多行文本

对于较长、较为复杂的内容，可用 MTEXT 命令创建多行文字。多行文字可布满指定宽度，同时还可以在垂直方向上无限延伸。可以设置多行文字对象中单个字或字符的格式。

与单行文字不同的是，在一个多行文字编辑任务中创建的所有文字行或段落都被当作同一个多行文字对象。可以移动、旋转、删除、复制、镜像、拉伸或比例缩放多行文字对象。

与单行文字相比，多行文字具有更多的编辑选项。用多行文字编辑器可以将下划线、字体、颜色和高度的变化应用到段落中的单个字符、词语或词组，也可以使用“特性”窗口修改多行文字对象的所有特性。

执行“多行文字”命令的方法有 3 种：

1. 用鼠标单击“文字”工具栏或“绘图”工具栏上的“多行文字”按钮 A 。
2. 在命令行中输入“MTEXT”或快捷键“MT”。
3. 选择“绘图”菜单→“文字”→“多行文字”命令。

命令及提示：

命令：MTEXT

当前文字样式：缺省值

当前文字高度：缺省值

指定第一角点：

指定对角点或[高度(H)/对正(J)/行距(L)/旋转(R)/样式(S)/宽度(W)]：

弹出“文字格式”工具栏和多行文字编辑器，如图 5-5 所示。

图 5-5 “文字格式”工具栏和多行文字编辑器

参数说明：

1. 高度(H)：指定用于多行文字字符的文字高度。

2. 对正(J)：根据文字边界，确定新文字或选定文字的文字对齐方式和文字走向。

3. 行距(L)：指定多行文字对象的行距。

4. 旋转(R)：指定文字边界的旋转角度。

5. 样式(S)：指定用于多行文字的文字样式。

6. 宽度(W)：指定文字边界的宽度。

实例应用：利用多行文字命令输入特殊符号“2ϕ18”。

操作步骤：

执行“多行文字”命令。

指定第一角点：用鼠标在绘图区点取一点。

指定对角点或［高度(H)/对正(J)/行距(L)/旋转(R)/样式(S)/宽度(W)］：拉动鼠标在绘图区另一处点取一点。

弹出如图 5-5 所示的“文字格式”工具栏和多行文字编辑器。

输入数字“2”，用鼠标点取“符号”图标 @ ，从下拉列表框中选取“直径”，输入数字“18”，则显示“2ϕ18”，如图 5-6 所示。

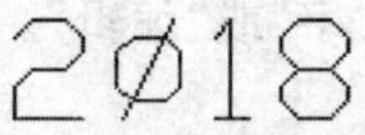

2∅18

图 5-6 特殊符号输入

四 编辑文本

文字和任何其他对象一样，可以移动、旋转、删除和复制，也可以镜像或制作反向文字的副本。如果在镜像文字时不打算使文字反向，需将 MIRRTEXT 系统变量设置为 0。文字对象也有用于拉伸、缩放和旋转的夹点。

(一)使用 DDEDIT 命令修改文字的内容

执行“编辑”命令的方法有 3 种：

1. 用鼠标单击“文字”工具栏上的“编辑”按钮 A 。

2. 在命令行中输入“DDEDIT”。

3. 选择“修改”菜单→“对象”→“文字”→“编辑”命令。

命令及提示：

命令：DDEDIT

选择注释对象或[放弃(U)]：

参数说明：

放弃(U)：返回到文字或属性定义的先前值。

单行文字编辑练习
a)

多行文字编辑练习
b)

图5-7 文字的编辑
a)修改前；b)修改后

实例应用：将图5-7a)所示文字修改为图5-7b)所示文字。

操作步骤：

执行"编辑"命令。

选择注释对象或[放弃(U)]：用目标捕捉框单击图5-7a)所示的文字，文字变为多行编辑状态。

在显示的多行文字编辑器中修改文字内容即可，结果如图5-7b)所示。

【提示1】 如果选择使用TEXT或DTEXT命令创建的文字，显示多行文字编辑器，而不显示"文字格式"工具栏和标尺。单击鼠标右键以显示选项。如果选择使用MTEXT命令创建的文字，显示多行文字编辑器，并显示"文字格式"工具栏和标尺。

【提示2】 利用快捷菜单编辑文本。选择文本对象，单击右键，选择"编辑文字"或"编辑"。

(二)使用"特性"命令修改文字的内容

执行"特性"命令的方法有3种：

1.用鼠标单击"标准"工具栏上的"特性"按钮。

2.在命令行中输入"PROPERTIES"或快捷键"PR"。

3.选择"修改"菜单→"特性"命令。

命令及提示：

命令：PROPERTIES

执行命令后弹出"特性"对话框，如图5-8所示，它是分栏显示的，左边一栏显示文字对象的全部特性名称，右边一栏显示属性的值。对文字高度、旋转、宽度比例和倾斜角所作的修改仅仅作用于选定的文字对象，而对象的文字样式并不受影响。

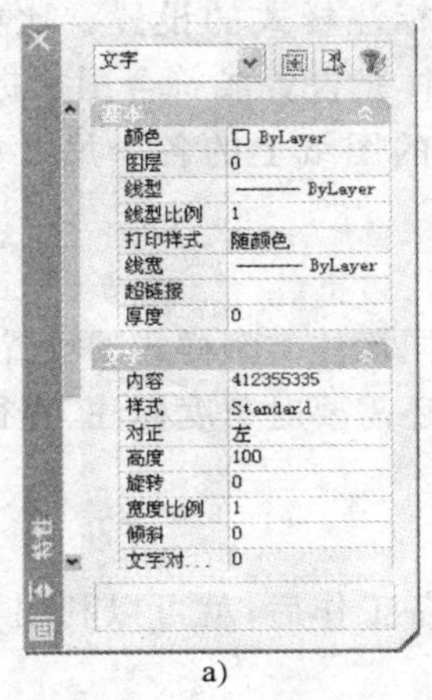

a)

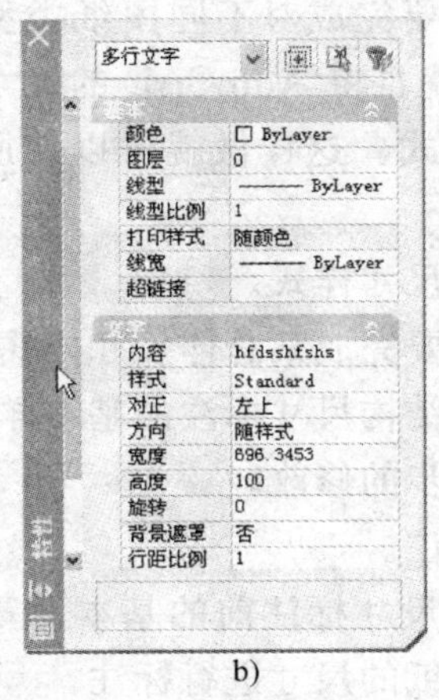

b)

图 5-8 “特性”对话框

a)单行文字特性；b)多行文字特性

第二节 尺寸标注

尺寸标注是工程制图中最重要的表达方法之一，AutoCAD 尺寸标注命令可方便快捷地标注图纸中各种方向、形式的尺寸。

在建筑结构图纸中，尺寸标注一般有线性尺寸标注、径向尺寸标注、角度尺寸标注、指引尺寸标注、坐标尺寸标注等类型。AutoCAD 提供的线性型尺寸标注、径向型尺寸标注、角度型尺寸标注、指引型尺寸刷、坐标型尺寸标注和中心尺寸标注 6 大类型标注，完全可以满足建筑工程制图的需要。

尺寸标注的基本步骤：

1. 为尺寸标注创建一个独立的图层。

由于尺寸标注与图纸图形绘制所用的颜色、线型以及打印线宽的不同，一般在绘制图纸时，将尺寸标注置于独立的图层中，这样处理是为了方便用户对尺寸标注进行编辑和管理。

2. 为尺寸标注文本建立专门的文本类型。

由于国家标准对于不同类型图纸的标注文字高度、宽度及书写方式有不同的规定，因此需要在标注前建立适合所绘制图纸类型的文本类型。

3. 设置尺寸主样式。

这个步骤要完成对不同图纸类型尺寸标注样式的设置。比如,要绘制建筑结构图纸,就要将 AutoCAD 的尺寸标注样式设置成符合国家标准的建筑结构尺寸标注样式。这样做就可以使所绘制的图纸上的各个尺寸相通、风格一致。

4. 生成子尺寸样式。

这个步骤要完成某总体尺寸样式下,不同标注类型样式的设置。比如,已经设置好了建筑结构尺寸标注的基本样式,但还需要对角度标注、直径标注等子尺寸样式作进一步的修改。

5. 开始标注。

在完成对尺寸标注前的基本设置和准备工作后,就可以利用 AutoCAD 对已有的建筑图纸的尺寸进行标注。

 建立尺寸标注样式

新建“标注样式”的方法有 5 种:

1. 用鼠标单击“标注”工具栏上的“标注样式”按钮。

2. 用鼠标单击“样式”工具栏上的“标注样式”按钮。

3. 在命令行中输入“DIMSTYLE”或快捷键“D”。

4. 选择“格式”菜单→“标注样式”命令。

5. 选择“标注”菜单→“标注样式”命令。

命令及提示:

命令:DIMSTYLE

在绘图区弹出“标注样式管理器”对话框,如图 5-9 所示。利用该对话框,用户可以方便地设置、更改尺寸变量,以建立尺寸标注样式。

参数说明:

1. 当前标注样式:显示当前标注样式的名称。默认标注样式为 ISO-25。当前样式将应用于所创建的标注。

2. 样式:列出图形中的标注样式,当前样式被亮显。在列表中单击鼠标右键将显示快捷菜单及选项,可用于设置当前标注样式、重命名样式和删除样式。不能删除当前样式或当前图形使用的样式。

3. 列出:在“样式”列表中控制样式显示。

4. 不列出外部参照中的样式:如果选择此选项,将不在“样式”列表中显示外部参照图形的标注样式。

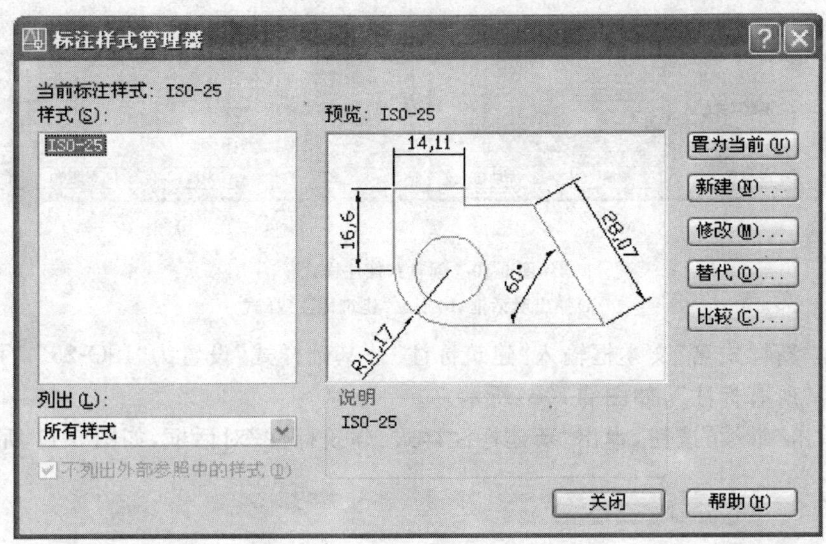

图 5-9　标注样式管理器

5. 预览：显示"样式"列表中选定样式的图示。

6. 说明：说明"样式"列表中与当前样式相关的选定样式。

7. 置为当前：将在"样式"下选定的标注样式设置为当前标注样式。当前样式将应用于所创建的标注。

8. 新建：显示"创建新标注样式"对话框，从中可以定义新的标注样式。

9. 修改：显示"修改标注样式"对话框，从中可以修改标注样式。对话框选项与"新建标注样式"对话框中的选项相同。

10. 替代：显示"替代当前样式"对话框，从中可以设置标注样式的临时替代。对话框选项与"新建标注样式"对话框中的选项相同。替代将作为未保存的更改结果显示在"样式"列表中的标注样式下。

11. 比较：显示"比较标注样式"对话框，从中可以比较两个标注样式或列出一个标注样式的所有特性。

实例应用：建立一个名为"建筑标注"的标注样式。

操作步骤：

执行"标注样式"命令。

在绘图区弹出"标注样式管理器"对话框，如图 5-9 所示。

单击"新建"按钮，弹出"创建新标注样式"对话框，如图 5-10a)所示。

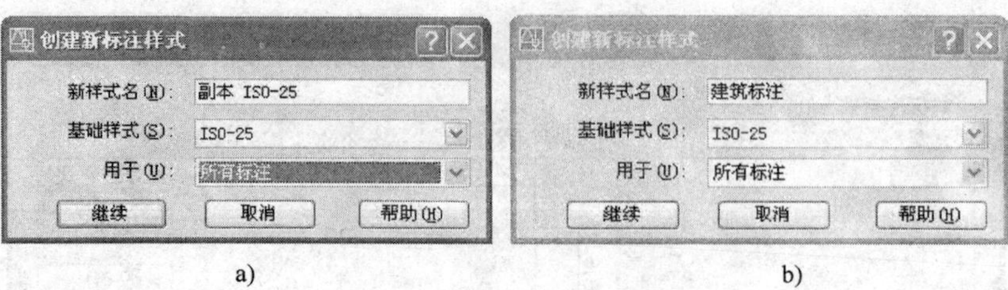

图 5-10 创建新标注样式

a)弹出对话框;b)创建"建筑标注"样式

在"新样式名"文本框输入"建筑标注","基础样式"设置为"ISO-25","用于"设置为"所有标注",如图 5-10b)所示。

单击"继续"按钮,弹出"新建标注样式:建筑标注"对话框,如图 5-11 所示。

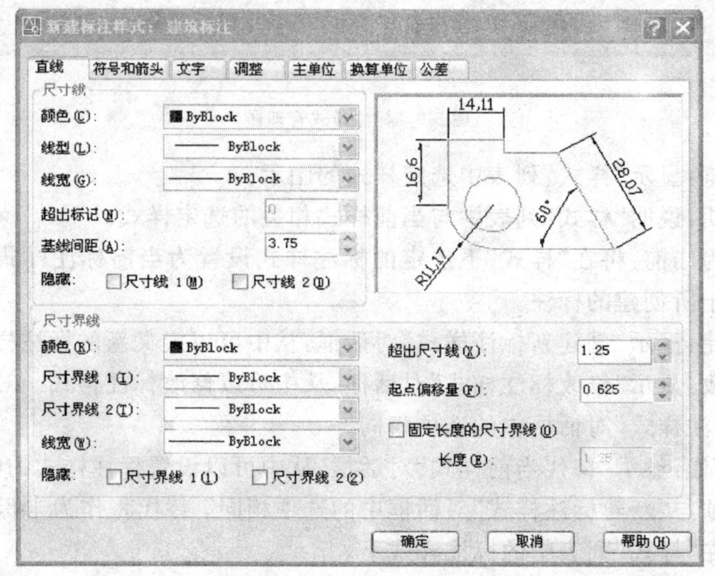

图 5-11 "直线"选项卡

参数说明:

1."直线"选项卡:设置尺寸线、尺寸界线的格式和特性。

2."符号和箭头"选项卡:设置箭头、圆心标记、弧长符号和折弯半径标注的格式和位置。

3."文字"选项卡:设置标注文字的外观、位置和对齐方式。

4.“调整”选项卡：控制标注文字、箭头、引线和尺寸线的放置以及标注特征比例。

5.“主单位”选项卡：设置主标注单位的格式和精度并设置标注文字的前缀和后缀。

6.“换算单位”选项卡：指定标注测量值中换算单位的显示并设置其格式和精度。

7.“公差”选项卡：控制标注文字中公差的格式及显示。

单击“符号和箭头”选项卡，在“箭头”选项中将“第一项”、“第二个”设为“建筑标记”，其他项默认，如图 5-12 所示。

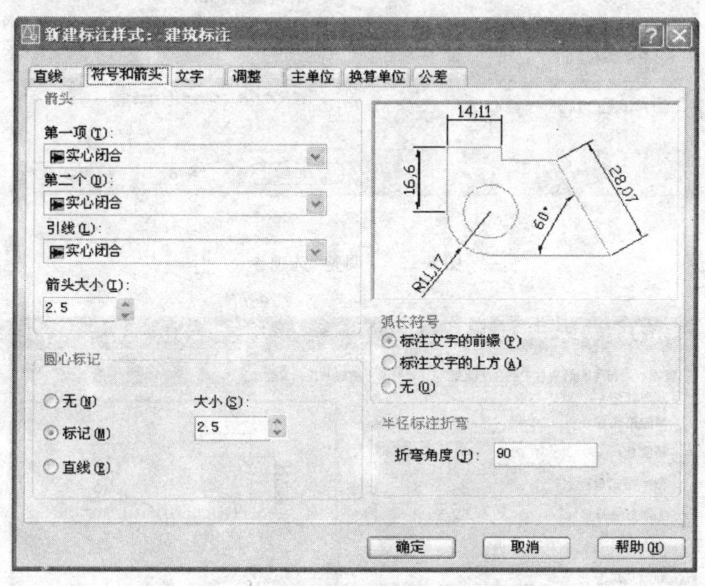

图 5-12 “符号和箭头”选项卡

单击“调整”选项卡，在“标注特征比例”组件中选择“使用全局比例”并将其值设为“50”，如图 5-13 所示。

单击“主单位”选项卡，将“线性标注”组件中的“单位格式”设为“小数”、“精度”设为“0”，将“角度标注”组件中的“单位格式”设为“十进制度数”、“精度”设为“0.0”，其他项默认，如图 5-14 所示。

单击“确定”按钮，返回“标注样式管理器”对话框，单击“置为当前”按钮，则新创建的“建筑标注”样式成为当前标注样式。单击“关闭”按钮，返回绘图区，“建筑标注”样式创建完毕。

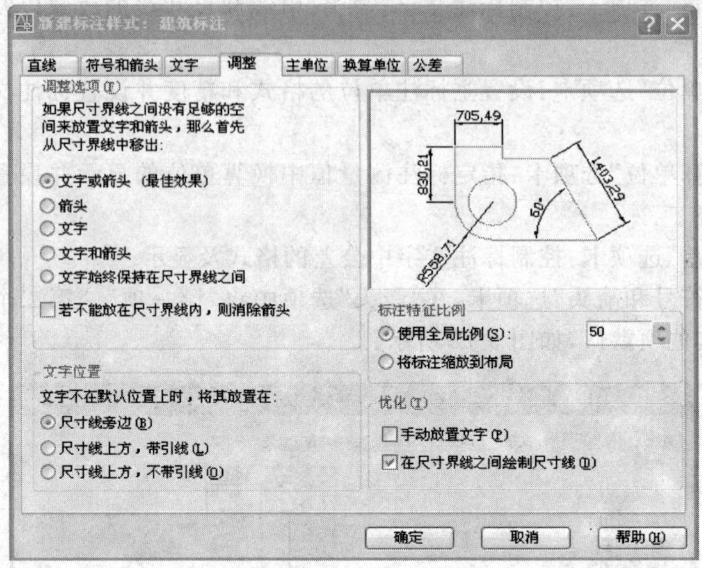

图 5-13 “调整”选项卡

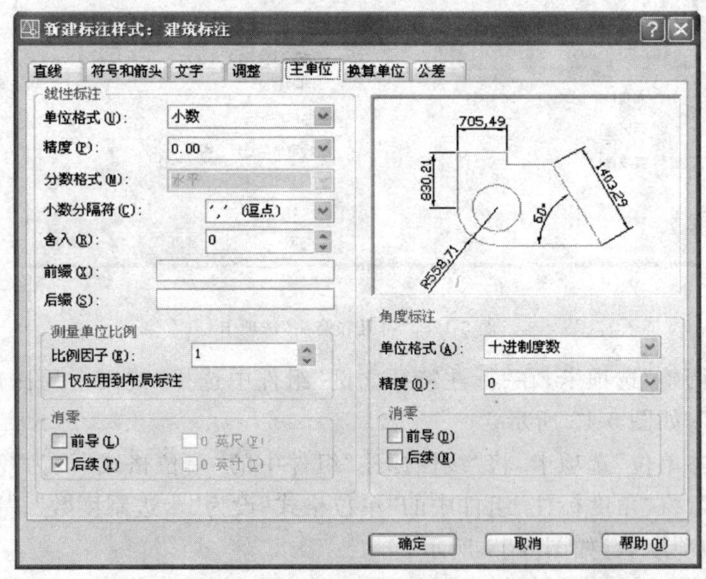

图 5-14 “主单位”选项卡

【提示 1】 全局比例标注能够整体放大或缩小标注的全部基本元素的显示和输出几何尺寸，如果尺寸数字设置为 5mm 高，再设置全局标注比例为 2，则实际获得尺寸数字为 10mm 高，当然其他标注基本元素的尺寸也被放大两倍。

【提示 2】 在“标注特征比例”区中，一般输入的数字与图面所设工作区比例相同，如工作区放大 100 倍，此处比例也应设为“100”。

二 基本尺寸标注

在标注前，可以打开“标注”工具栏，方便尺寸标注工作的进行，当然也可以直接输入标注命令完成尺寸标注，“标注”工具栏如图 5-15 所示。

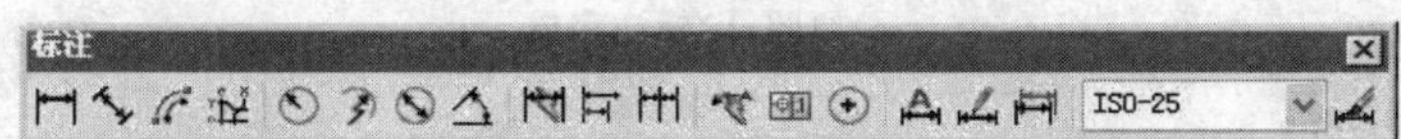

图 5-15 “标注”工具栏

(一)线性标注(Dimlinear)命令

所有水平和垂直尺寸都可以采用“标注”菜单下的“线性标注”命令来实现。标注一个对象只需要确定所要标注尺寸的起点和终点，确定这两个点的位置可以由 AutoCAD 自动确定或由用户使用捕捉功能捕捉这两个点。

执行“线性标注”命令的方法有 3 种：

1. 用鼠标单击“标注”工具栏上的“线性标注”按钮。
2. 在命令行中输入“DIMLINEAR”。
3. 选择“标注”菜单→“线性”命令。

命令及提示：

命令：DIMLINEAR

指定第一条尺寸界线原点或<选择对象>：

指定第二条尺寸界线原点：

指定尺寸线位置或[多行文字(M)/文字(T)/角度(A)/水平(H)/垂直(V)/旋转(R)]：

参数说明：

1. 多行文字(M)：显示多行文字编辑器，可用它来编辑标注文字。
2. 文字(T)：在命令行自定义标注文字。
3. 角度(A)：修改标注文字的角度。
4. 水平(H)：创建水平线性标注。

5. 垂直(V):创建垂直线性标注。

6. 旋转(R):创建旋转线性标注。

实例应用:分别给图 5-16a)所示图形中的线段 AB、线段 AD 标注尺寸。

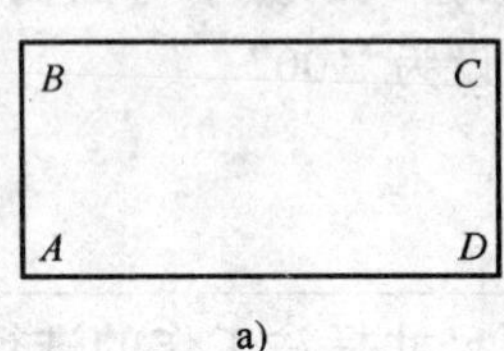

a)

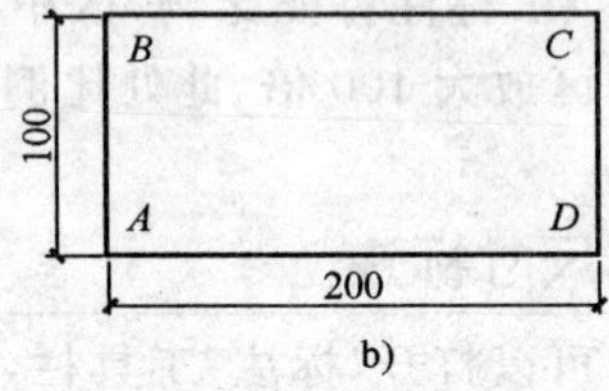

b)

图 5-16 线性标注

a)原图;b)标注完成

作图方法:

执行“线性标注”命令。

指定第一条尺寸界线原点或<选择对象>:鼠标单击点 A。

指定第二条尺寸界线原点:鼠标单击点 B。

指定尺寸线位置或[多行文字(M)/文字(T)/角度(A)/水平(H)/垂直(V)/旋转(R)]:在放置尺寸线处单击鼠标。

用同样的方法标注线段 AD 的尺寸。

(二)对齐标注(Dimaligned)命令

执行“对齐标注”命令的方法有 3 种:

1. 用鼠标单击“标注”工具栏上“对齐标注”按钮。

2. 在命令行中输入“DIMALIGNED”。

3. 选择“标注”菜单→“对齐”命令。

命令及提示:

命令:DIMALIGNED

指定第一条尺寸界线原点或<选择对象>:

指定第二条尺寸界线原点:

指定尺寸线位置或[多行文字(M)/文字(T)/角度(A)]:

参数说明与线性标注相同。

(三)弧长标注(Dimarc)命令

执行“弧长标注”命令的方法有 3 种:

1. 用鼠标单击“标注”工具栏上“弧长标注”按钮。

2. 在命令行中输入“DIMARC ”。

3. 选择“标注”菜单→“弧长”命令。

命令及提示：

命令：DIMARC

选择弧线段或多段线弧线段：

指定弧长标注位置或［多行文字(M)/文字(T)/角度(A)/部分(P)/引线(L)］：

参数说明：

1. 多行文字(M)：显示多行文字编辑器，可用它来编辑标注文字。

2. 文字(T)：在命令行自定义标注文字。

3. 角度(A)：修改标注文字的角度。

4. 部分(P)：缩短弧长标注的长度。

5. 引线(L)：添加引线对象。

实例应用：标注图 5-17a)所示圆弧的长度。

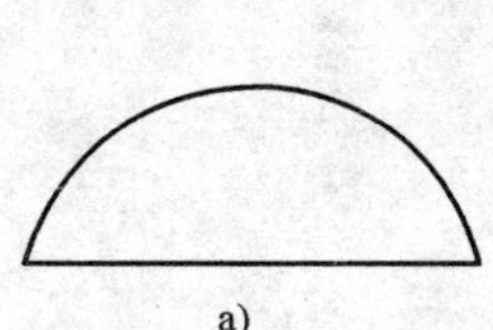

a)

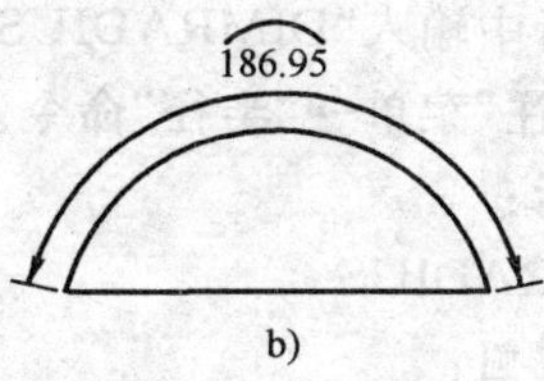

b)

图 5-17　弧长标注

a)原图；b)标注完成

作图方法：

执行“弧长标注”命令。

选择弧线段或多段线弧线段：用拾取框单击圆弧。

指定弧长标注位置或［多行文字(M)/文字(T)/角度(A)/部分(P)/引线(L)］：在放置尺寸线处单击鼠标。

(四)坐标标注(Dimordinate)命令

执行“坐标标注”命令的方法有 3 种：

1. 用鼠标单击“标注”工具栏上的“坐标标注”命令按钮。

2. 在命令行中输入“DIMORDINATE”。

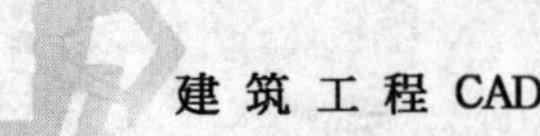

3.选择"标注"菜单→"坐标"命令。

命令及提示:

命令:DIMORDINATE

指定点坐标:

指定引线端点或[X基准(X)/Y基准(Y)/多行文字(M)/文字(T)/角度(A)]:

参数说明:

1.X基准(X):测量 x 坐标并确定引线和标注文字的方向。

2.Y基准(Y):测量 y 坐标并确定引线和标注文字的方向。

3.多行文字(M):显示多行文字编辑器,可用它来编辑标注文字。

4.文字(T):在命令行自定义标注文字。

5.角度(A):修改标注文字的角度。

(五)半径标注(Dimradius)命令

执行"半径标注"命令的方法有3种:

1.用鼠标单击"标注"工具栏上"半径标注"按钮。

2.在命令行中输入"DIMRADIUS"。

3.选择"标注"菜单→"半径"命令。

命令及提示:

命令:DIMRADIUS

选择圆弧或圆:

指定尺寸线位置或[多行文字(M)/文字(T)/角度(A)]:

实例应用:标注图5-18a)所示图形的圆弧半径尺寸。

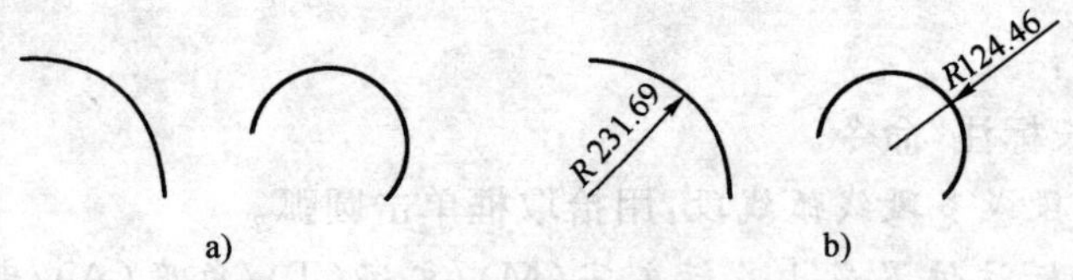

图5-18 半径标注

a)原图;b)标注完成

作图方法:

执行"半径标注"命令。

选择圆弧或圆:用目标拾取框选取圆弧。

指定尺寸线位置或[多行文字(M)/文字(T)/角度(A)]:在放置尺寸线处单击鼠标。

重复以上过程，标注出第二个圆弧半径。

【提示】 选择圆弧后，系统自动测量出圆弧值，可利用“多行文字”或“文字”选项修改测量值。

（六）折弯标注（Dimjogged）命令

执行“折弯标注”命令的方法有 3 种：

1. 用鼠标单击“标注”工具栏上的“折弯标注”按钮。
2. 在命令行中输入“DIMJOGGED”。
3. 选择“标注”菜单→“折弯”命令。

命令及提示：

命令：DIMJOGGED

选择圆弧或圆：

指定中心位置替代：

指定尺寸线位置或［多行文字(M)/文字(T)/角度(A)］：

指定折弯位置：

实例应用：标注图 5-19a）所示圆弧的折弯半径。

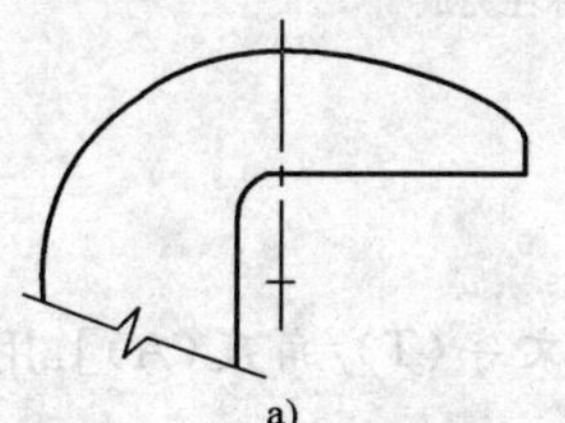
a)

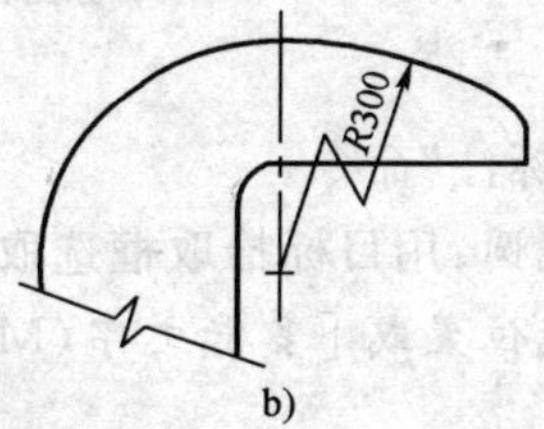

b)

图 5-19　折弯标注

a)原图；b)标注完成

作图方法：

在“修改标注样式”对话框的“符号和箭头”选项卡中的“半径标注折弯”下，将“折弯角度”设置为“45°”。

执行“折弯标注”命令。

指定中心位置替代：鼠标单击替代中心位置。

指定尺寸线位置或［多行文字(M)/文字(T)/角度(A)］：鼠标单击尺寸线位置。

指定折弯位置：鼠标单击折弯位置。

（七）直径标注（Dimdiameter）命令

执行“直径标注”命令的方法有 3 种：

1.用鼠标单击“标注”工具栏上的“直径标注”按钮。
2.在命令行中输入“DIMDIAMETER”。
3.选择“标注”菜单→“直径”命令。

命令及提示：

命令：DIMDIAMETER

选择圆弧或圆：

指定尺寸线位置或[多行文字(M)/文字(T)/角度(A)]：

实例应用：标注图5-20a)所示圆的直径尺寸。

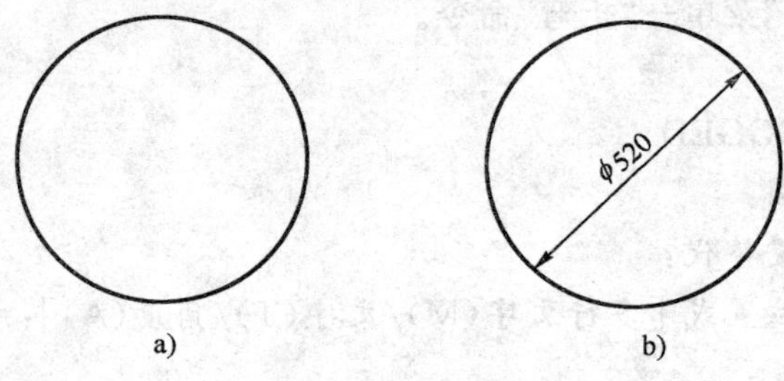

图5-20 直径标注
a)原图；b)标注完成

作图方法：

执行“直径标注”命令。

选择圆弧或圆：用目标拾取框选取圆。

指定尺寸线位置或[多行文字(M)/文字(T)/角度(A)]：用鼠标单击尺寸线的放置位置。

(八)角度标注(Dimangular)命令

执行“角度标注”命令的方法有3种：

1.用鼠标单击“标注”工具栏上的“角度标注”按钮。
2.在命令行中输入“DIMANGULAR”。
3.选择“标注”菜单→“角度”命令。

命令及提示：

命令：DIMANGULAR

选择圆弧、圆、直线或<指定顶点>：

选择第二条直线：

指定标注弧线位置或[多行文字(M)/文字(T)/角度(A)]：

实例应用:给图 5-21a)所示图形进行角度标注。

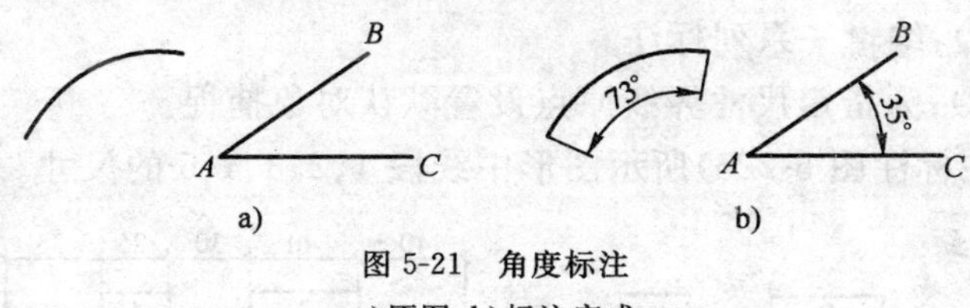

图 5-21 角度标注

a)原图;b)标注完成

作图方法:

执行"角度标注"命令。

选择圆弧、圆、直线或 <指定顶点>:用目标拾取框选取线段 *AB*。

选择第二条直线:用目标拾取框选取线段 *AC*。

指定标注弧线位置或 [多行文字(M)/文字(T)/角度(A)]:用鼠标单击尺寸线的放置位置。

重复以上步骤标注圆弧夹角,注意选择圆弧后,并不显示"选择第二条直线:"选项。

(九)快速标注(Qdim)命令

执行"快速标注"命令的方法有 3 种:

1. 用鼠标单击"标注"工具栏上的"快速标注"按钮 。
2. 在命令行中输入"QDIM" 。
3. 选择"标注"菜单→"快速标注"命令。

命令及提示:

命令:QDIM

选择要标注的几何图形:

指定尺寸线位置或 [连续(C)/并列(S)/基线(B)/坐标(O)/半径(R)/直径(D)/基准点(P)/编辑(E)/设置(T)] <当前>:

参数说明:

1. 连续(C):创建一系列连续标注。
2. 并列(S):创建一系列并列标注。
3. 基线(B):创建一系列基线标注。
4. 坐标(O):创建一系列坐标标注。
5. 半径(R):创建一系列半径标注。
6. 直径(D):创建一系列直径标注。

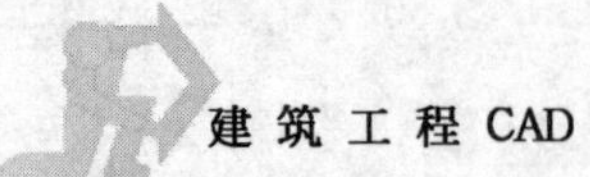

7. 基准点(P):为基线和坐标标注设置新的基准点。

8. 编辑(E):编辑一系列标注。

9. 设置(T):为指定尺寸界线原点设置默认对象捕捉。

实例应用:标注图 5-22a)所示图形中线段 1、2、3、4、5 的尺寸。

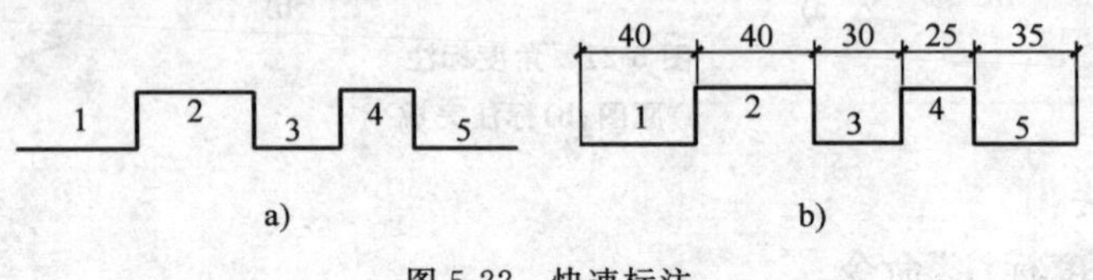

图 5-22 快速标注

a)原图;b)标注完成

作图方法:

执行"快速标注"命令。

选择要标注的几何图形:用目标拾取框选取线段 1、2、3、4、5。

指定尺寸线位置或[连续(C)/并列(S)/基线(B)/坐标(O)/半径(R)/直径(D)/基准点(P)/编辑(E)/设置(T)] <当前>:在放置尺寸线位置处单击鼠标。

(十)基线标注(Dimbaseline)命令

执行"基线标注"命令的方法有 3 种:

1. 用鼠标单击"标注"工具栏上的"基线标注"按钮。

2. 在命令行中输入"DIMBASELINE"。

3. 选择"标注"菜单→"基线"命令。

命令及提示:

命令:DIMBASELINE

选择基准标注:

指定第二条尺寸界线原点或[放弃(U)/选择(S)] <选择>:

如果基准标注是坐标标注,将显示下列提示:

指定点坐标或 [放弃(U)/选择(S)] <选择>:

参数说明:

1. 放弃(U):放弃在命令任务期间上一次输入的基线标注。

2. 选择(S):系统提示选择一个线性标注、坐标标注或角度标注作为基线标注的基准。选择基准标注之后,将再次显示"指定第二条尺寸界线原点"或"指定点坐标"提示。

实例应用:标注图 5-23a)所示图形的尺寸。

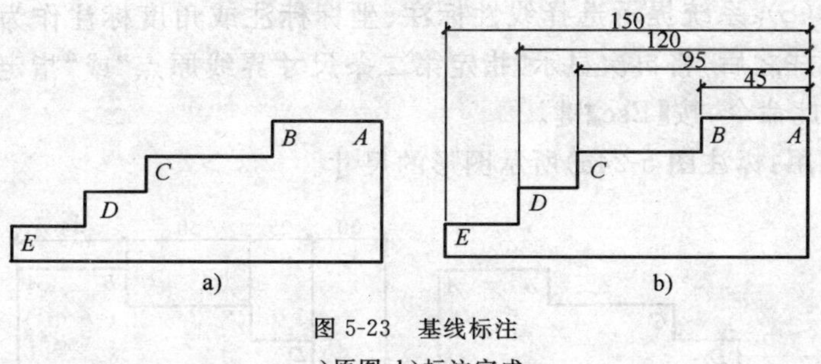

图 5-23　基线标注

a)原图；b)标注完成

作图方法：

执行“基线标注”命令。

指定第一条尺寸界线原点或<选择对象>：用鼠标选取点 A。

指定第二条尺寸界线原点：用鼠标选取点 B。

指定尺寸线位置或[多行文字(M)/文字(T)/角度(A)/水平(H)/垂直(V)/旋转(R)]：在放置尺寸线处单击鼠标。

用鼠标单击“标注”工具栏上的按钮。

选择基准标注：用目标选取框选取上一步所标注线段 AB 的尺寸。

指定第二条尺寸界线原点或[放弃(U)/选择(S)]<选择>：用鼠标分别选取点 C、点 D、点 E，回车。

(十一)连续标注(Dimcontinue)命令

执行“连续标注”命令的方法有 3 种：

1. 用鼠标单击“标注”工具栏上的“连续标注”按钮。
2. 在命令行中输入“DIMCONTINUE”。
3. 选择“标注”菜单→“连续”命令。

命令及提示：

命令：DIMCONTINUE

选择连续标注：

指定第二条尺寸界线原点或[放弃(U)/选择(S)]<选择>：

如果基准标注是坐标标注，将显示下列提示：

指定点坐标或[放弃(U)/选择(S)]<选择>

参数说明：

1. 放弃(U)：放弃在命令任务期间上一次输入的连续标注。

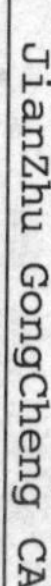

2. 选择(S):系统提示选择线性标注、坐标标注或角度标注作为连续标注。选择连续标注之后,将再次显示"指定第二条尺寸界线原点"或"指定点坐标"提示。要结束此命令,按【Esc】键。

实例应用:标注图 5-24a)所示图形的尺寸。

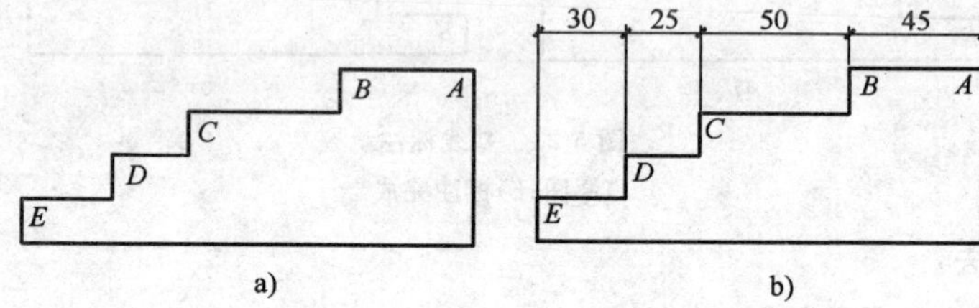

图 5-24　连续标注

a)原图;b)标注完成

作图方法:

执行"线性标注"命令。

指定第一条尺寸界线原点或<选择对象>:用鼠标选取点 A。

指定第二条尺寸界线原点:用鼠标选取点 B。

指定尺寸线位置或[多行文字(M)/文字(T)/角度(A)/水平(H)/垂直(V)/旋转(R)]:在放置尺寸线处单击鼠标。

执行"连续标注"命令。

选择连续标注:用目标选取框选取上一步所标注线段 AB 的尺寸。

指定第二条尺寸界线原点或[放弃(U)/选择(S)]<选择>:用鼠标分别选取点 C、点 D、点 E,回车。标注结果如图 5-24b)所示。

(十二)快速引线标注(Qleader)命令

执行"快速引线"标注命令的方法有 3 种:

1. 用鼠标单击"标注"工具栏上的"快速引线"按钮。
2. 在命令行中输入"QLEADER"。
3. 选择"标注"菜单→"引线"命令。

命令及提示:

命令:QLEADER

指定第一个引线点或[设置(S)]<设置>:

指定下一点:

指定下一点：

指定文字宽度 ＜0＞：

输入注释文字的第一行 ＜多行文字(M)＞：

参数说明：

设置(S)：弹出如图 5-25 所示的“引线设置”对话框。

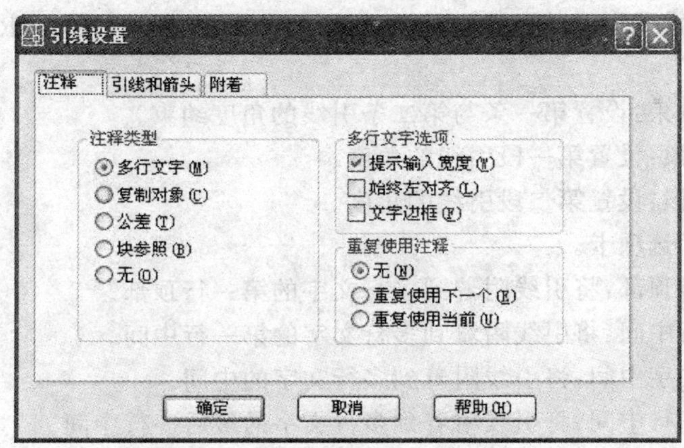

图 5-25 “引线设置”对话框

1.“注释”选项卡。

1)注释类型：设置引线注释类型。

(1)多行文字：提示创建多行文字注释。

(2)复制对象：提示用户复制多行文字、单行文字、公差或块参照对象，并将副本连接到引线末端。

(3)块参照：提示插入一个块参照。

(4)无：创建无注释的引线。

2)多行文字选项：设置多行文字选项。

(1)提示输入宽度：提示指定多行文字注释的宽度。

(2)始终左对齐：无论引线位置在何处，多行文字注释应靠左对齐。

(3) 文字边框：在多行文字注释周围放置边框。

3)重复使用注释：设置重新使用引线注释的选项。

(1)无：不重复使用引线注释。

(2)重复使用下一个：重复使用为后续引线创建的下一个注释。

(3)重复使用当前：重复使用当前注释。选择“重复使用下一个”之后，重复使用注释时将自动选择此选项。

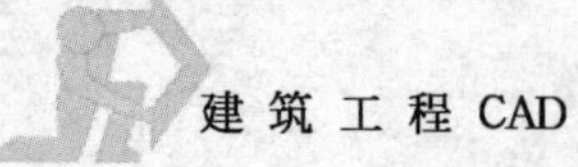

2."引线和箭头"选项卡。

1)引线:设置引线格式。

(1)直线:在指定点之间创建直线段。

(2)样条曲线:用指定的引线点作为控制点创建样条曲线对象。

2)箭头:定义引线箭头。从"箭头"列表中选择。

3)点数:设置引线的点数,提示输入引线注释之前,QLEADER 命令将提示指定这些点。

4)角度约束:设置第一条与第二条引线的角度约束。

(1)第一段:设置第一段引线的角度。

(2)第二段:设置第二段引线的角度。

3."附着"选项卡。

1)第一行顶部:将引线附着到多行文字的第一行顶部。

2)第一行中间:将引线附着到多行文字的第一行中间。

3)多行文字中间:将引线附着到多行文字的中间。

4)最后一行中间:将引线附着到多行文字的最后一行中间。

5)最后一行底部:将引线附着到多行文字的最后一行底部。

6)最后一行加下划线:给多行文字的最后一行加下划线。

实例应用:给图 5-26a)所示三角形添加注释。

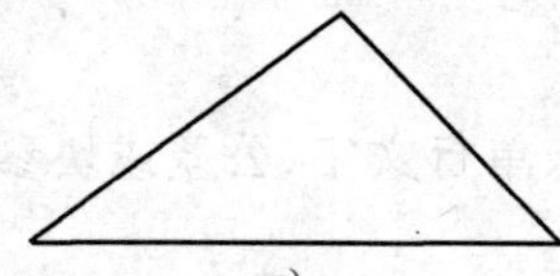
a)

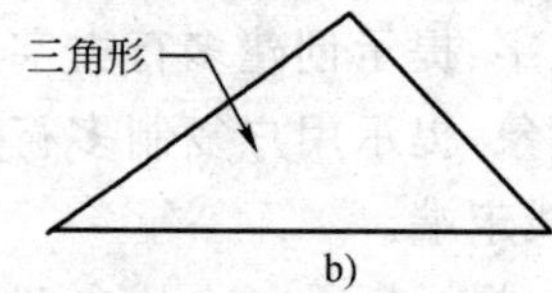

b)

图 5-26　引线标注

a)原图;b)标注完成

作图方法:

执行"快速引线"标注命令。

指定第一个引线点或[设置(S)]<设置>:用鼠标在三角形内选取一点。

指定下一点:用鼠标在三角形外选取一点。

指定下一点:用鼠标在三角形外选取一点。

指定文字宽度<0>:回车。

输入注释文字的第一行<多行文字(M)>:三角形。

输入注释文字的下一行:回车。

完成的标注如图 5-26b)所示。

(十三)圆心标记(Dimcenter)命令

圆心标记命令用于创建圆和圆弧的圆心标记或中心线。

执行"圆心标记"命令的方法有3种:

1. 用鼠标单击"标注"工具栏上的"圆心标记"按钮⊙。
2. 在命令行中输入"DIMCENTER"。
3. 选择"标注"→"圆心标记"菜单。

作图方法:

执行"圆心标记"命令后,左键单击要标记的圆或圆弧,则在圆或圆弧上显示圆心标记。

三 尺寸标注的编辑

(一)编辑标注(Dimedit)命令

编辑标注对象上的标注文字和尺寸界线。

执行"编辑标注"命令的方法有3种:

1. 用鼠标单击"标注"工具栏上的"编辑标注"按钮。
2. 在命令行中输入"DIMEDIT"。
3. 打开"标注"菜单→"倾斜"命令。

命令及提示:

命令:DIMEDIT

输入标注编辑类型[默认(H)/新建(N)/旋转(R)/倾斜(O)]<默认>:

选择对象:

参数说明:

1. 默认(H):将旋转标注文字移回默认位置。
2. 新建(N):使用多行文字编辑器更改标注文字。
3. 旋转(R):旋转标注文字。
4. 倾斜(O):调整线性标注尺寸界线的倾斜角度。

实例应用:将图5-27a)所示的尺寸标注修改为图5-27b)所示形式。

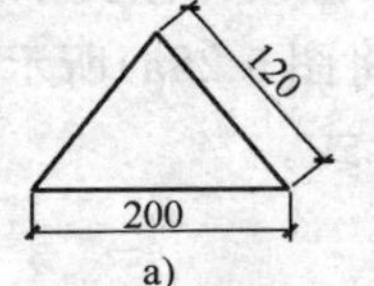

图5-27 尺寸标注的编辑
a)原标注;b)修改完成的标注

作图方法:

执行“编辑标注”命令。

输入标注编辑类型[默认(H)/新建(N)/旋转(R)/倾斜(O)]<默认>:输入“R”选择“旋转”命令,回车。

指定标注文字的角度:输入旋转角度“30”,回车。

选择对象:用目标拾取框选取尺寸标注“120”。

选择对象:回车,完成旋转。

重复“编辑标注”命令。

输入标注编辑类型[默认(H)/新建(N)/旋转(R)/倾斜(O)]<默认>:输入“N”,回车。

在弹出的多行文字编辑器中输入“150”,单击“确定”按钮。

选择对象:用目标拾取框选取尺寸标注“200”,回车。

(二)编辑标注文字(Dimtedit)命令

编辑标注文字命令主要用来移动和旋转标注文字。

执行“编辑标注文字”命令的方法有3种:

1. 用鼠标单击“标注”工具栏上的“编辑标注文字”按钮。
2. 在命令行中输入“DIMTEDIT”。
3. 选择“标注”菜单→“对齐文字”命令。

命令及提示:

命令:DIMTEDIT

选择标注:

指定标注文字的新位置或[左(L)/右(R)/中心(C)/默认(H)/角度(A)]:

参数说明:

1. 左(L):沿尺寸线左对正标注文字。
2. 右(R):沿尺寸线右对正标注文字。
3. 中心(C):将标注文字放在尺寸线的中间。
4. 默认(H):将标注文字移回默认位置。
5. 角度(A):修改标注文字的角度。

实例应用:将图5-28a)所示尺寸标注修改为图5-28b)所示形式。

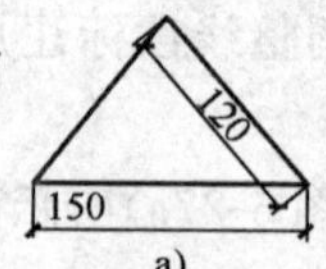

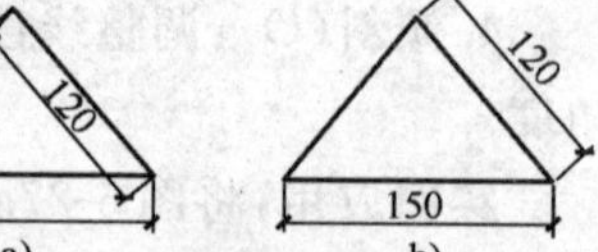

图5-28 “编辑标注文字”命令

a)原标注;b)修改完成的标注

作图方法:

执行“编辑标注文字”命令。

选择标注:用目标拾取框选取尺寸标注“150”。

指定标注文字的新位置或［左(L)/右(R)/中心(C)/默认(H)/角度(A)］：输入“C”，回车。

重复“编辑标注文字”命令。

选择标注：用目标拾取框选取尺寸标注“120”。

指定标注文字的新位置或［左(L)/右(R)/中心(C)/默认(H)/角度(A)］：用鼠标单击要放置尺寸线位置处。

(三)标注更新(Dimstyle)**命令**

执行“标注更新”命令的方法有 3 种：

1. 用鼠标单击“标注”工具栏上的“标注更新”按钮。

2. 在命令行中输入“DIMSTYLE”。

3. 选择“标注”菜单→“更新”命令。

命令及提示：

命令：DIMSTYLE

当前标注样式：＜当前＞

输入标注样式选项

［保存(S)/恢复(R)/状态(ST)/变量(V)/应用(A)/?］＜恢复＞：

参数说明：

1. 保存(S)：将标注系统变量的当前设置保存到标注样式。

2. 恢复(R)：将标注系统变量设置恢复为选定标注样式的设置。

3. 状态(ST)：显示所有标注系统变量的当前值。

4. 变量(V)：列出某个标注样式或选定标注的标注系统变量设置，但不修改当前设置。

5. 应用(A)：将当前尺寸标注系统变量设置应用到选定标注对象，永久替代应用于这些对象的任何现有标注样式。

6. ?：列出当前图形中命名的标注样式。

本章小结

本章介绍了 AutoCAD 文本标注和尺寸标注的方法。

文本标注部分介绍了：文本样式的创建方法，输入单行文本、多行文本的方法及编辑文本的方法。

尺寸标注部分介绍了：建立尺寸标注样式的操作步骤、13 种尺寸标注命令的使用方法以及尺寸标注的编辑方法。

综合练习题

1. 单行文字和多行文字的区别。

2. 如何让 AutoCAD 能显示汉字？

3. 文字样式设置中，为什么要将“高度”设置为“0”？

4. 给如图 5-29a)所示的建筑平面图进行文字标注和尺寸标注，标注结果如图 5-29b)所示。

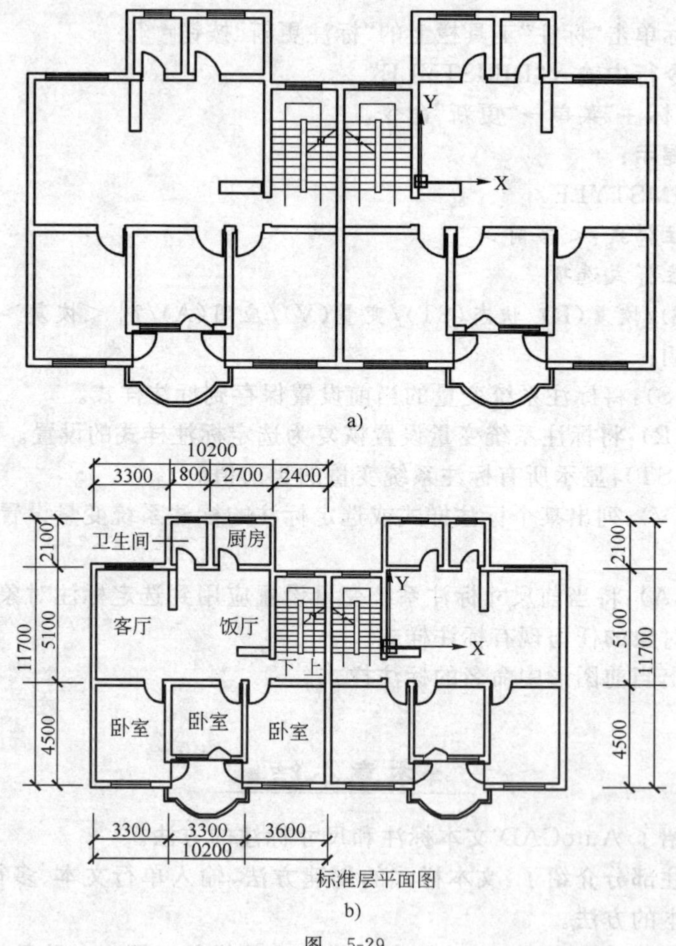

图 5-29

第六章
建筑施工图的绘制

【职业能力目标】

通过学习本章知识，学生应能综合利用 AutoCAD 的有关命令，熟练绘制各类建筑施工图。

【知识目标】

根据各类建筑施工图的特点，选用最便捷的绘图工具、编辑工具和绘图技巧，快速绘制建筑施工图。

【学习要求】

1. 了解建筑施工图的构图与内容。
2. 熟悉文件操作命令和各种编辑工具。
3. 掌握插入图框技巧和绘制建筑施工图的技巧。
4. 熟练掌握各种绘图工具的组合使用和编辑操作命令的使用。
5. 巩固绘制建筑施工图工具的综合运用。

在本章中，我们将以建筑施工图为例，按照建筑制图的步骤和要求，引导大家综合运用 AutoCAD 的各种命令和技巧，快速绘制建筑施工图。

第一节　建筑平面图的绘制

一　绘图前准备工作

(一)创建新文件

选择“文件”→“新建”菜单或者单击“标准”工具栏中的“新建”按钮，弹出“创建新图形”对话框，新建一个文件，如图6-1所示。

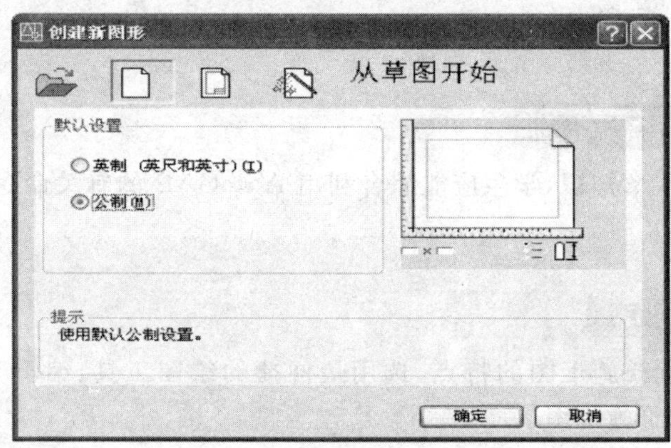

图6-1　“创建新图形”对话框

(二)设置绘图界限

选择“格式”菜单→“图形界限”命令，或者在命令行输入“LIMITS”，进行图形界限的设置。命令提示如下：

命令：LIMITS

重新设置模型空间界限：

指定左下角点或[开(ON)/关(OFF)]＜0.0000,0.0000＞：回车。

指定右上角点＜420.0000,297.0000＞：输入“42000,29700”并回车。

打开“栅格”状态按钮，将栅格 x、y 轴间距设为500、500。执行缩放命令，将图形范围设置在显示范围内。

(三)设置绘图单位

选择“格式”菜单→“单位”命令，设置绘制此图的单位为“毫米”，“精度”选项栏设为“0”，如图 6-2 所示。

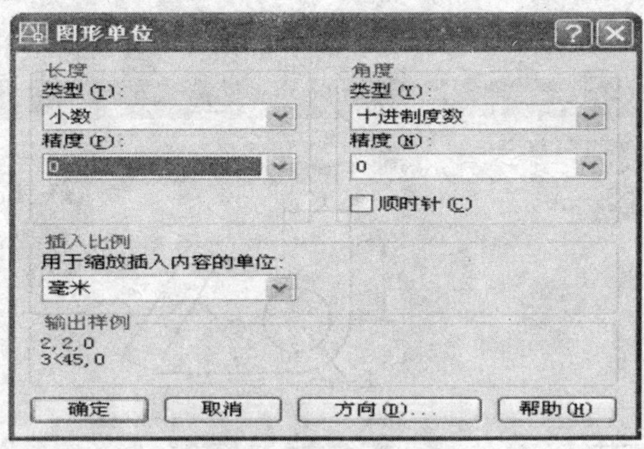

图 6-2 “图形单位”对话框

(四)设置文字样式

选择“格式”菜单→“文字样式”命令，进入“文字样式”对话框，在建筑制图中，“字体名”一般选择“仿宋_GB2312”，“宽度比例”设为“0.67”，设置结果如图 6-3 所示。

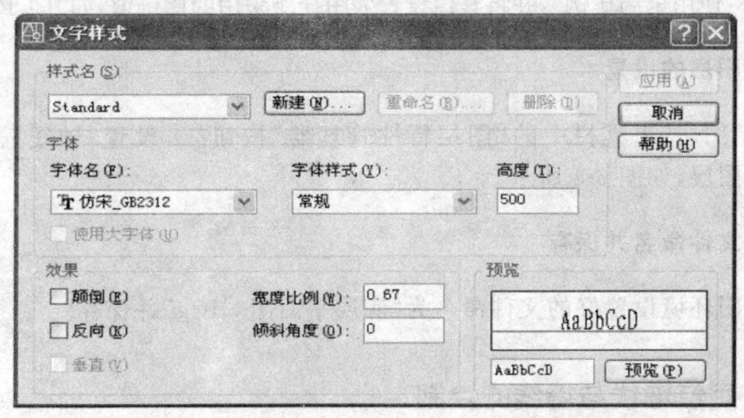

图 6-3 “文字样式”对话框

(五)设置标注样式

选择“格式”菜单→“标注样式”命令，进入标注样式的设置。新建一个标注样式，

如"线性标注",如图 6-4 所示。(若有需要,还可以另外分别再建立角度、半径、直径等标注样式)

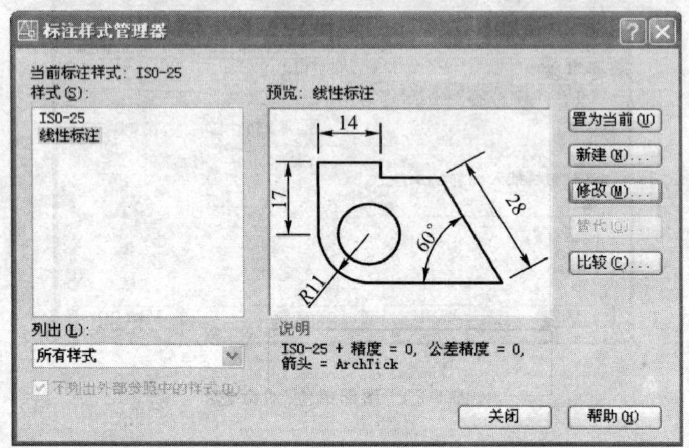

图 6-4　设置标注样式

【提示】 尺寸设置时应按照建筑制图标准的要求进行设置,如尺寸线、尺寸界线、尺寸的起止符号和尺寸数字的位置、大小和图线的要求等。在设置"标注特征比例"时选择"使用全局比例",并将其值设置为图样所采用的比例值,如"1∶100"。

(六)图层的设置

单击"图层"工具栏中的"图层特性管理器"按钮,设置"轴线"、"门窗"、"标注"等图层,如图 6-5 所示。

(七)文件命名并保存

将绘图环境设置好的文件命名为"底层平面图 .dwg"并保存。

二 定位轴线与墙线的绘制

(一)绘制定位轴线

将"轴线"图层设置为当前图层,打开"正交"。
执行"直线"命令。

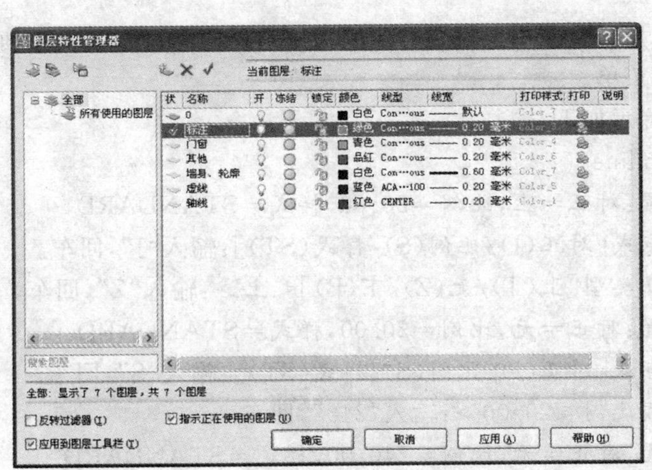

图 6-5　图层设置

在绘图区绘制第一条横向定位轴线，同时将“线型管理器”中的“全局比例因子”设为“100”。

执行“阵列”命令，设置“1 行 7 列”，“列偏移”设为“3600”，选择刚画好的横向定位轴线进行阵列，在绘图区出现 7 条横向定位轴线。

绘制第一条纵向定位轴线，之后执行“偏移”命令，偏移距离分别为 5700、2100、5700 和 900，复制另 4 条纵向定位轴线，如图 6-6 所示。

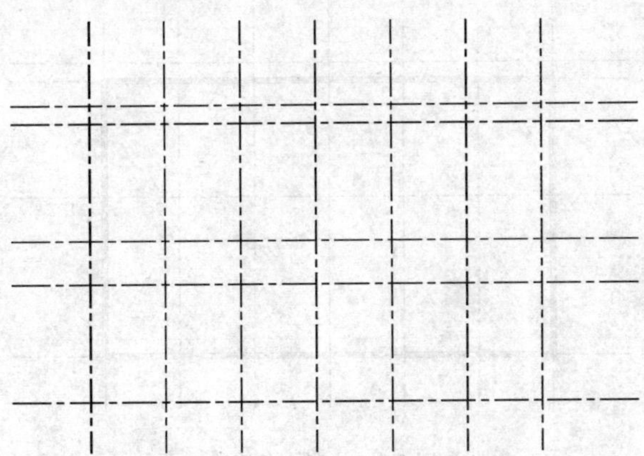

图 6-6　绘制定位轴线

(二)绘制墙线

1. 将“墙身、轮廓”图层设置为当前图层,打开“正交”和“对象捕捉”,选择“绘图”→“多线”菜单。

命令行提示如下:

命令:_ mline

当前设置:对正=上,比例=20.00,样式=STANDARD

指定起点或[对正(J)/比例(S)/样式(ST)]:输入“J”,回车。

输入对正类型[上(T)/无(Z)/下(B)]<上>:输入“Z”,回车。

当前设置:对正=无,比例=20.00,样式=STANDARD

指定起点或[对正(J)/比例(S)/样式(ST)]:输入“S”,回车。

输入多线比例<20.00>:输入“240”,回车。

当前设置:对正=无,比例=240.00,样式=STANDARD

指定起点或[对正(J)/比例(S)/样式(ST)]:

指定下一点:捕捉左下角轴线的交点。

指定下一点或[放弃(U)]:捕捉左上角轴线的交点。

指定下一点或[闭合(C)/放弃(U)]:捕捉右上角轴线的交点。

指定下一点或[闭合(C)/放弃(U)]:捕捉右下角轴线的交点。

指定下一点或[闭合(C)/放弃(U)]:输入“C”并回车,完成一条多线的绘制,如图 6-7 所示。

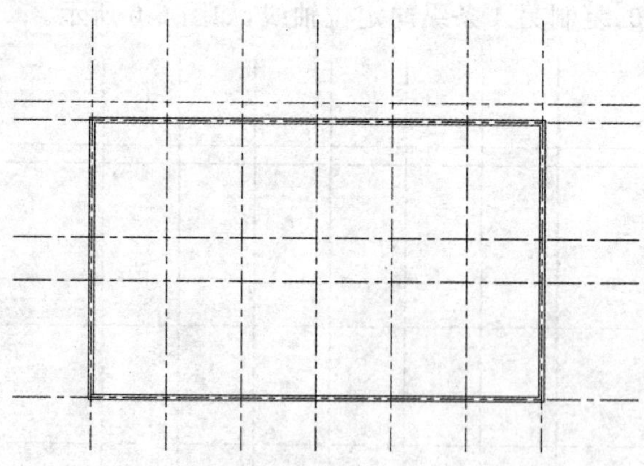

图 6-7 绘制一条墙线

2. 多次重复“多线”命令,完成其他墙线的绘制。

3. 选择“修改”→“对象”→“多线”菜单，根据对话框的提示对墙线进行修改。

4. 单击“修改”工具栏中的“分解”按钮，将绘制的多线全部分解。

5. 单击“修改”工具栏中的“修剪”按钮，对分解后的墙线进行修剪，修剪后的图形如图 6-8 所示。

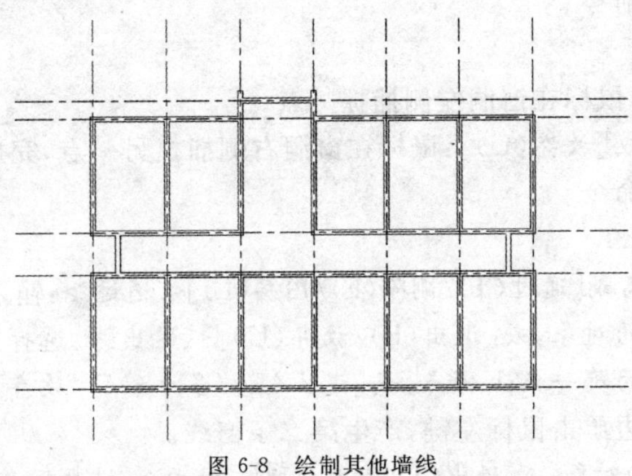

图 6-8　绘制其他墙线

三 门窗的绘制

(一)绘制门窗洞

绘制第一条窗洞边线，调用“偏移”、“阵列”、“复制”和“修剪”命令，完成门窗洞口的绘制，绘制好的图形如图 6-9 所示(关闭轴线图层)。

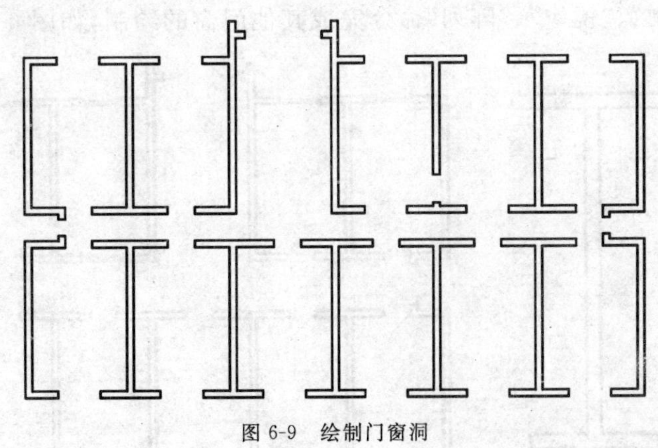

图 6-9　绘制门窗洞

(二)绘制门窗

将“门窗”图层设置为当前图层,调用“直线”命令绘制门窗,如图 6-10 所示。具体操作如下:

执行“直线”命令。

命令:LINE

指定第一点:鼠标在窗洞左侧捕捉一点。

指定下一点或[放弃(U)]:鼠标在窗洞右侧捕捉另一点,完成第一条窗线。

执行“偏移”命令。

命令:OFFSET

指定偏移距离或[通过(T)/删除(E)/图层(L)]<通过>:输入偏移距离“80”。

选择要偏移的对象,或[退出(E)/放弃(U)]<退出>:选择第一条窗线。

指定要偏移的那一侧上的点,或[退出(E)/多个(M)/放弃(U)]<退出>:在第一条窗线旁边单击鼠标左键,产生第二条窗线。

选择要偏移的对象,或[退出(E)/放弃(U)]<退出>:选择第二条窗线。

指定要偏移的那一侧上的点,或[退出(E)/多个(M)/放弃(U)]<退出>:在第二条窗线旁边单击鼠标左键,产生第三条窗线。窗的绘制完成。

执行“直线”命令。

命令:LINE

指定第一点:捕捉门洞中点。

指定下一点或[放弃(U)]:输入“@950<-45”,回车,完成门的绘制。

调用“复制”、“镜像”、“阵列”命令完成其他门窗的绘制,如图 6-11 所示。

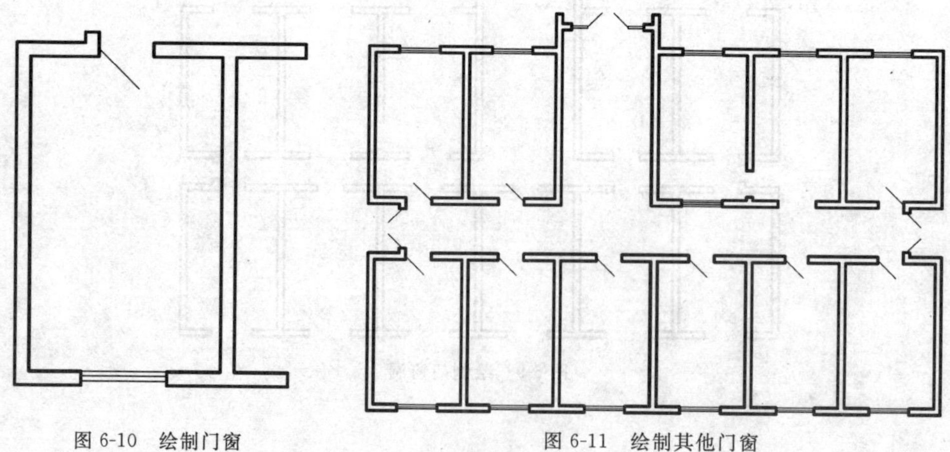

图 6-10　绘制门窗　　　　图 6-11　绘制其他门窗

四 楼梯的绘制

先绘制楼梯段。

执行“偏移”命令，将楼梯间左边墙体的第二条线依次向右偏移 1492.5、65、42.5、100，将偏移得到的图线改为“其他"图层；将“其他”图层设置为当前图层。

执行“直线”命令，捕捉楼梯间左边墙体第二条线的下端点，绘制一条长度为 1600 的线，执行“偏移”命令，将该线向上偏移 1250，形成楼梯段的第一条线，再将该线依次向上偏移 12 个 300，楼梯的第一个梯段即形成。

调用“直线”命令绘制一条断开线，然后执行“修剪”命令，对偏移得到的图线进行修剪，修剪后的图形如图 6-12 所示。

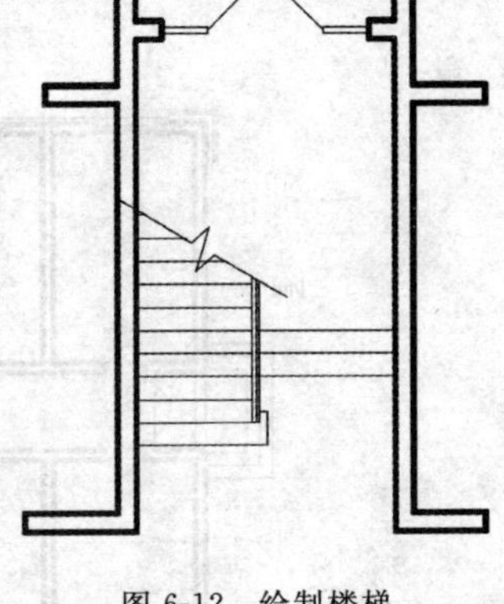

图 6-12　绘制楼梯

五 其他细部绘制

(一)绘制明沟

执行“偏移”命令，将外墙线依次向外偏移 200(明沟距墙边的距离)、150(明沟的宽度)，再执行“修剪”命令进行修剪，并改变图层，完成明沟的绘制。

(二)绘制窗台

重复使用“偏移”命令，将上、下两侧的外墙线分别各向外偏移 120(窗台宽度)，再对其进行修剪，并改变图层，完成窗台的绘制。

(三)绘制台阶

调用“偏移”命令，将左、右墙的外墙线分别各向外偏移 1000(台阶面宽)，再依次各偏移 2 个 300(台阶宽度)。

执行“直线”命令，捕捉走廊的一个外墙线端点，向外绘制一条直线，并执行“偏移”命令，向外偏移 50，得到台阶的另一条边线，将该线偏移 2 次，得到台阶的另一方向线。使用“镜像”命令，以台阶中线为镜像线，完成一个台阶的绘制。再以中间墙的轴线为镜像线，执行“镜像”命令，完成该建筑的两个台阶。

(四)绘制其他细部

调用“直线”命令,完成其他细部的绘制。

绘制完成的图形如图 6-13 所示。

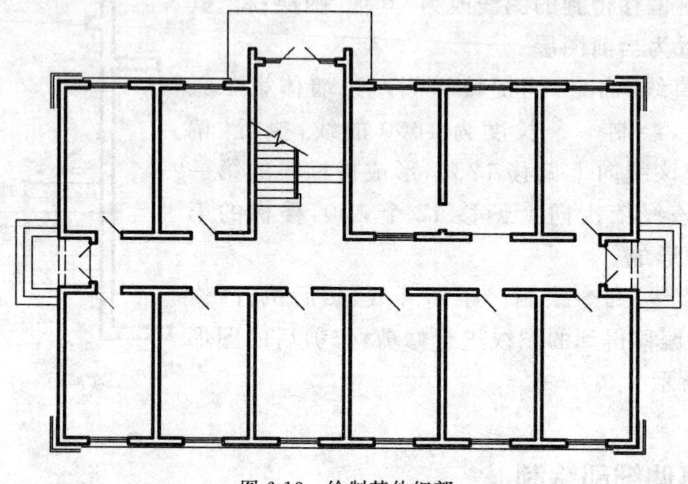

图 6-13 绘制其他细部

六 尺寸标注和文字标注

(一)文字标注

将“标注”图层设置为当前图层,单击“绘图”工具栏中的“多行文字”按钮 A,在弹出的多行文字编辑器中输入相应的文字,如图 6-14 所示,按“确定”按钮完成输入;重复“多行文字”命令或者采用“复制”命令完成其他文字的输入。

寝室

图 6-14 文字标注

(二)尺寸标注

1. 单击“标注”工具栏中的“线性标注”按钮,打开“捕捉”,标注线性尺寸

“120”。

2. 单击“标注”工具栏中的“连续标注”按钮，打开“捕捉”，标注连续尺寸，如图 6-15 所示。

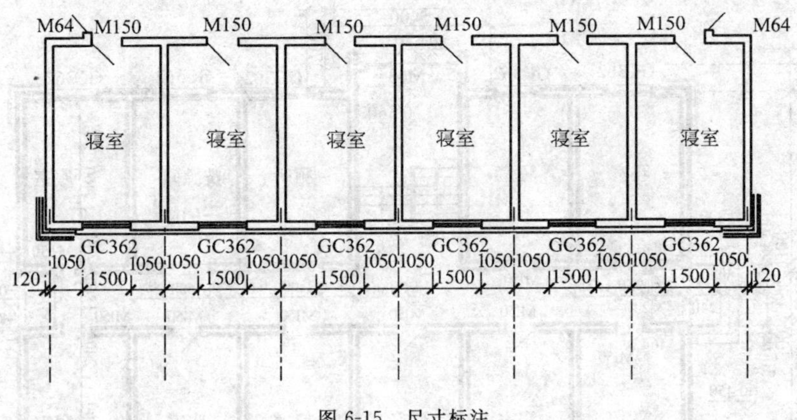

图 6-15　尺寸标注

3. 重复上述步骤，完成尺寸标注。

（三）其他标注

1. 标高标注。

执行“直线”命令，绘制一个标高符号，运用块的属性定义，将其定义成名为“标高”的外部块，选择“插入”→“块”菜单，选择名为“标高”的块插入到图中相应位置，并修改数值。

2. 轴线编号。

调用“圆”命令，绘制一个直径为 800 的圆，运用块的属性定义，将其定义成名为“轴线编号”的外部块，选择“插入”→“块”菜单，选择名为“轴线编号”的块插入到图中相应位置，并修改数值。

3. 指北针。

调用“圆”命令，绘制一个直径为 2400 的圆，再利用“多线”命令画上箭头，注上“北”字，并移到相应位置；

4. 楼梯上下箭头。

调用“多线”命令绘制箭头。利用“多行文字”命令编辑文字“上 21 级”和“下 3 级”。

5. 剖切符号和图名比例。

调用“直线”命令和“多行文字”命令绘制及标注剖切符号和图名比例。完成后的图形如图 6-16 所示。

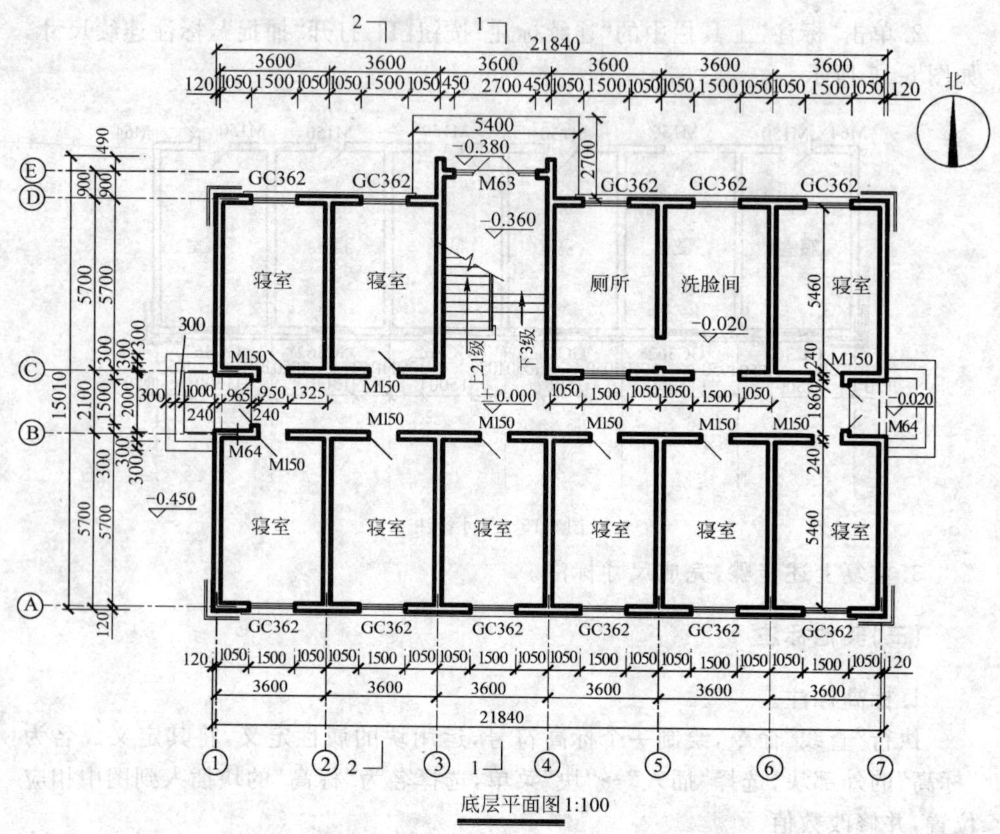

图 6-16　建筑底层平面图

七 图框和标题栏的绘制

在 CAD 软件中都带有标准图框，用户可以直接调用，当然，也可以根据需要自己绘制图框并将其设置为外部块，需要时，将其插入即可。这里只介绍调用标准图框的方法。

1. 单击“标准”工具栏中的“新建”按钮，在弹出的“创建新图形”对话框中选择“使用样板”，从“选择样板”栏中选择“Gb_a2－named plot styles. dwt”，如图 6-17 所示，按“确定”按钮退出对话框。

2. 选择图框并单击“确定”按钮，复制图框到粘贴板上。

3. 将工作窗口切换到“底层平面图. dwg”，单击“标准”工具栏中的“粘贴”按

图 6-17　选择图框

钮，将上面复制的图框粘贴到“底层平面图.dwg”中。

4.将图框放大100倍，并将图框移至合适位置。

5.双击标题栏，进入增强属性编辑器可以修改标题栏中的内容。

第二节　建筑立面图的绘制

一　绘制外轮廓

(一)设置绘图环境

立面图的设置与平面图相同，结果保存为“建筑立面图.dwg”即可。也可以直接调用“底层平面图.dwg”的绘图环境，再另存为“建筑立面图.dwg”。

(二)绘制立面图的外轮廓

1.将“墙身、轮廓”图层设置为当前图层，执行“矩形”命令，设置矩形线宽为50(1∶100比例)，绘制两个大小分别为21840×16950(建筑外轮廓)和3360×15950(楼梯间外轮廓)的矩形。

2.单击“修改”工具栏中的“偏移”按钮，将小矩形(3360×15950)向外偏移240，并将这两个矩形移至立面图上楼梯间相应的位置，即小矩形(3360×15950)的左边距大矩形(21840×16950)的左边10800，底边重合。

3.利用“多段线”命令绘制室外地平线。

结果如图 6-18 所示。

 绘制门窗

(一)绘制引条线(分层线)

为方便门窗的定位,在绘制门窗前,先绘制引条线(分层线)。

1. 调用"直线"命令,采用 FROM 捕捉,在地平线上方绘制一条距地平线 1350 的直线(窗台线),再将其向上偏移 1800(窗顶线)。

2. 单击"修改"工具栏中的"阵列"按钮,在对话框中设置为"5 行 1 列","行偏移"为"3200","列偏移"为"0",选择步骤 1 中偏移得到的两条直线后,按"确定"按钮退出。

3. 将步骤 2 中得到的直线改为"其他"图层,并使用"修剪"命令,对它们进行修剪。

4. 重复点击"修改"工具栏中的"偏移"按钮和"阵列"按钮,完成楼梯间窗户定位线的绘制。

结果如图 6-19 所示。

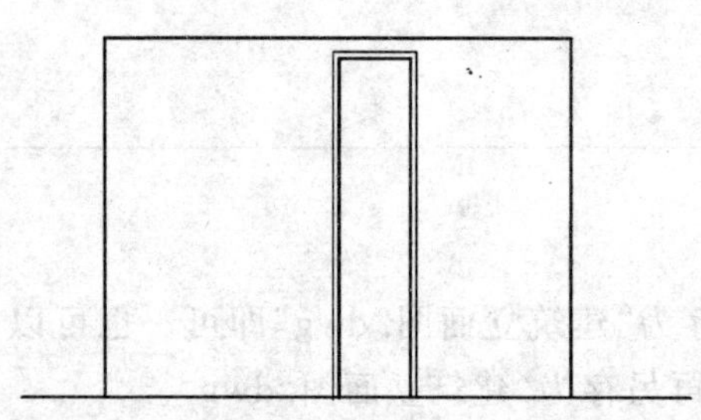

图 6-18 绘制外轮廓线

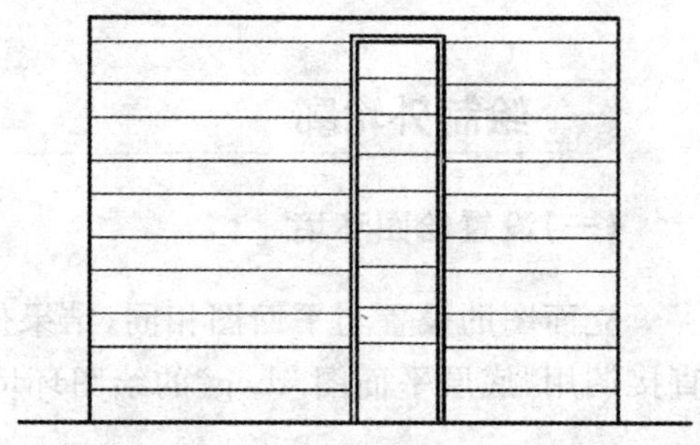

图 6-19 绘制引条线

(二)绘制门窗

1. 单击"绘图"工具栏中的"矩形"按钮,绘制一个大小为 1500×1800 的矩形。

2. 单击"修改"工具栏中的"偏移"按钮,将矩形向内偏移 60,并利用"分解"命令,将小矩形分解。

3. 重复"偏移"命令,将分解后的小矩形的底边依次向上偏移 590、590、60;将小矩形的左边依次向右偏移 440、60、440。

4. 单击“修改”工具栏中的“修剪”按钮 -/--，对它们进行修剪后的图形如图 6-20 所示。

5. 重复上述步骤，完成楼梯间窗户和门的绘制，如图 6-21 所示。

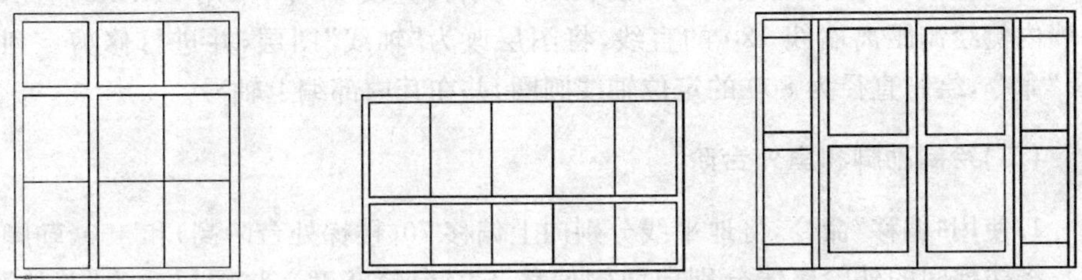

图 6-20 绘制窗户　　　　图 6-21 绘制楼梯间门窗

6. 调用“移动”、“阵列”和“复制”命令，完成所有门、窗的绘制，如图 6-22 所示。

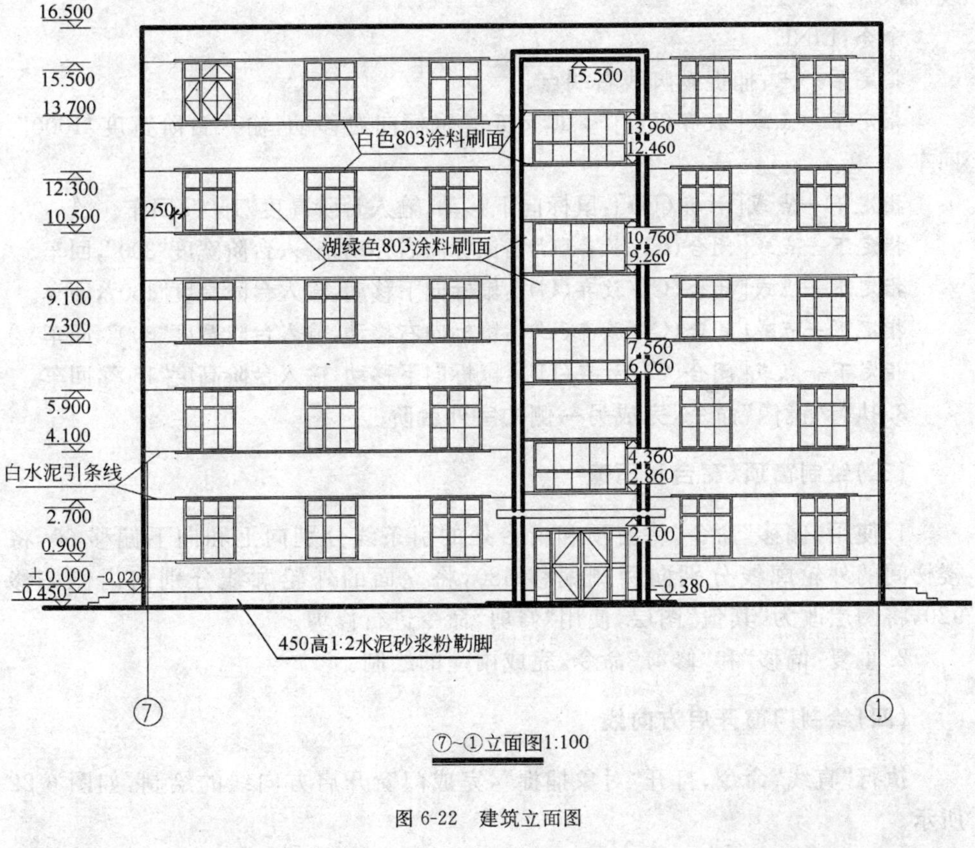

⑦~①立面图1:100

图 6-22 建筑立面图

三 其他细部绘制

(一)绘制定位轴线

在立面图中,只需要绘制两端的轴线。执行"直线"命令,采用 FROM 捕捉,在外墙内侧绘制距离墙线 120 的直线,将图层改为"轴线"图层,并进行修剪。利用"圆"命令,绘制直径为 800 的定位轴线圆圈,并在其内部编上轴号。

(二)绘制勒脚和室外台阶

1. 使用"偏移"命令,将地平线分别向上偏移 70(楼梯处台阶高)和 450(勒脚高度),将楼梯间的外轮廓线分别向两侧偏移 780(台阶宽度),将图层改为"其他"图层,使用"修剪"命令进行修剪。

2. 将"其他"图层设置为当前图层,画右侧的室外台阶;打开"正交",执行"直线"命令:

命令:LINE

指定第一点:捕捉勒脚线右端点。

指定下一点或[放弃(U)]:<正交开>鼠标向右移动,输入台阶宽度"1000",回车。

指定下一点或[放弃(U)]:鼠标向下移动,输入台阶高度"150",回车。

指定下一点或[闭合(C)/放弃(U)]:鼠标向右移动,输入台阶宽度"300",回车。

指定下一点或[闭合(C)/放弃(U)]:鼠标向下移动,输入台阶高度"150",回车。

指定下一点或[闭合(C)/放弃(U)]:鼠标向右移动,输入台阶宽度"300",回车。

指定下一点或[闭合(C)/放弃(U)]:鼠标向下移动,输入台阶高度"150",回车。

3. 执行"镜像"命令,完成另一侧的室外台阶。

(三)绘制窗顶、窗台和雨蓬

1. 使用"偏移"命令,将窗顶和窗台处的引条线分别向上和向下偏移 60,将楼梯间的外轮廓线分别向两侧偏移 680,将立面的外轮廓线分别向内侧偏移 920,将图层改为"其他"图层,使用"修剪"命令进行修剪。

2. 重复"偏移"和"修剪"命令,完成雨蓬的绘制。

(四)绘制门窗开启方向线

执行"直线"命令,打开"对象捕捉",完成门窗开启方向线的绘制,如图 6-22 所示。

四 尺寸标注

(一)文字标注

将“标注”图层设置为当前图层，单击“绘图”工具栏中的“多行文字”按钮A，在弹出的对话框中输入相应的文字，按“确定”按钮完成输入；重复“多行文字”命令，完成其他文字输入。调用“直线”命令，绘制引出线。

(二)尺寸及标高标注

1.单击“标注”工具栏中的“线性标注”按钮，打开“捕捉”，标注线性尺寸“250”。

2.调用“直线”命令，绘制一个标高符号，运用块的属性定义，将其定义成名为“标高”的块，选择“插入”→“块”菜单，选择名为“标高”的块插入到图中相应位置，并修改数值。

插入图框，修改标题栏，存盘退出，即完成建筑立面图的绘制。

第三节　建筑剖面图的绘制

定位轴线、墙线的绘制

(一)设置绘图环境

设置绘图环境，把设置结果保存为“建筑剖面图.dwg”文件。

(二)绘制定位轴线

将“轴线”图层设置为当前图层，执行“直线”命令，绘制第一条轴线，再利用“偏移”命令依次向右偏移5700、2100、6600(定位轴线之间的距离)。

(三)绘制墙线

执行“偏移”命令，将定位线轴线向两侧偏移120，再将最右侧的轴线向右偏移490，并改变其图层。为使图面清晰，对轴线进行修剪，如图6-23所示。

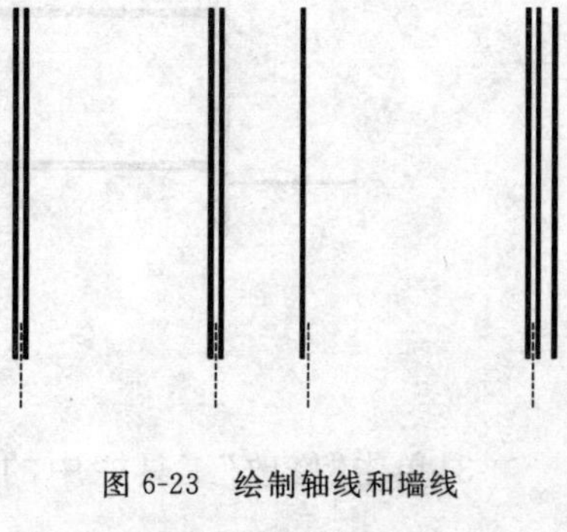

图6-23　绘制轴线和墙线

二 楼地面、屋面的绘制

(一)绘制室内地面和室外地平

1. 将“墙体、轮廓”图层设置为当前图层，执行“直线”命令，绘制一条水平直线作为室内地平线，利用“偏移”命令依次向下偏移 40(面层线)、120(楼板厚度)、240(梁高)、40(板底面层线)。

2. 使用“修剪”命令，对它们进行修剪，并改变面层线的图层。

3. 打开“正交”，执行“直线”命令，绘制踏步和室外地平线。完成后的图形如图 6-24 所示。

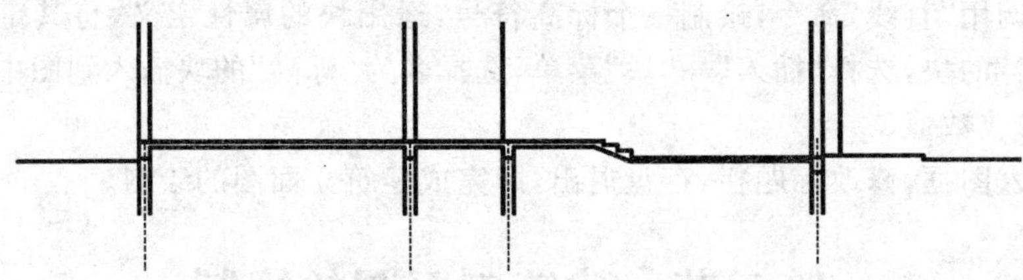

图 6-24 绘制地面和室外地平

(二)绘制楼面

1. 利用“偏移”命令将室内地面各条线依次向上偏移 3200；调用“直线”命令绘制窗过梁和楼梯梁。

2. 使用“修剪”命令，对它们进行修剪，完成后的图形如图 6-25 所示。

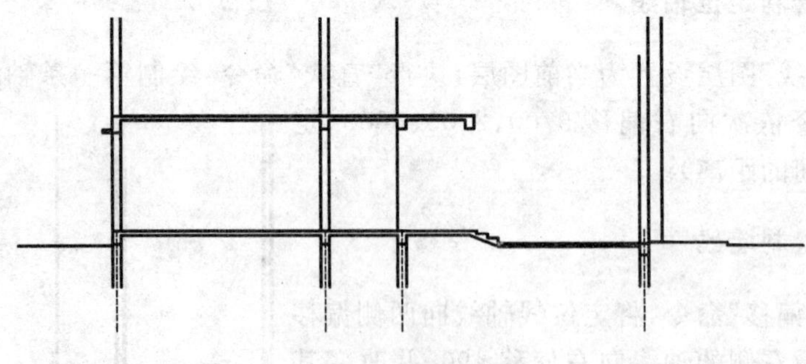

图 6-25 绘制二层楼面

3. 单击“修改”工具栏中的“阵列”按钮，在对话框中设置为“5 行 1 列”，

"行偏移"为"3200","列偏移"为"0",对楼面进行阵列。

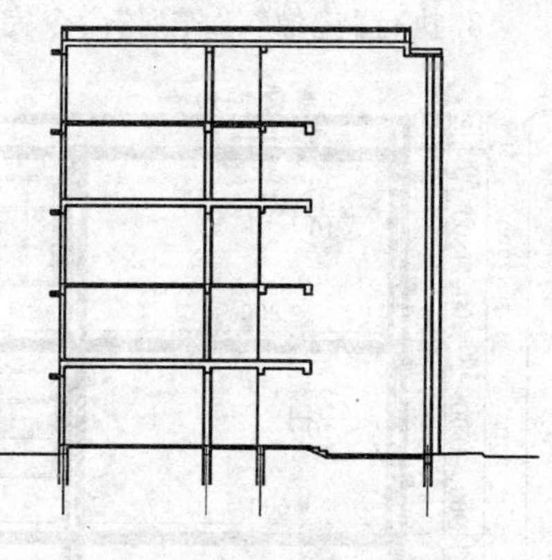

图 6-26 绘制楼面及屋面

(三)绘制屋面及女儿墙

1. 执行"拉伸"命令,将最上层楼面(屋面)向右拉伸 3850。

2. 调用"偏移"命令将屋面的面层线分别向上偏移 420 和 500,再调用"直线"命令完成楼梯间屋面和女儿墙压顶的绘制,如图 6-26 所示。

(四)绘制楼梯平台及雨蓬

1. 调用"直线"命令绘制楼梯平台和雨蓬,如图 6-27 所示;利用"移动"命令将其移到相应位置。

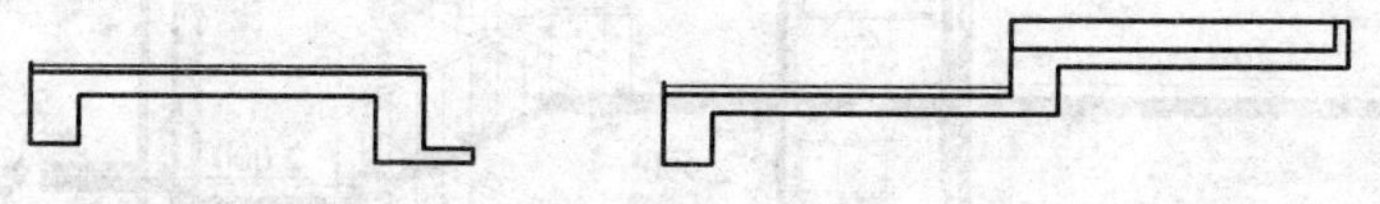

图 6-27 绘制平台及雨蓬

2. 单击"修改"工具栏中的"阵列"按钮,在对话框中设置为"3 行 1 列","行偏移"为"3200","列偏移"为"0",对楼梯平台进行阵列。

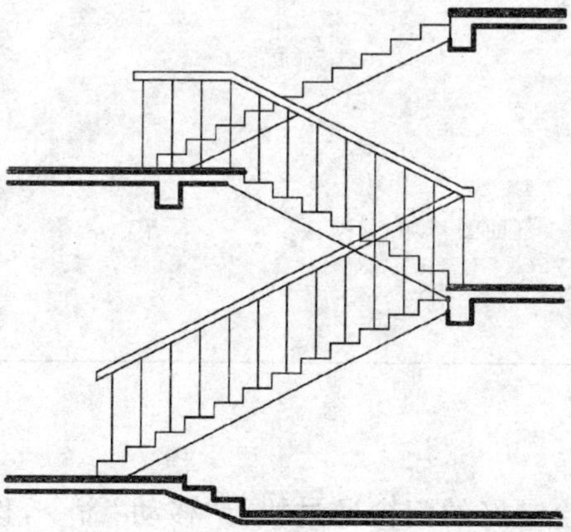

图 6-28 绘制楼梯

(五)绘制窗台和过梁

调用"直线"命令绘制窗台和过梁,再利用"阵列"命令完成窗台和过梁的绘制。

(六)绘制楼梯

1. 打开"捕捉"和"正交",将"其他"图层设置为当前图层,调用"直线"命令绘制一跑梯段。

2. 执行"直线"命令,捕捉楼梯踏面线的中点,绘制高度为 920 的栏杆;并绘制扶手,如图 6-28 所示。

3. 执行“镜像”、“阵列”命令完成楼梯的绘制，如图 6-29 所示。

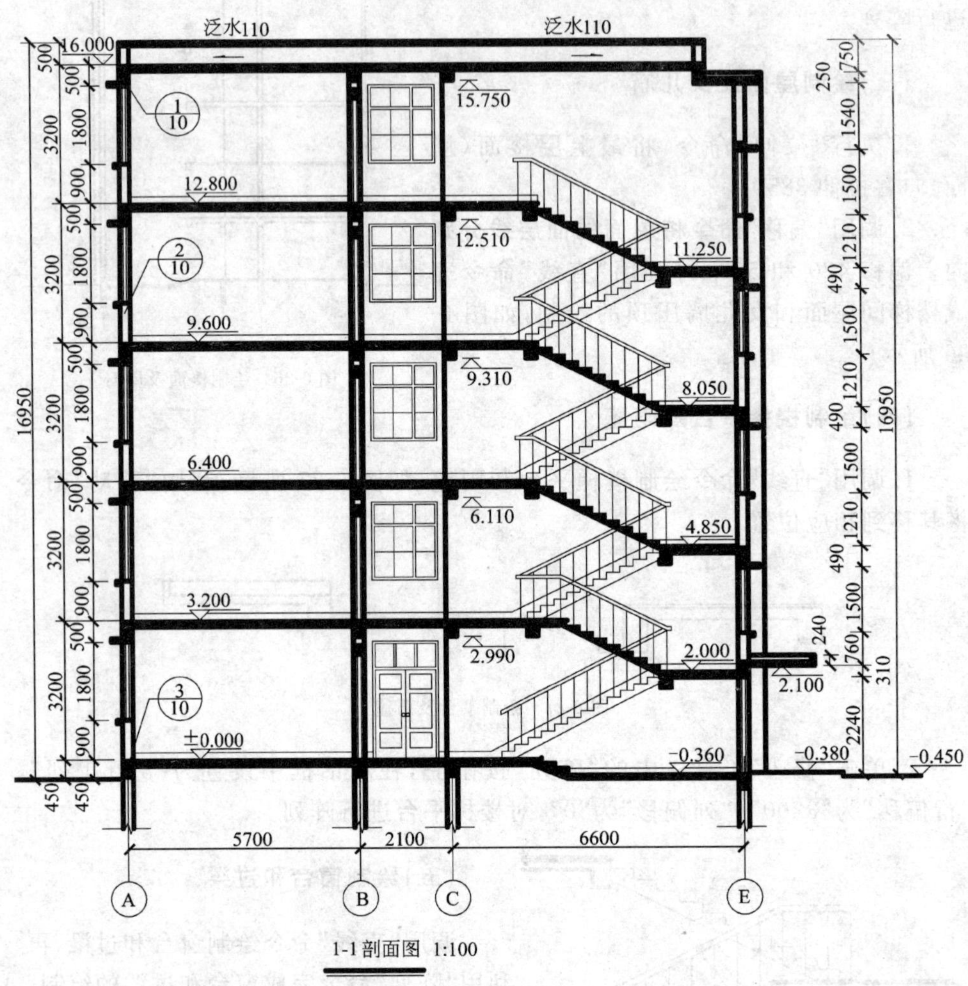

图 6-29 建筑 1-1 剖面图

三 其他细部绘制

(一)绘制门窗

与建筑立面图门窗绘制完全相同，将绘制好的门窗通过执行“移动”命令，移动到剖面图中。

(二)绘制断开线和踢脚线

1.将“其他”图层设置为当前图层，调用“直线”命令，绘制基础墙处的断开线。

2.执行“偏移”命令，将各面层线向上偏移150；执行“直线”命令，绘制梯段上倾斜的踢脚线，并利用“修剪”命令进行修剪。

(三)图例填充

单击“绘图”工具栏中的“图案填充”按钮，选择“预定义”中的“SOLID”图案；通过“拾取点”的方式确定填充边界后，按“确定”按钮完成填充，如图6-29所示。

四 尺寸标注和文字标注

(一)尺寸和标高标注

1.将“标注”图层设置为当前图层，单击“标注”工具栏中的“线性标注”按钮，打开“捕捉”，标注线性尺寸“5700”。

2.单击“标注”工具栏中的“连续标注”按钮，打开“捕捉”，标注连续尺寸“2100”和“6600”。

3.重复上述步骤，完成其他尺寸的标注。

4.调用“直线”命令，绘制一个标高符号，运用块的属性定义，将其定义成名为“标高”的块，选择“插入”→“块”菜单，选择名为“标高”的块插入到图中相应位置，并修改数值。

(二)文字标注及其他标注

1.调用“直线”命令和“多行文字”命令标注图名比例及屋面的排水坡度。

2.执行“圆”命令，绘制一个直径为800的圆，运用块的属性定义，将其定义成名为“轴线编号”的块，选择“插入”→“块”菜单，选择名为“轴线编号”的块插入到图中相应位置，并修改数值。

3.再次执行“圆”命令，绘制一个直径为1000的圆，调用“直线”命令绘制水平直径和指引线，再利用“多行文字”命令，完成索引符号的标注。完成的图形如图6-29所示。

(三)插入图框

插入名为“Gb _ a2－named plot styles. dwt”的图框(放大100倍),并修改标题栏中的内容,完成建筑剖面图的绘制。

第四节　建筑详图的绘制

一　楼梯详图的绘制

(一)楼梯平面图的绘制

1.绘制定位轴线与墙线。

1)设置绘图环境,把设置结果保存为“楼梯详图. dwg”。

注意:在设置标注样式时,将“使用全局比例”项设为“50”。

2)绘制定位轴线。

将“轴线”图层设置为当前图层,调用“直线”命令,绘制一条横向轴线,再利用“偏移”命令向右偏移3600,形成楼梯间的第二条轴线。

再次调用“直线”命令,绘制一条纵向轴线,再利用“偏移”命令向上依次偏移5700和900。

3)绘制墙线。

(1)将“墙身、轮廓”图层设置为当前图层,打开“正交”和“对象捕捉”,选择“绘图”→“多线”菜单,参数设置为“对正＝无,比例＝240.00,样式＝Standard”,绘制墙线。

(2)选择“修改”菜单→“对象”→“多线”命令,根据对话框的提示对墙线进行修改。

2.梯段和平台的绘制。

1)使用“偏移”命令,将楼梯间左边墙体的第二条线依次向右偏移1600和100,将偏移得到的图线改为“其他”图层。

2)将“其他”图层设置为当前图层,调用“直线”命令绘制一条直线,然后使用“偏移”命令将该直线依次向上偏移一个1250(平台)和12个300,另外将该直线向上偏移1700,如图6-30所示。

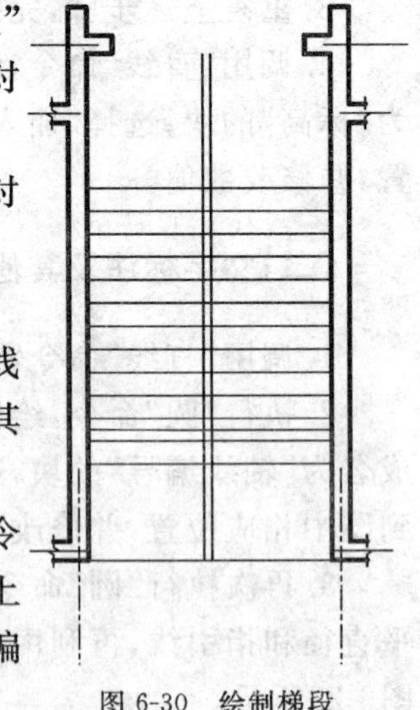

图6-30　绘制梯段

3)调用“直线”命令绘制一条断开线，单击“修改”工具栏中的“修剪”按钮 ,对刚才所偏移得到的图线进行修剪。

调用“直线”命令绘制楼梯扶手和门。

3.尺寸标注与文本标注。

1)尺寸和标高标注。

(1)将“标注”图层设置为当前图层，单击“标注”工具栏中的“线性标注”按钮 ,打开“捕捉”,标注线性尺寸“1130”。

(2)单击“标注”工具栏中的“连续标注”按钮 ,打开“捕捉”,标注连续尺寸“3600”和“1870”。

(3)调用“特性”命令将尺寸“3600”改为“12×300=3600”。

(4)重复上述步骤，完成其他尺寸的标注。

(5)调用“直线”命令，绘制一个标高符号，调用“复制”命令将其复制到图中相应位置，并修改数值，完成标高标注。

2)文字标注及其他标注。

(1)调用“直线”命令和“多行文字”命令，标注图名和比例。

(2)调用“多段线”命令和“多行文字”命令，标注楼梯的上下箭头和级数。

(3)调用“圆”命令，绘制一个直径为 800 的圆，运用块的属性定义，将其定义成名为“轴线编号”的块，选择“插入”→“块”菜单，选择名为“轴线编号”的块插入到图中相应位置，并修改数值。

(4)调用“多段线”命令和“多行文字”命令，标注剖切符号。完成标注后的图形如图 6-31 所示。

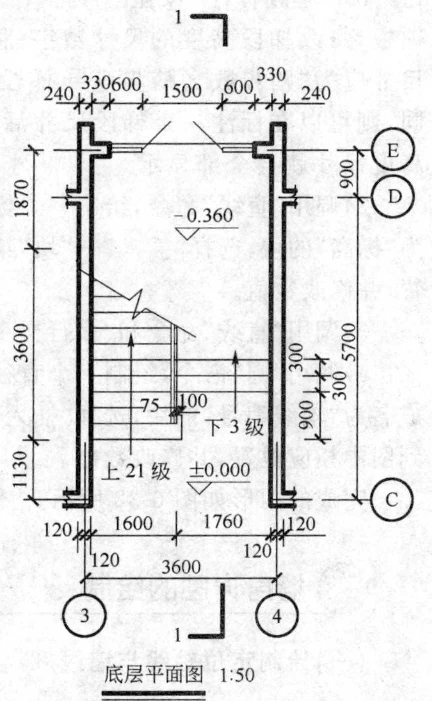

图 6-31 楼梯平面图

(二)楼梯剖面图的绘制

1.定位轴线与墙线的绘制。

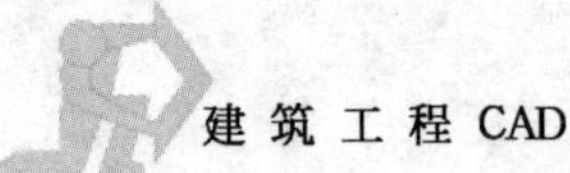

1)将“轴线”图层设置为当前图层，调用“直线”命令，绘制一条定位轴线，再调用“偏移”命令向右偏移 6600。

2)执行“偏移”命令，将定位线轴线向两侧偏移 120，再将最右侧的轴线向右偏移 490，并改变其图层。为使图面清晰，对轴线进行修剪。

3)将“其他”图层设置为当前图层，调用“直线”命令，绘制断开线。

2. 梯段和平台的绘制。

与建筑剖面图中楼梯剖面图的绘制完全相同，这里不再赘述。

3. 尺寸标注。

1)将“标注”图层设置为当前图层，单击“标注”工具栏中的“线性标注”按钮和“连续标注”按钮，打开“捕捉”，完成尺寸的标注，并利用“特性”选项板，修改梯段高度的尺寸数字；将所有梯段的高度尺寸进行修改，修改后的尺寸应为“踏步数×踏步高＝梯段总高”。如梯段的踏步数量和高度全部相同，则可以在标注一个梯段尺寸后，修改其尺寸，再进行“阵列”，所有的梯段高度尺寸就会全部显示。

2)调用“直线”命令，绘制一个标高符号，运用块的属性定义，将其定义成名为“标高”的块，选择“插入”→“块”菜单，选择名为“标高”的块插入到图中相应位置，并修改数值。

3)调用“直线”命令和“多行文字”命令，标注图名及比例。

4)调用“圆”命令，绘制一个直径为 800 的圆，运用块的属性定义，将其定义成名为“轴线编号”的块，选择“插入”→“块”菜单，选择名为“轴线编号”的块插入到图中相应位置，并修改数值。

完成的图形如图 6-32 所示。

 墙身详图的绘制

(一)绘制定位轴线与墙线

1. 将“轴线”图层设置为当前图层，调用“直线”命令，绘制一条定位轴线。

2. 将“墙身、轮廓”图层设置为当前图层，选择“绘图”→“多线”菜单，参数设置为“对正＝无，比例＝240.00，样式＝Standard”，绘制墙线。

(二)绘制各层楼地面与屋顶

1. 绘制楼地面与屋顶的轮廓。

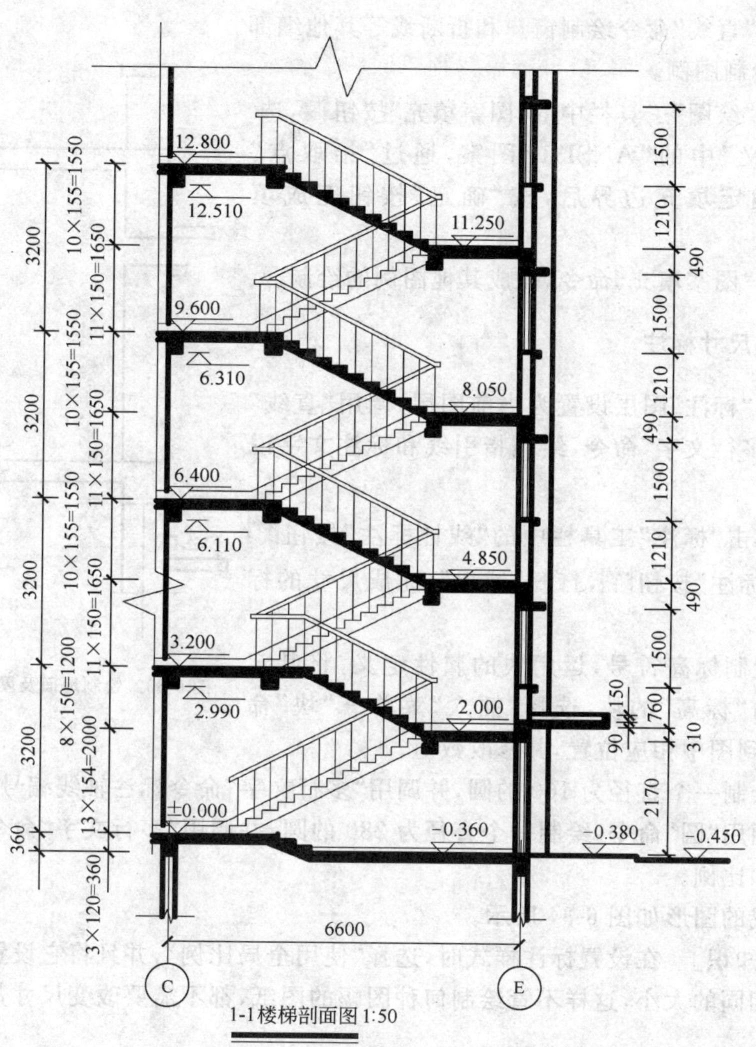

图 6-32　楼梯剖面图

将“墙身、轮廓”图层设置为当前图层，调用“直线”命令绘制楼地面、屋顶、窗台、窗顶及明沟等的轮廓线，如图 6-33 所示。

2. 绘制面层线及窗户。

单击“修改”工具栏中的“偏移”按钮，将墙体和楼地面的轮廓线分别偏移相应的距离，并改变其图层。

调用“直线”命令绘制窗户和折断线等其他细部。

3. 绘制图例。

单击“绘图”工具栏中的“图案填充”按钮，选择“预定义”中的“ANSI31”图案，通过“拾取点”的方式确定填充边界后，按“确定”按钮完成填充。

重复“图案填充”命令，完成其他图例的绘制。

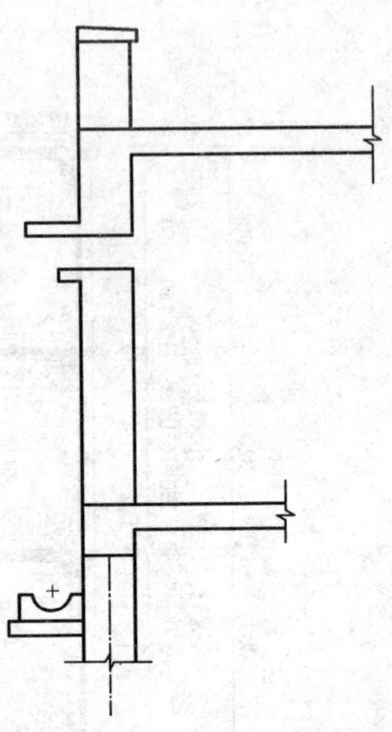

图 6-33 绘制地面及屋顶轮廓

(三)尺寸标注

1. 将“标注”图层设置为当前图层，调用“直线”命令和“多行文字”命令，绘制指引线和标注文字说明。

2. 单击“标注”工具栏中的“线性标注”按钮和“连续标注”按钮，打开“捕捉”，完成尺寸的标注。

3. 绘制标高符号，运用块的属性定义，将其定义成名为“标高”的块，选择“插入”菜单→“块”命令，插入到图中相应位置，并修改数值。

4. 绘制一个直径为 160 的圆，并调用“多行文字”命令标注轴线编号。

5. 调用“圆”命令，绘制一个直径为 280 的圆，并调用“多行文字”命令标注详图符号和比例。

完成的图形如图 6-34 所示。

[**小知识**] 在设置标注样式时，选择“使用全局比例”，并且将它设置为与图纸比例相同的大小，这样不管绘制何种图幅的图纸，都不需要改变尺寸数字的高度了。

本章小结

本章主要介绍如何综合利用 AutoCAD 的有关命令和编辑功能绘制建筑施工图。建筑施工图需要绘制的元素较多，绘图时应注意平、立、剖面图及详图之间的一致性，注意在绘图过程中多使用修改工具，如偏移、修剪、阵列等，

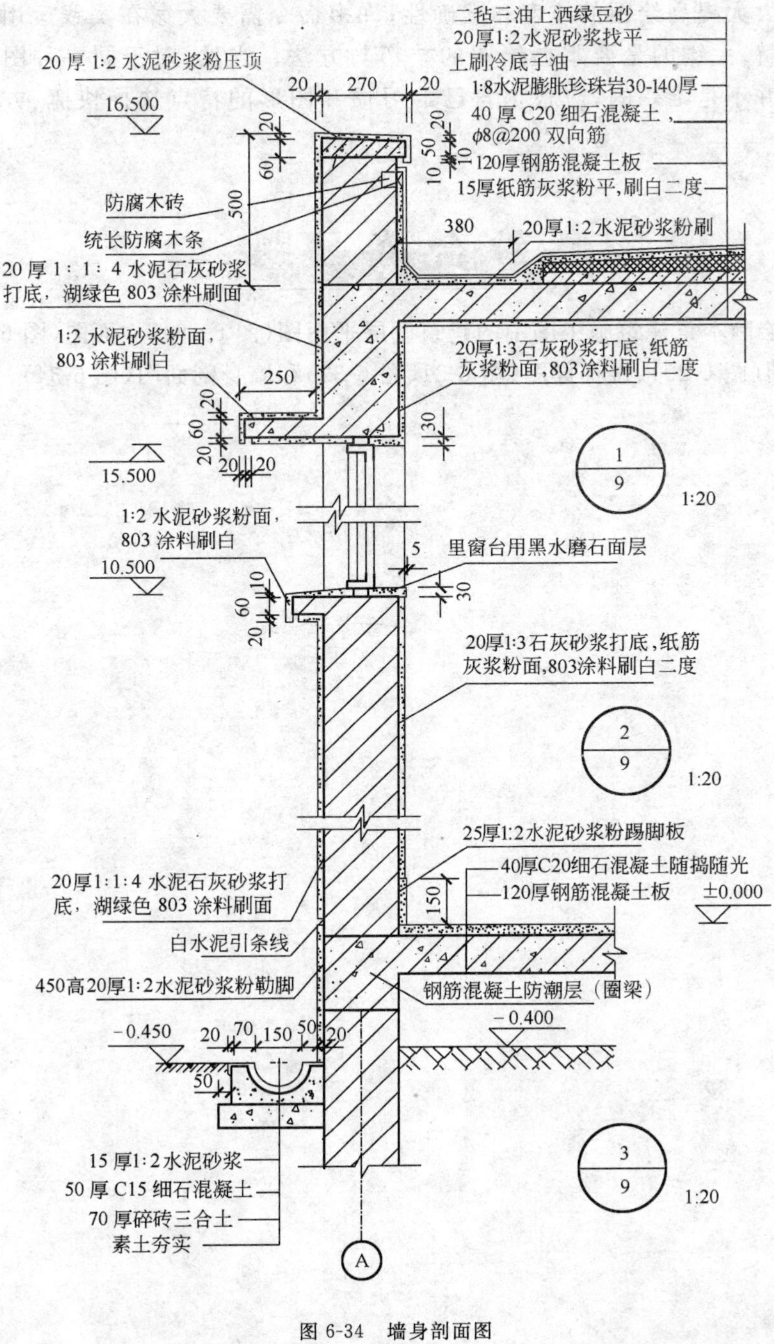

二毡三油上洒绿豆砂
20厚1:2水泥砂浆找平
上刷冷底子油
1:8水泥膨胀珍珠岩30-140厚
40厚C20细石混凝土，
ϕ8@200双向筋
120厚钢筋混凝土板
15厚纸筋灰浆粉平，刷白二度

20厚1:2水泥砂浆粉压顶
16.500
20 270 20
20 60 500 20 10 50 10
防腐木砖
统长防腐木条
380
20厚1:2水泥砂浆粉刷
20厚1:1:4水泥石灰砂浆打底，湖绿色803涂料刷面
1:2水泥砂浆粉面，803涂料刷白
20厚1:3石灰砂浆打底，纸筋灰浆粉面，803涂料刷白二度
250
20 60 20 30
15.500
20 20
1/9 1:20

1:2水泥砂浆粉面，803涂料刷白
5 里窗台用黑水磨石面层
10.500
10 60 20 30
20厚1:3石灰砂浆打底，纸筋灰浆粉面，803涂料刷白二度

191

2/9 1:20

25厚1:2水泥砂浆粉踢脚板
40厚C20细石混凝土随捣随光
120厚钢筋混凝土板
150
±0.000
20厚1:1:4水泥石灰砂浆打底，湖绿色803涂料刷面
白水泥引条线
450高20厚1:2水泥砂浆粉勒脚
钢筋混凝土防潮层（圈梁）
−0.400
−0.450
20 70 150 50 20
50
15厚1:2水泥砂浆
50厚C15细石混凝土
70厚碎砖三合土
素土夯实
A

3/9 1:20

图 6-34 墙身剖面图

这样能大大提高绘图的速度和准确性；许多命令需要大家在实践运用中去体会和理解，关键的是要掌握绘图的技巧与方法。当然，对于同一种图形的绘制方法并不是唯一的，应根据自己的习惯和图形的特点选择快捷、方便的方法。

综合练习题

1.绘制本章建筑施工图中的建筑底层平面图(图 6-16)、立面图(图 6-22)、1-1 剖面图(图 6-29)、楼梯详图(图 6-31、图 6-32)和墙身剖面图(图 6-34)。

第七章 专业绘图软件的介绍

【职业能力目标】

通过学习本章知识学生应能在CAD知识的基础上利用天正建筑软件进行建筑施工图的绘制。

【知识目标】

了解建筑绘图软件绘制施工图的优点,学习天正建筑绘图软件绘制施工图的方法。

【学习要求】

1. 了解天正建筑软件。
2. 掌握用天正建筑软件绘制建筑施工图的方法。

第一节 天正建筑软件简介

TArch是北京天正公司在AutoCAD平台上开发的建筑设计专业软件,随着CAD版本的不断提升,天正建筑软件也在不断优化、改革,其绘制建筑施工图的能力越来越强大。本节将以TArch7.0为例,介绍建筑施工图的绘制方法。

 天正建筑软件图形界面与建筑设计流程

(一)天正的图形界面

天正的图形界面如图7-1所示。

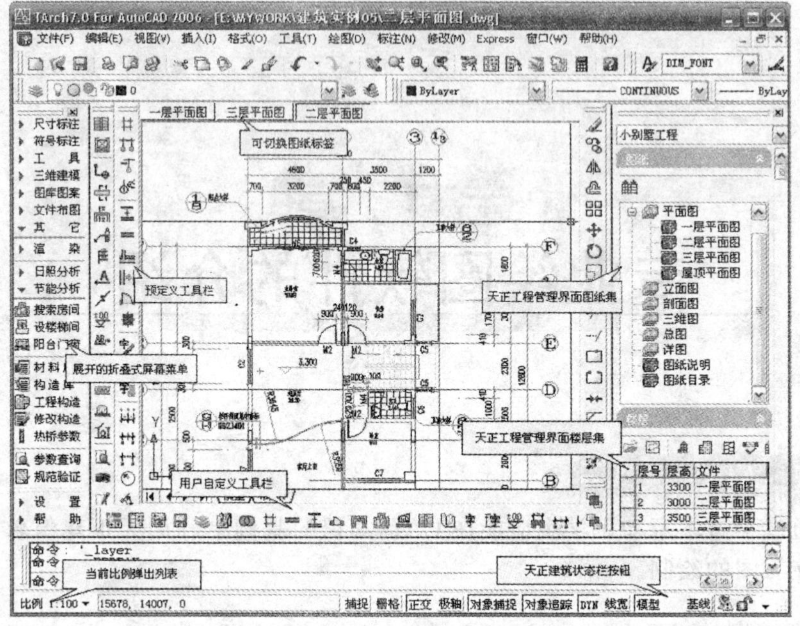

图 7-1　TArch 图形界面

TArch7.0 的主要功能都列在“折叠式”三级结构的屏幕菜单上，上一级菜单可以单击展开下一级菜单，同级菜单互相关联，展开另外一个同级菜单时，原来展开的菜单自动合拢。二到三级菜单项是天正建筑的可执行命令或者开关项，当光标移到菜单项上时，AutoCAD 的状态行会出现该菜单项功能的简短提示。有些菜单项无法完全在屏幕可见，为此可用鼠标滚轮上下滚动菜单快速选取当前不可见的项目。

视口（Viewport）有模型视口和图纸视口之分，模型视口在模型空间创建，图纸视口在图纸空间中创建。天正提供了视口的快捷控制（图 7-2）：

1. 新建视口：当光标移到当前视口的 4 个边界时，光标形状发生变化，此时开始拖动，就可以新建视口。

2. 改视口大小：当光标移到视口边界或角点时，光标的形状会发生变化，此时，按住鼠标左键进行拖动，可以更改视口的尺寸，如不需改变边界重合的其他视口，可在拖动时按住【Ctrl】或【Shift】键。

3. 删除视口：更改视口的大小，使它某个方向的边发生重合（或接近重合），此时视口自动被删除。

拖动边界
拖动边界
生成两个视口
生成四个视口
放大当前右下角视口

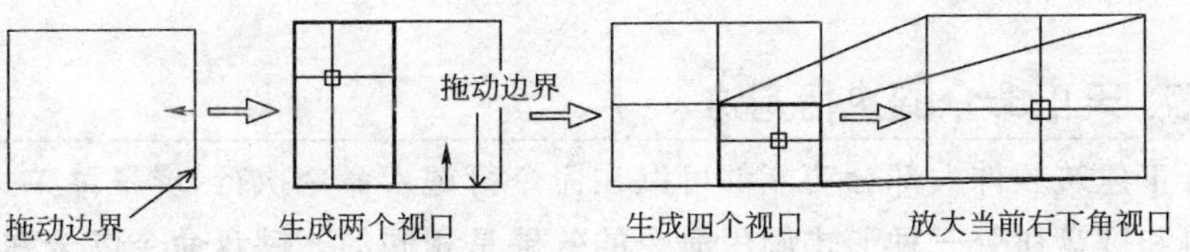

图 7-2　视口的快捷控制

(二)建筑设计流程

建筑设计流程如图 7-3 所示。

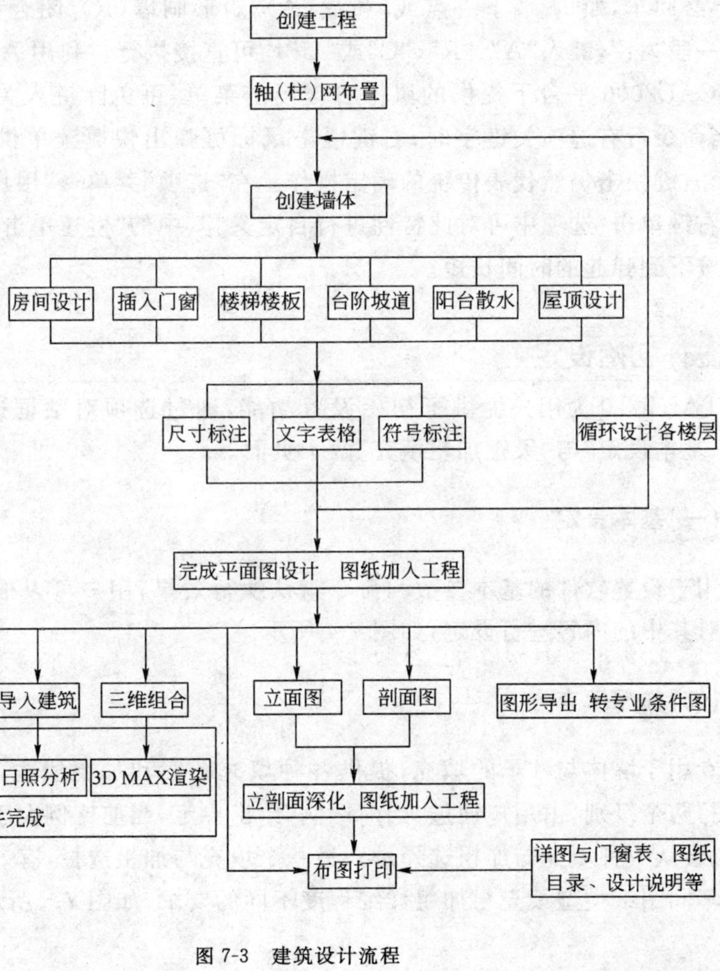

创建工程
轴(柱)网布置
创建墙体
房间设计
插入门窗
楼梯楼板
台阶坡道
阳台散水
屋顶设计
尺寸标注
文字表格
符号标注
循环设计各楼层
完成平面图设计　图纸加入工程
规范验证
导入建筑
三维组合
节能分析
日照分析
3D MAX渲染
使用专业软件完成
立面图
剖面图
立剖面深化　图纸加入工程
图形导出　转专业条件图
布图打印
详图与门窗表、图纸
目录、设计说明等

图 7-3　建筑设计流程

二 天正命令的执行方法

天正建筑软件大部分功能都可以在命令行键入命令执行，屏幕菜单、右键快捷菜单和键盘命令三种形式调用命令的效果是相同的。键盘命令以全称简化的方式提供，如“双线直墙”菜单项对应的键盘简化命令为“SXZQ”，采用汉字拼音的第一个字母组成。少数功能只能菜单点取，不能从命令行键入，如状态开关或者保留的 lisp 命令。

TArch7.0 的命令格式与 AutoCAD 相同，但选项改为快捷键直接执行的方式，不必回车，如“直墙下一点或[弧墙(A)/矩形画墙(R)/闭合(C)/回退(U)]<另一段>:”，键入“A”、“R”、“C”或“U”均可直接执行。利用 AutoCAD2004～AutoCAD2006 平台下提供的鼠标右键慢击菜单，可免除键入关键字的键盘操作；当命令行有选项关键字时，右键慢击鼠标可弹出快捷菜单供用户选择关键字，而右键快击仍然代表传统的确定操作。在“选项”菜单→“用户系统配置”“自定义右键单击”选项中可对此特性进行自定义，其中的“慢速单击期限”指的是右键从按下到弹起的时间长短。

三 初始设定

TArch7.0 为用户提供了初始设置功能，通过选项对话框进行设置，分为“天正基本设定”与“天正加粗填充”两个页面。

(一)基本设定

用于设置软件的基本参数和命令默认执行效果，用户可以根据工程的实际要求对其中的内容进行设定，如图 7-4 所示。

(二)加粗填充

专用于墙体与柱子的填充，提供各种填充图案和加粗线宽，并有“标准”和“详图”两个级别，由用户通过“当前比例”给出界定，当前比例大于设置的比例界限，就会从一种填充与加粗选择进入另一个填充与加粗选择，有效地满足了施工图中不同图纸类型填充与加粗详细程度不同的要求，如图 7-5 所示。

文件 | 显示 | 打开和保存 | 打印 | 系统 | 用户系统配置 | 草图 | 选择 | 配置 | 天正基本设定

图形设置
当前比例：100
当前层高(mm)：3000
显示模式：○2D ○3D ⊙自动
楼梯：⊙双剖断 ○单剖断
☑门窗编号大写

尺寸、坐标标注设置
直线标注：⊙粗线 ○细线 ○圆点
角度标注：⊙标准箭头 ○圆点
单位换算(仅适用于尺寸和坐标标注)
绘图单位 标注单位
mm mm

界面设置
☑快捷菜单：⊙右键 ○Ctrl+右键
☑显示天正屏幕菜单(Ctrl +)
☐启用放大缩小热键(TAB/~)
☑启用文档标签(Ctrl -)
☑选择预览(如光标移动有滞后感，关闭此选项)

其它设置
☐启动时自动加载最近使用的工程环境
☐动态拖动时使用模数(Shift+F12)
墙体：300 门窗：10
虚拟漫游距离步长：1000 角度步长：5.00
三维分解方法：⊙面模型 ○ACIS实体模型
分弧精度：4

图 7-4 “基本设定”选项卡

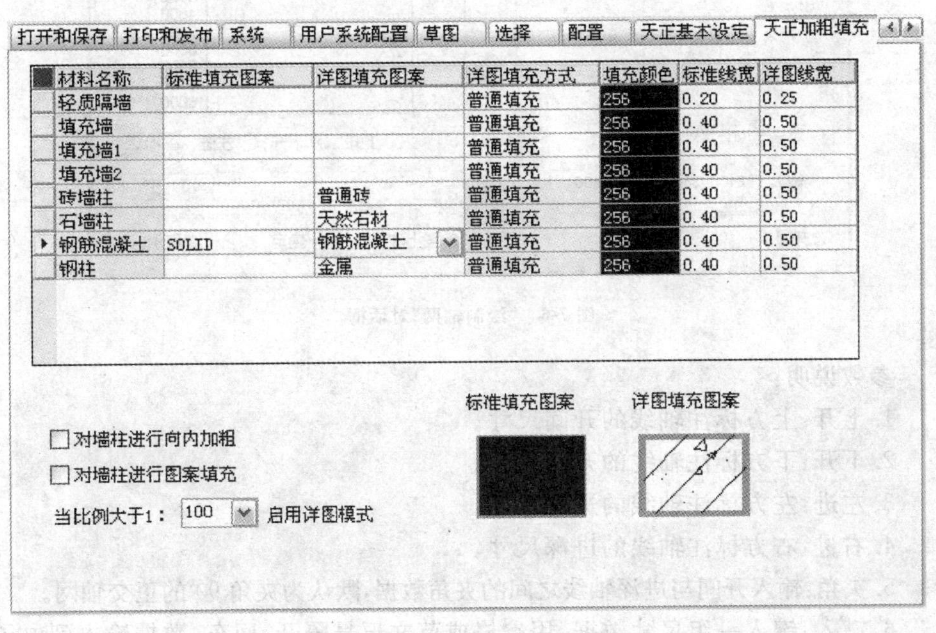

材料名称	标准填充图案	详图填充图案	详图填充方式	填充颜色	标准线宽	详图线宽
轻质隔墙			普通填充	256	0.20	0.25
填充墙			普通填充	256	0.40	0.50
填充墙1			普通填充	256	0.40	0.50
填充墙2			普通填充	256	0.40	0.50
砖墙柱		普通砖	普通填充	256	0.40	0.50
石墙柱		天然石材	普通填充	256	0.40	0.50
钢筋混凝土	SOLID	钢筋混凝土	普通填充	256	0.40	0.50
钢柱		金属	普通填充	256	0.40	0.50

图 7-5 “加粗填充”选项卡

第二节　建筑平面图的绘制

建立轴网

选择“轴网柱子”菜单→“绘制轴网”命令后，显示“绘制轴网”对话框，在对话框右侧选择数据，输入开间间距、进深间距，如图7-6所示。如果数据不一致，可以点击电子表格“轴间距”或“键入”栏中的数据进行修改。修改完成后单击“确定”按钮，在绘图区单击鼠标左键，生成轴网。

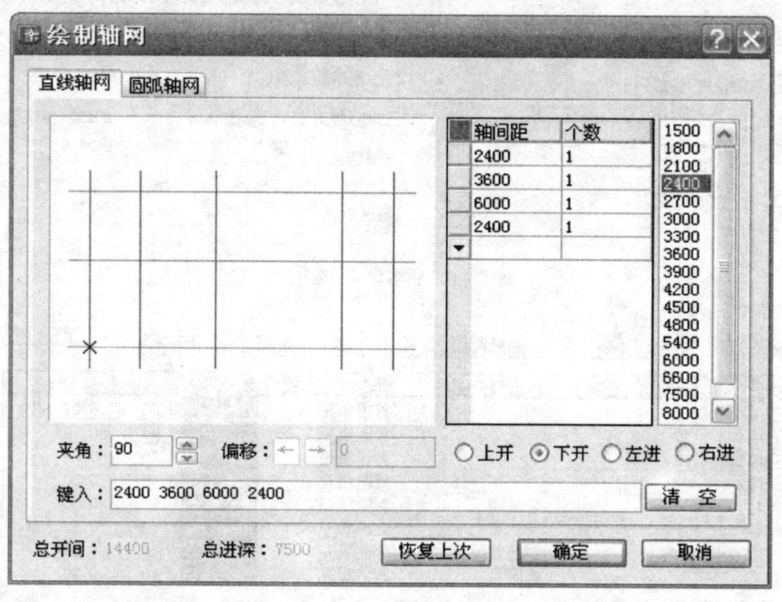

图7-6　“绘制轴网”对话框

参数说明：

1. 上开：上方标注轴线的开间尺寸。
2. 下开：下方标注轴线的开间尺寸。
3. 左进：左方标注轴线的进深尺寸。
4. 右进：右方标注轴线的进深尺寸。
5. 夹角：输入开间与进深轴线之间的夹角数据，默认为夹角90°的正交轴网。
6. 键入：键入一组尺寸数据，用空格或英文逗号隔开，回车，数据输入到电子表格中。

(一)轴网标注

选择“轴网柱子”菜单→“轴网标注”命令,或点取“两点轴标”(轴线右键菜单)命令,在绘图区出现“轴网标注”对话框,如图 7-7 所示。在“轴网标注”对话框里的“轴号标注”和“尺寸标注”区中,选择“标注双侧轴号”和“标注双侧尺寸”选项进行标注。

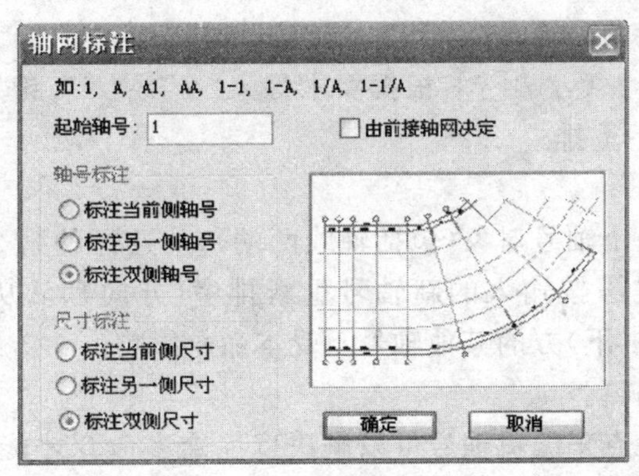

图 7-7 “轴网标注”对话框

【提示】 “两点轴标”标注时选取起始轴和结束轴的原则是先左后右、先下后上。

(二)轴号的编辑

1. 添补轴号。

在矩形、弧形、圆形轴网中对新增轴线添加轴号,新添轴号成为原有轴网轴号对象的一部分,但不会生成轴线,也不会更新尺寸标注,适合为以其他方式增添或修改轴线后进行的轴号标注。

单击“添补轴号”菜单命令后,命令交互如下:

请选择轴号对象＜退出＞:点取与新轴号相邻的已有轴号对象,不要点取原有轴线。

请点取新轴号的位置或{参考点[R]}＜退出＞:光标位于新增轴号的一侧正交同时键入轴间距。

新增轴号是否双侧标注?(y/n)[y]:根据要求键入“Y”或“N”,键入“Y”时两端标注轴号。

新增轴号是否为附加轴号?(y/n)[n]:根据要求键入“Y”或“N”,键入“N”

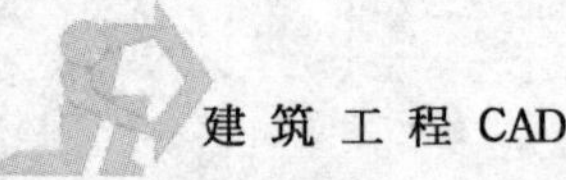

时其他轴号重排,键入“Y”时不重排。

2.删除轴号。

用于在平面图中删除个别不需要轴号的情况,被删除轴号两侧的尺寸应并为一个尺寸,并可根据需要决定是否调整轴号。

单击“删除轴号”菜单命令后,命令如下:

请框选轴号对象<退出>:使用窗选方式选取多个需要删除的轴号。

请框选轴号对象<退出>:回车,退出选取状态。

是否重排轴号?(y/n)[y]:根据要求键入“Y”或“N”,键入“Y”时其他轴号重排,键入“N”时不重排。

3.重排轴号。

将所选择的一个轴号对象(包括轴线两端),从选择的某个轴号位置开始对轴网的开间或者进深按输入的新轴号重新排序(方向默认从左到右或从下到上),在此新轴号左(下)方的其他轴号不受本命令影响。

4.轴号夹点编辑。

用鼠标拖拽夹点来编辑轴号可以解决以前众多命令才能解决的问题,如轴号的外偏与恢复、成组轴号的相对偏移,都可直接拖动完成。对象每个夹点的用途均在光标靠近时出现提示,夹点预设功能如图 7-8 所示,其中轴号的横移与两侧号圈一致,而纵移则仅对单侧号圈有效。

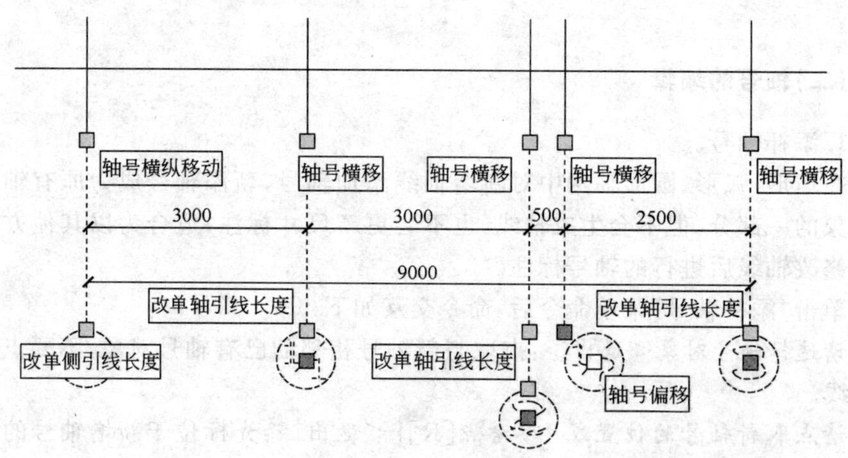

图 7-8　轴号夹点编辑

5.轴号在位编辑。

使用在位编辑来修改轴号,光标在轴号对象范围内,然后双击轴号文字,即可进入在位编辑状态，在轴号上出现编辑框。如果要关联修改后续的多个编号，右击出现快捷菜单，在其中单击“重排轴号”命令即可完成轴号排序，否则只修改当前编号，如图 7-9 所示。

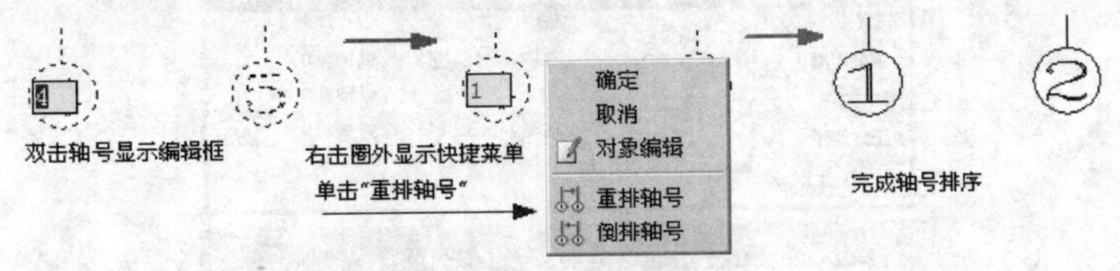

图 7-9　轴号在位编辑

二 绘制墙体

选择“墙体”菜单→“绘制墙体”命令，在弹出的“绘制墙体”对话框中选取要绘制墙体的左右墙宽组数据，选择一个合适的墙基线方向，然后单击下方工具栏图标，在“直墙”、“弧墙”、“矩形布置”3 种绘制方式中选择其中之一，进入绘制墙体，如图7-10所示。

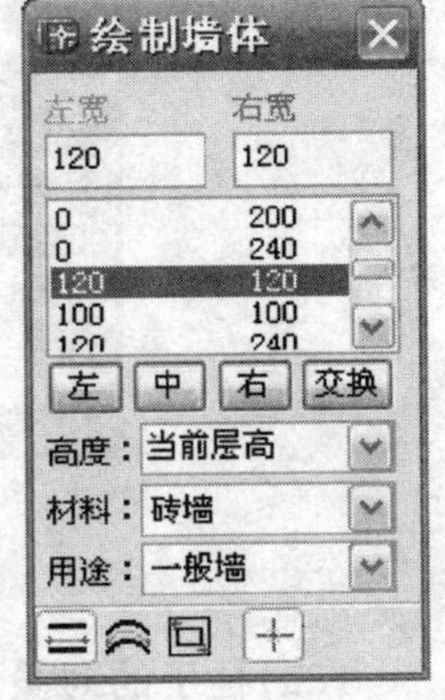

图 7-10　“绘制墙体”对话框

【提示 1】　墙宽参数包括“左宽”、“右宽”两个，其中墙体的左、右宽度，指沿墙体定位点顺序，基线左侧和右侧部分的宽度，对于矩形布置方式，则分别对应基线内侧宽度和基线外侧的宽度，对话框相应提示改为“内宽”、“外宽”。其中“左宽(内宽)”、“右宽(外宽)”可以是正数或负数，也可以为零。

【提示 2】　墙基线的位置设“左”、“中”、“右”、“交换”4 种控制，“左”、“右”是计算当前墙体总宽后，全部左偏或右偏的设置，例如当前墙宽组为“120、240”，单击“左”按钮后即可改为“360、0”，“中”是当前墙体总宽居中设置，上例单击“中”按钮后即可改为“180、180”，“交换”就是把当前左右墙厚交换方向，把上例数据改为“240、120”。

插入柱子

(一)标准柱

在轴线的交点或任何位置插入矩形柱、圆柱或正多边形柱，单击“轴网柱子”

菜单→"标准柱"命令，出现图 7-11 所示"标准柱"对话框，选择柱子的类型，设置好参数后，点击"确定"按钮，在屏幕上点击即可。

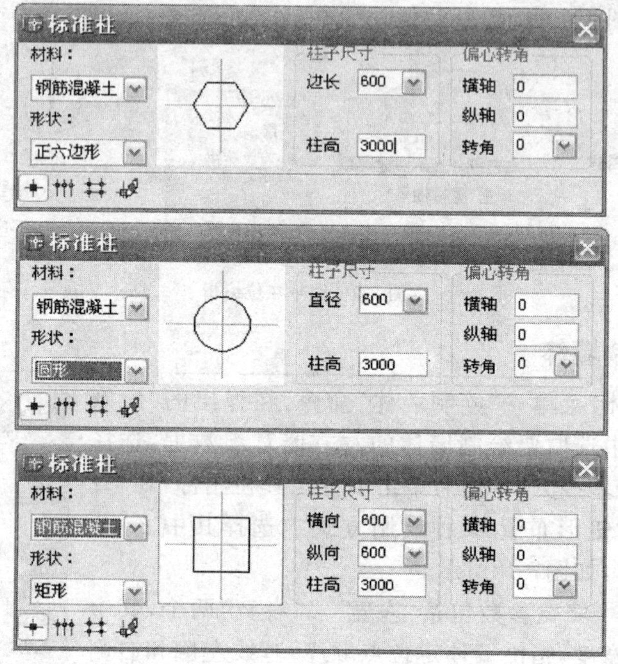

图 7-11 "标准柱"对话框

(二)柱子的对象编辑

1. 替换柱子。

双击要替换的柱子，即可显示出"对象编辑"对话框，与"标准柱"对话框类似，如图 7-12 所示。修改参数后，单击"确定"按钮即可更新所选的柱子。

图 7-12 "对象编辑"对话框

2.柱齐墙边。

此命令将柱子边与指定墙边对齐,可一次选多个柱子一起完成墙边对齐,条件是各柱都在同一墙段,且对齐方向的柱子尺寸相同,如图 7-13 所示。选择“轴网柱子”菜单→“柱齐墙边”命令,命令行提示:

请点取墙边<退出>:取作为柱子对齐基准的墙边。

选择对齐方式相同的多个柱子<退出>:选择多个柱子。

选择对齐方式相同的多个柱子<退出>:回车,结束选择。

请点取柱边<退出>:点取这些柱子的对齐边。

请点取墙边<退出>:重选作为柱子对齐基准的其他墙边或者回车退出命令。

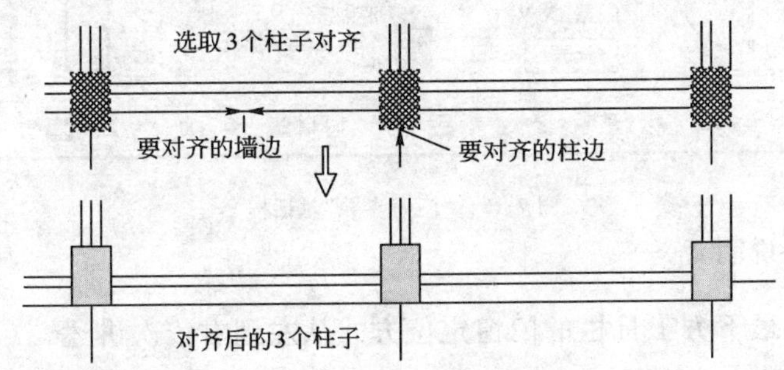

图 7-13 柱齐墙边

(三)构造柱

点取“轴网柱子”菜单→“构造柱”命令后,弹出如图 7-14 所示的对话框。命令行提示:

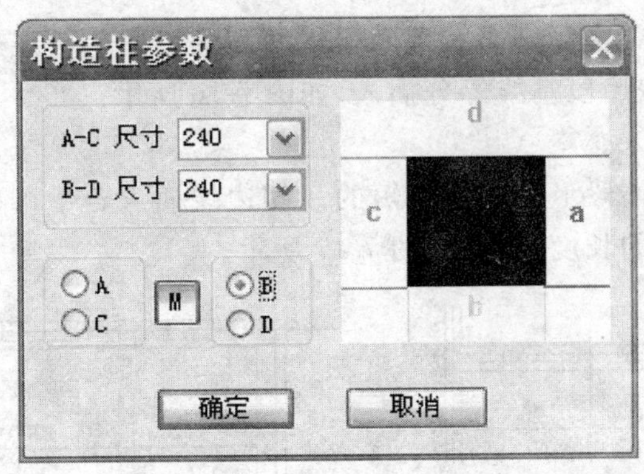

图 7-14 “构造柱参数”对话框

请选取墙角或[参考点(R)]<退出>:点取要创建构造柱的墙角或墙中任意位置,也可键入“R”定位。

参数输入完毕后,点击“确定”按钮,所选构造柱即插入图中;如修改长度与宽度可通过夹点拖动调整完成。

四 门窗

选择“门窗”→“门窗”菜单后,显示如图7-15所示“门窗参数”对话框。

图7-15 “门窗参数”对话框

(一)参数说明

按对话框最下方工具栏的门窗定位方式从左到右依次讲述。

1.自由插入。

可在墙段的任意位置插入,速度快但不易准确定位,通常用在方案设计阶段。

2.顺序插入。

以距离点取位置较近的墙边端点或基线端点为起点,按给定距离插入选定的门窗。

3.轴线等分插入。

将一个或多个门窗等分插入到两根轴线间的墙段等分线中间,如果墙段内没有轴线,则该侧按墙段基线等分插入,如图7-16所示。

4.墙段等分插入。

此命令在一个墙段上按墙体较短的一侧边线插入若干个门窗,按墙段等分使各门窗之间墙垛的长度相等,如图7-17所示。

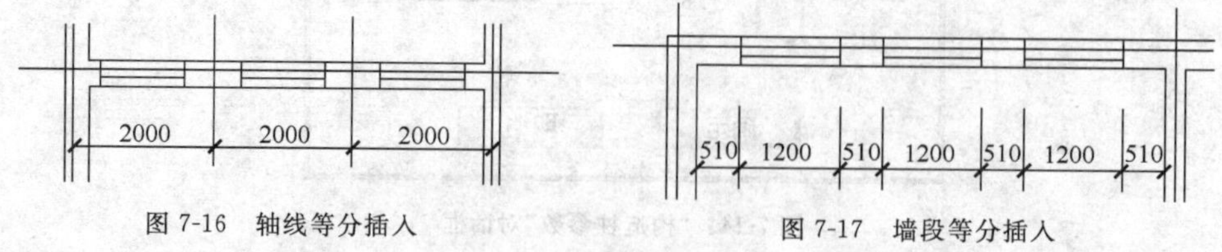

图7-16 轴线等分插入　　图7-17 墙段等分插入

5.垛宽定距插入。

系统选取距点取位置最近的墙边线顶点作为参考点，按指定垛宽距离插入门窗。此命令特别适合插入室内门，如设置垛宽240，在靠近墙角左侧插入门。

6.轴线定距插入。

与垛宽定距插入相似，系统自动搜索距离点取位置最近的轴线与墙体的交点，将该点作为参考位置按预定距离插入门窗。

7.按角度定位插入。

此命令专用于弧墙插入门窗，按给定角度在弧墙上插入直线型门窗。

8.满墙插入。

门窗在门窗宽度方向上完全充满一段墙，使用这种方式时，门窗宽度参数由系统自动确定。

9.插入上层门窗。

在同一个墙体已有的门窗上方再加一个宽度相同、高度不同的窗，这种情况常常出现在高大的厂房外墙中。

10.门窗替换。

此命令用于批量修改门窗，包括门窗类型之间的转换。用对话框内的当前参数作为目标参数，替换图中已经插入的门窗。单击“替换”按钮，对话框右侧出现参数过滤开关。

11.组合门窗。

选择“门窗”→“组合门窗”菜单后，命令行提示：

选择需要组合的门窗和编号文字：选择要组合的第一个门窗。

选择需要组合的门窗和编号文字：选择要组合的第二个门窗。

选择需要组合的门窗和编号文字：选择要组合的第三个门窗。

选择需要组合的门窗和编号文字：回车，结束选择。

输入编号：键入组合门窗编号“MC-1”，更新这些门窗为组合门窗，如图7-18所示。

12.转角窗。

点取菜单命令后，显示如图7-19所示对话框，按设计要求选择转角窗的3种类型：角窗、角凸窗与落地的角凸窗。

如选择转角窗类型后，在对话框中输入其他转角窗参数，命令行提示：

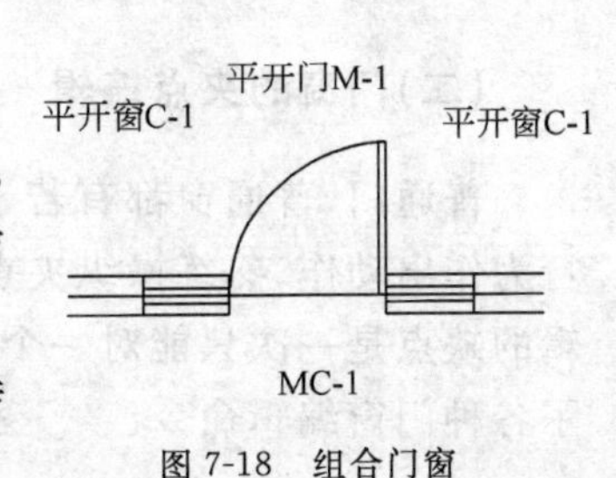

图7-18　组合门窗

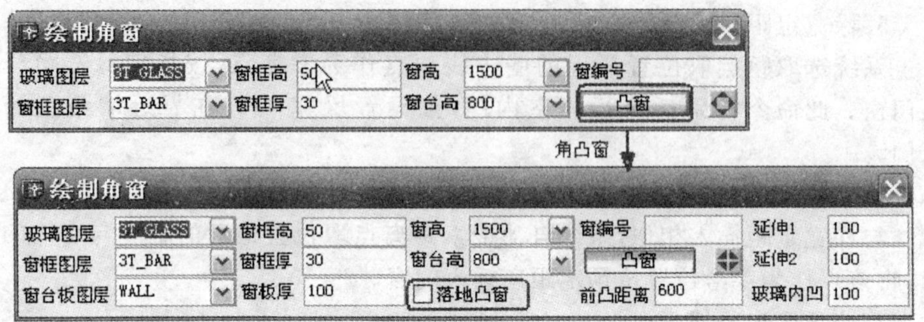

图 7-19 “绘制角窗”对话框

请选取墙内角＜退出＞:点取转角窗所在墙内角,窗长从内角起算。

转角距离 1＜1000＞:当前墙段变虚,输入从内角计算的窗长“2000”。

转角距离 2＜1000＞:另一墙段变虚,输入从内角计算的窗长“1200”。

请选取墙内角＜退出＞:执行本命令绘制角窗,回车则退出命令。

在侧面碰墙、碰柱时角凸窗的侧面玻璃会自动被墙或柱对象遮挡,如图7-20所示;特性表中可设置转角窗“作为洞口”处理;玻璃分格的三维效果应使用“窗棂展开”与“窗棂映射”命令处理。

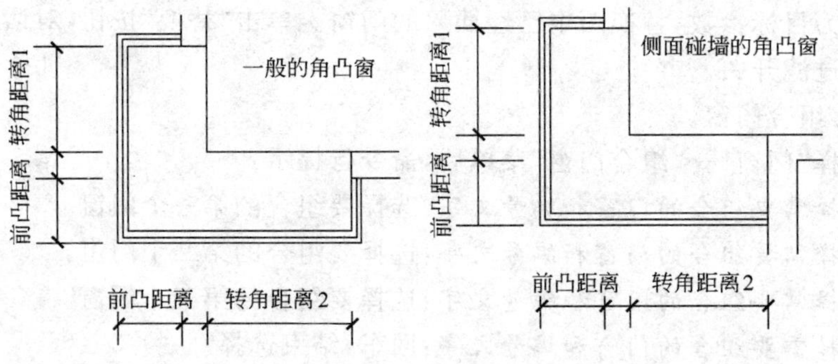

图 7-20 转角窗

(二)门窗的夹点编辑

普通门、普通窗都有若干个预设好的夹点,拖动夹点时门窗对象会按预设的行为作出动作,熟练操纵夹点进行编辑是用户应该掌握的高效编辑手段,夹点编辑的缺点是一次只能对一个对象操作,而不能一次更新多个对象,为此系统提供了各种门窗编辑命令。

门窗对象的夹点功能如图 7-21 所示。需要指出的是，部分夹点需用【Ctrl】键来进行功能切换。

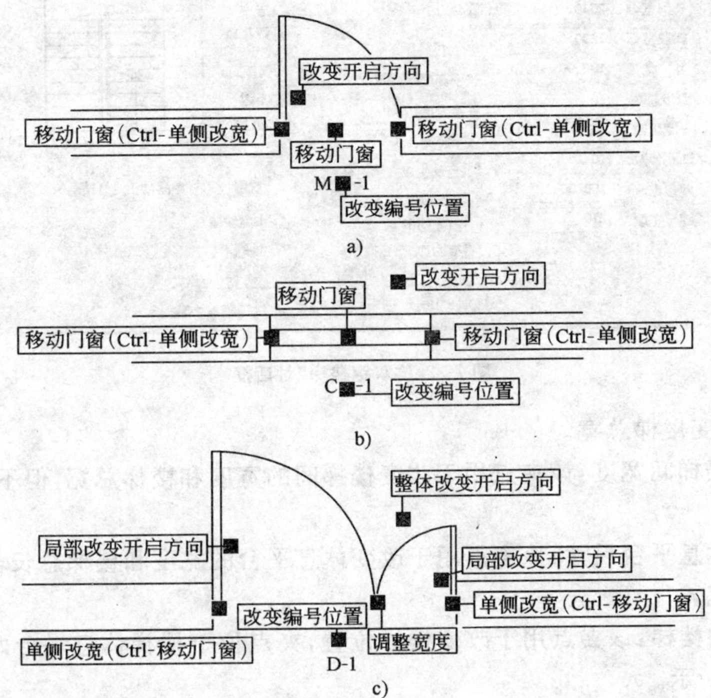

图 7-21 门窗的夹点功能

a)普通门的夹点功能；b)普通窗的夹点功能；c)组合门窗的夹点功能

五 楼梯

(一)绘制双跑楼梯

选择“楼梯其他”菜单→“双跑楼梯”命令后，显示如图 7-22 所示对话框。在确定楼梯参数和类型后，单击“确定”按钮，命令行提示：

点取位置或{转 90 度[A]/左右翻转[S]/上下翻转[D]/改转角[R]/改基点[T]}<退出>：键入关键字改变选项，给点插入楼梯。

(二)梯段夹点的功能

1. 改梯段宽度：该夹点用于改变楼梯双侧的净梯段宽，同时改变楼梯间的宽

矩形双跑梯段

楼梯参数
楼梯高度: 3000
梯间宽< 2560
梯段宽< 1230
井 宽: 100.00
踏步总数: 20
一跑步数: 10
二跑步数: 10
踏步高度: 150.00
踏步宽度: 270

休息平台
矩形 弧形 无
宽度: 1200

扶手边梁
扶手高度: 900
扶手宽度: 60
扶手距边: 0
自动生成内侧栏杆
有外侧扶手
有左边梁
有右边梁

踏步取齐
齐平台
居中
齐楼板

上楼位置
左边
右边

层类型
首层 中间层 顶层
作为坡道
加防滑条 落地

确定 取消

图 7-22 “双跑楼梯”对话框

度，但不改变楼梯总宽。

2. 改楼梯间宽度：该夹点用于改变楼梯间的宽度和楼梯总宽，但不改变梯段的宽度。

3. 改休息平台尺寸：该夹点用于改变休息平台的宽度和楼梯总长，但不改变楼梯的总宽。

4. 移动楼梯：该夹点用于改变楼梯位置，夹点位于楼梯休息平台两个角点，如图 7-23 所示。

(三)添加扶手

本命令可以以楼梯段或沿上楼方向的 PLINE 路径为基线，生成楼梯扶手。绘制扶手之前，先用 CAD 的 PLINE 命令沿上楼方向绘制直线或曲线作为路径，然后选择“楼梯其他”菜单→“添加扶手”命令，命令行提示：

请选择梯段或作为路径的曲线(线/弧/圆/多段线)：选取梯段或已有曲线。

扶手宽度＜60＞：键入新值或回车接受默认值。

扶手顶面高度＜900＞：键入新值或回车接受默认值。

扶手距边＜0＞：键入新值或回车接受默认值。

双击创建的扶手可进入对话框进行扶手的编辑，如图 7-24 所示。

选择“楼梯其他”菜单→“连接扶手”命令后，命令行提示：

选择待连接的扶手(注意与顶点顺序一致)：选取待连接的第一段扶手。

选择待连接的扶手(注意与顶点顺序一致)：选取待连接的第二段扶手。

回车后两段楼梯扶手即被连接起来。

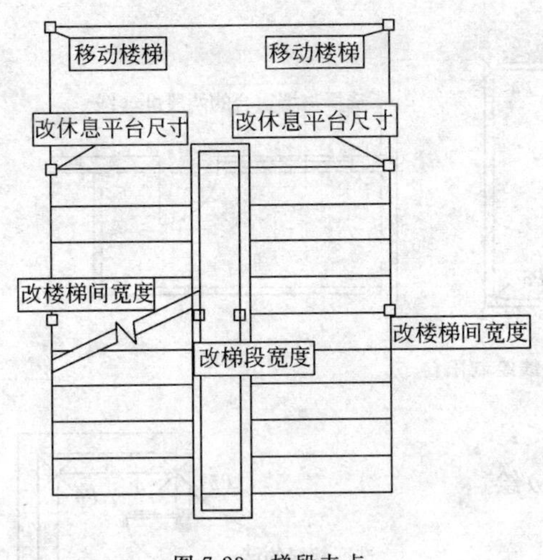

图 7-23 梯段夹点

图 7-24 “扶手”对话框

六 阳台、台阶及散水

(一)直线绘制阳台

点取“楼梯其他”→“阳台”命令直接绘制阳台。

适用于绘制直线阳台、转角阳台、阴角阳台、凹阳台和其他阳台。点取菜单命令后,命令行提示:

阳台轮廓线的起点或[点取图中曲线(P)/点取参考点(R)]<退出>:点取阳台侧栏板与墙外皮交点作为阳台起点。

直段下一点[弧段(A)/回退(U)]<结束>:点取阳台经过的外墙角点,弧线阳台键入“A”。

最后点取侧栏板与墙外皮的交点作为阳台终点,回车结束,命令行继续提示:

选择所邻接的墙(或窗)柱:回车或选取与阳台连接的墙或窗,如空回车则接着出现下一行提示。

是否认为两端点接邻一段直墙?(Y/N)[Y]:回车接受或键入“N”取消命令,如图 7-25 所示。

(二)台阶

直接绘制,默认定义一个区域作为平台绘制,命令行提示:

台阶平台轮廓线的起点或[点取图中曲线(P)/点取参考点(R)]<退出>:给点 $P1$(图 7-26)绘制台阶平台。

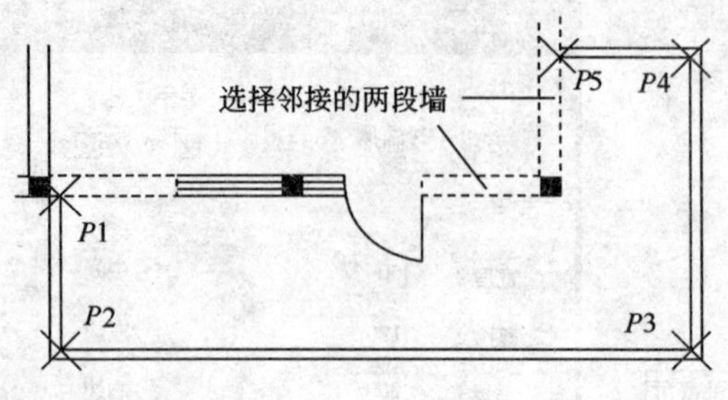

图 7-25　直线绘制阳台

直段下一点[弧段(A)/回退(U)]＜结束＞：直接点取各顶点 $P2 \sim P5$(图 7-26)绘制台阶平台。

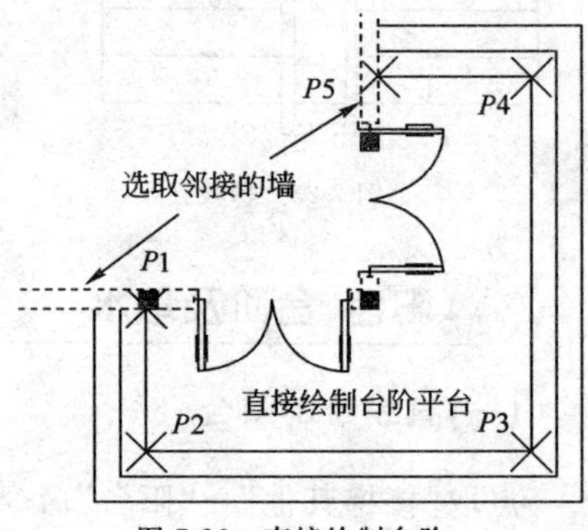

图 7-26　直接绘制台阶

直段下一点[弧段(A)/回退(U)]＜结束＞：回车，结束绘制。

请选择邻接的墙(或门窗)和柱：点取邻接墙，在此共 2 段。

请点取没有踏步的边：虚线显示该边已选，回车结束，显示“台阶”对话框。

完成的图形如图 7-26 所示。

(三)散水

选择“楼梯其他”菜单→“散水”命令后，显示“散水”对话框，如图 7-27 所示，命令行提示：

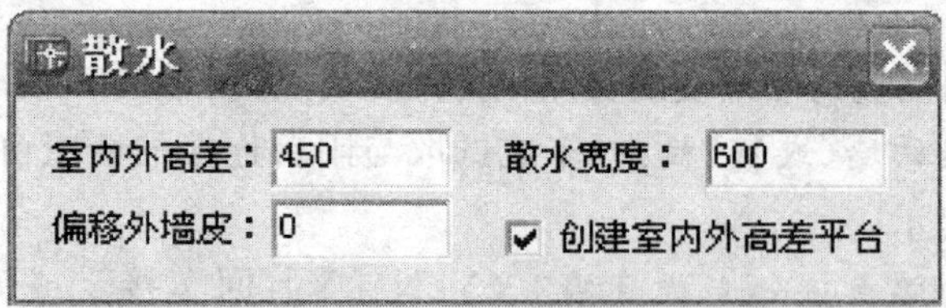

图 7-27　“散水”对话框

请选择构成一完整建筑物的所有墙体(或门窗)：全选墙体后按对话框要求生成散水与勒脚、室内地面。

双击散水对象，进入对象编辑的命令行选项：

[加顶点(A)/减顶点(D)/设置顶点(S)/截面显示(W)/改截面(H)/关闭二

维(G)]/<退出>:键入“A”,添加顶点。

点取新的顶点位置或[参考点(R)]<退出>:在图上通过捕捉给出准确的新顶点位置,回车结束编辑。

七 门窗尺寸标注

本命令适合标注建筑平面图的门窗尺寸,有两种使用方式:

1. 在平面图中参照轴网标注的第一、二道尺寸线,自动标注直墙和圆弧墙上的门窗尺寸,生成第三道尺寸线。

2. 在没有轴网标注的第一、二道尺寸线时,在用户选定的位置标注出门窗尺寸线。这种标注方法适用于图形中间的细部尺寸的标注。

两种标注的具体操作如下:

1. 选择“尺寸标注”菜单→“门窗标注”命令后,命令行提示:

请用线选第一、二道尺寸线及墙体

起点<退出>:垂直于墙线方向取过第一道尺寸线与墙体的起点 $P1$。

终点<退出>:点取终点 $P2$,系统绘制出第一段墙体的门窗标注。

选择其他墙体:添加被内墙断开的其他要标注墙体,回车结束命令。如图7-28a)所示。

2. 选择“尺寸标注”菜单→“门窗标注”命令后,命令行提示:

请用线选第一、二道尺寸线及墙体

起点<退出>:点取门垛边墙体的角点 1。

终点<退出>:点取门另外一边墙体的角点 2。

选择其他墙体:回车结束命令。如图 7-28b)所示。

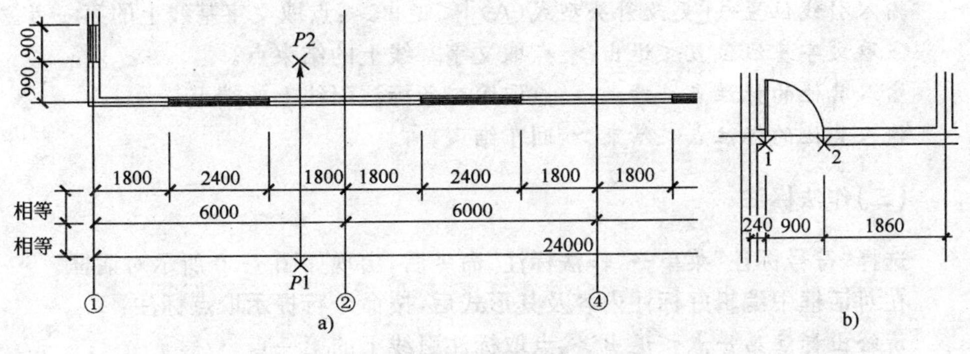

图 7-28 门窗尺寸标注

a)有第一、二道尺寸线的门窗尺寸标注;b)没有第一、二道尺寸线的门窗尺寸标注

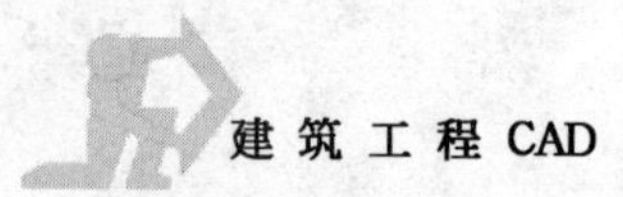

八 工程符号标注

（一）箭头引注

选择“符号标注”菜单→“箭头引注”命令后，显示如图7-29所示对话框。

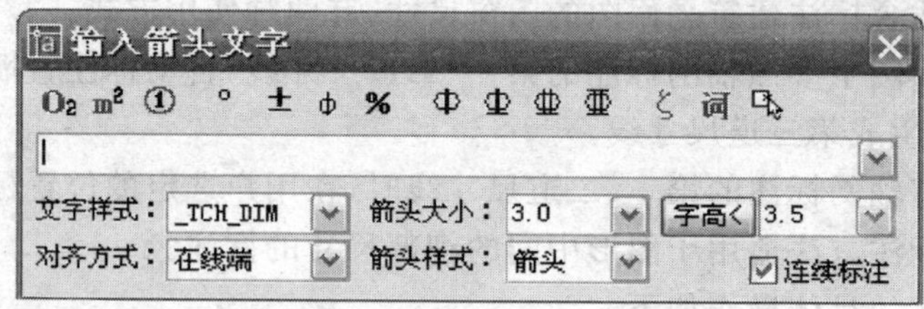

图7-29 “输入箭头文字”对话框

在对话框中输入要注写的文字，设置好参数，按命令行提示取点标注：

箭头起点或[点取图中曲线(P)/点取参考点(R)]＜退出＞：点取箭头起始点。

直段下一点[弧段(A)/回退(U)]＜结束＞：画出引线（直线或弧线）。

直段下一点[弧段(A)/回退(U)]＜结束＞：回车结束。

双击箭头引注中的文字，即可进入在位编辑框修改文字。

（二）引出标注

选择“符号标注”菜单→“引出标注”命令后，在对话框中编辑好标注内容及其形式后，按命令行提示取点标注：

请给出标注第一点＜退出＞：点取标注引线上的第一点。

输入引线位置或[更改箭头型式(A)]＜退出＞：点取文字基线上的第一点。

点取文字基线位置＜退出＞：点取文字基线上的结束点。

输入其他的标注点＜结束＞：点取第二条标注引线上的端点。

输入其他的标注点＜结束＞：回车结束。

（三）作法标注

选择“符号标注”菜单→“作法标注”命令后，出现如图7-30所示对话框。

在对话框中编辑好标注内容及其形式后，按命令行提示取点标注：

请给出标注第一点＜退出＞：点取标注引线上的第一点。

请给出标注第二点＜退出＞：点取标注引线上的转折点。

请给出文字线方向和长度＜退出＞：拉伸文字基线的末端定点。

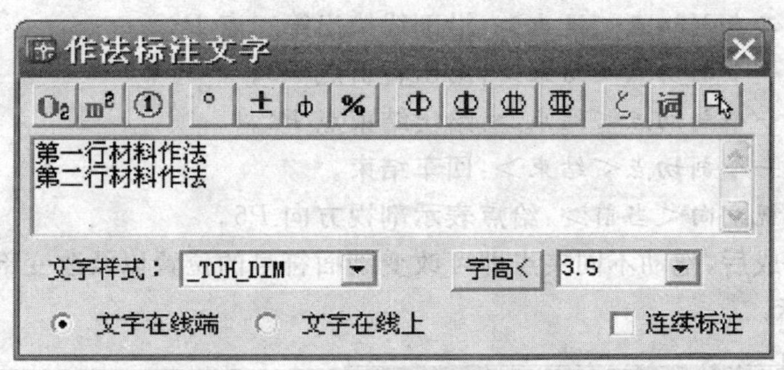

图 7-30 “作法标注文字”对话框

(四)索引符号

选择“符号标注”菜单→“索引符号”命令后，出现如图 7-31 所示对话框。

图 7-31 “索引文字”对话框

在对话框中编辑好标注内容及其形式后，按命令行提示取点标注：

请给出索引节点的位置＜退出＞：点取需索引的部分。

请给出索引节点的范围＜0.0＞：拖动圆上一点，单击以定义范围或回车不画出范围。

请给出转折点位置＜退出＞：拖动点取索引引出线的转折点。

请给出文字索引号位置＜退出＞：点取插入索引号圆圈的圆心。

(五)剖面剖切

选择“符号标注”菜单→“剖面剖切”命令后，命令行提示：

请输入剖切编号＜1＞：键入编号后回车。

点取第一个剖切点＜退出＞：给出第一点 $P1$。

点取第二个剖切点<退出>：沿剖线给出第二点 $P2$。

点取下一个剖切点<结束>：给出转折点 $P3$。

点取下一个剖切点<结束>：给出结束点 $P4$。

点取下一个剖切点<结束>：回车结束。

点取剖视方向<当前>：给点表示剖视方向 $P5$。

标注完成后，拖动不同夹点即可改变剖面符号的位置以及改变剖切方向，如图 7-32 所示。

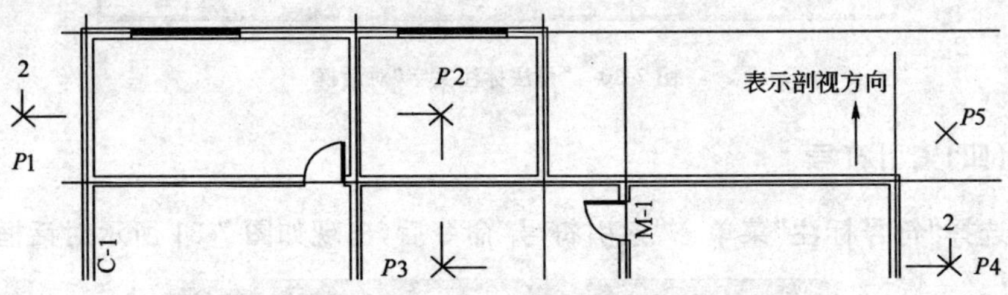

图 7-32 画剖切符号

(六)索引图名

此命令为图中被索引的详图标注索引图名，如需要标注比例要自行补充。

选择“符号标注”菜单→“索引图名”命令后，命令行提示：

请输入被索引的图号(一表示在本图内)<一>：回车或键入被索引图编号。

请输入索引编号<1>：键入索引编号。

图 7-33 所示为 2 个索引图名。索引图名对象只有一个夹点，拖动该夹点可移动索引图名。

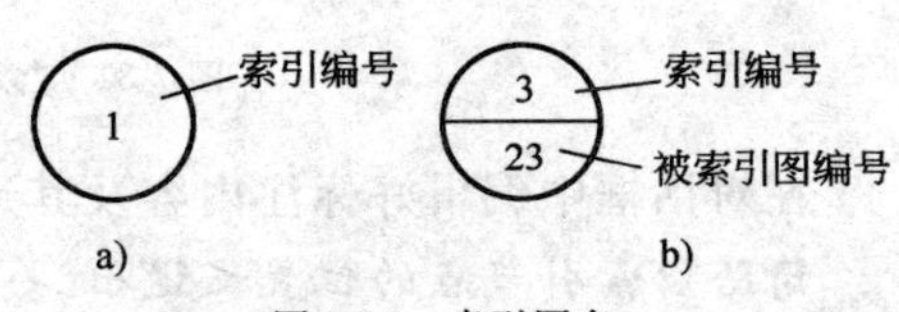

图 7-33 索引图名

a)被索引图在本图；b)被索引图在其他图

九 工程管理

本命令启动工程管理界面，建立由各楼层平面图组成的楼层集，在界面上方提供了创建立面、剖面、三维模型等图形的工具栏图标。

选择“文件布图”菜单→“工程管理”命令或键入组合键【Ctrl＋～】均可启动工程管理界面，如图 7-34 所示，再次执行可关闭该界面。

单击界面上方的下拉列表，打开工程管理菜单，其中选择工程管理命令，如图7-35所示。

(一)新建工程

选择“文件布图”菜单→“工程管理”→“新建工程”命令后，显示“另存为”对话框。输入新的工程文件名，单击“保存”按钮把新建工程保存为“工程名称.tpr”文件。

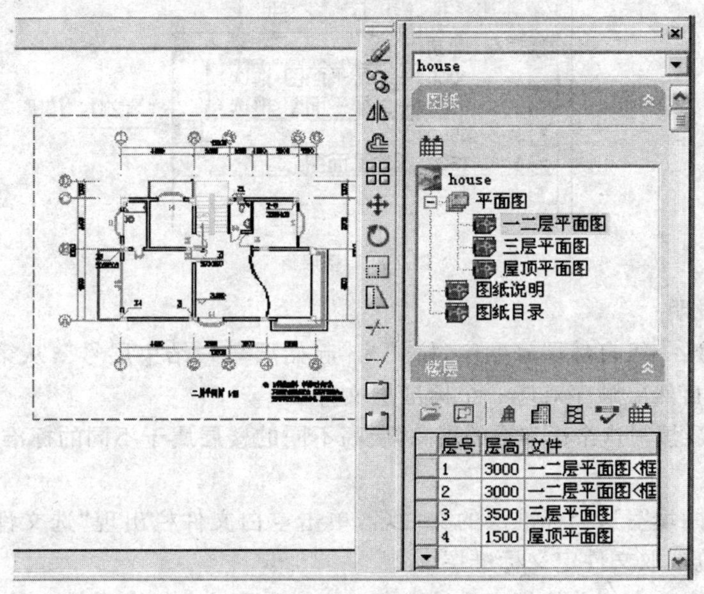

层号	层高	文件
1	3000	一二层平面图<框
2	3000	一二层平面图<框
3	3500	三层平面图
4	1500	屋顶平面图

图 7-34　工程管理界面

(二)图纸集

图纸集是用于管理属于工程的各个图形文件的，以树状列表添加图纸文件创建图纸集，它以右键菜单操作，双击图纸集树状列表中的图纸文件名称，即可打开该图纸文件的 DWG 图形；拖放树状列表中的类别或文件图标可以改变其在列表中的位置。标题上的图标为“图纸目录”命令，创建基于本工程图纸集的图纸目录。

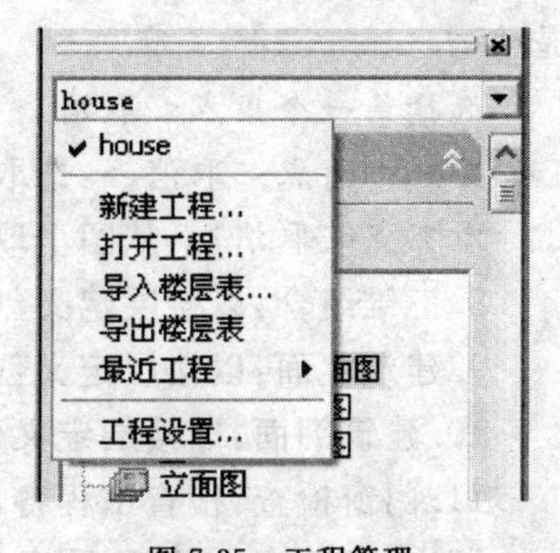

图 7-35　工程管理

(三)楼层集

用于控制属于同一工程中的各个标准层平面图，允许不同的标准层存放于一个图形文件下，通过图 7-36 所示“框选标准层”按钮，在本图上框选

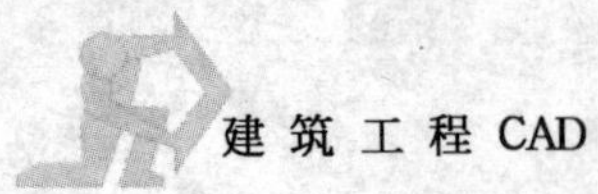

标准层的区域范围，生成各楼层的平面图纸集，以便进行立面、剖面的设计。

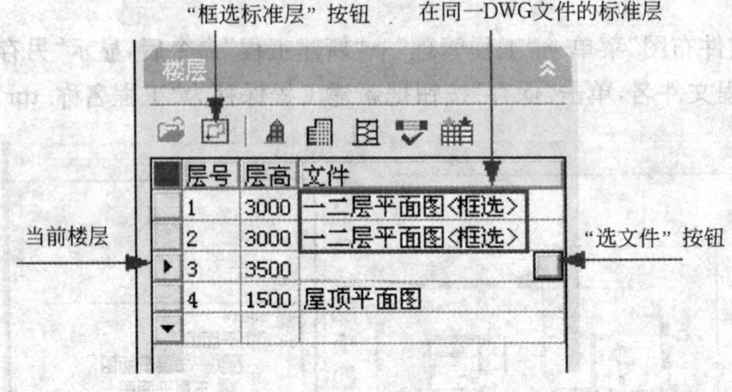

图 7-36　楼层集

参数说明：

1. 层号：一组自然层号顺序，格式为"起始层号～结束层号"，从第一行开始填写，一组自然层顺序对应一个标准层文件。

2. 层高：填写这个标准层的层高，层高不同的楼层属于不同的标准层，单位为mm。

3. 文件：填写这个标准层的文件名，单击空白文件栏出现"选文件"按钮，单击按钮浏览选取文件定义标准层。

4. 行首：单击行首按钮表示选一行，右击显示对本行操作的菜单，双击在本图预览框选的标准层定义范围。

5. 下箭头：单击增加一行。

6. 选择文件：先单击表行选择一个标准层，单击此命令为该标准层指定一个DWG文件。

7. 框选标准层：先单击表行选择对应当前图的标准层，单击此按钮，命令行提示：

选择第一个角点＜取消＞：选取定义范围的第一点。

另一个角点＜取消＞：选取定义范围对角点。

对齐点＜取消＞：从图上取一个标志点作为各楼层平面的对齐点。

8. 三维组合：以楼层定义创建三维建筑模型。

9. 建筑立面：以楼层定义创建建筑立面图。

10. 建筑剖面：以楼层定义创建建筑剖面图。

11. 门窗检查：检查工程各层平面图的门窗定义。

12. 门窗总表：创建工程各层平面图的门窗总表。

第三节　建筑立面图的绘制

一　生成建筑立面图

可以按照“工程管理”命令中的数据库楼层表格中数据，一次生成多层建筑立面。

选择“立面”菜单→“建筑立面”命令后，命令行提示：

请输入立面方向或[正立面(F)/背立面(B)/左立面(L)/右立面(R)]<退出>：键入快捷键或者按视线方向给出两点指出生成建筑立面的方向。键入“F”后命令行提示：

请选择要出现在立面图上的轴线：一般是选择同立面方向上的开间或进深轴线，应该选择轴线，选轴号无效。

显示“立面生成设置”对话框，如图 7-37 所示。

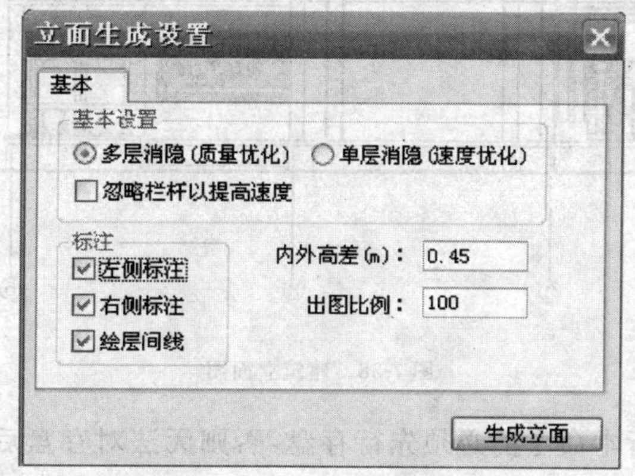

图 7-37　“立面生成设置”对话框

参数说明：

1. 多层消隐/单层消隐：前者考虑到两个相邻楼层的消隐，速度较慢，但可考虑楼梯扶手等伸入上层的情况，消隐精度比较好。

2. 内外高差：室内地面与室外地平的高差。

3. 出图比例：立面图的打印出图比例。

4. 左侧标注/右侧标注：是否标注立面图左右两侧的竖向标注，含楼层标高和尺寸。

5. 绘层间线:楼层的之间的水平横线是否绘制。

6. 忽略栏杆:为了优化计算勾选此复选框,忽略复杂栏杆的生成。

【提示】 只有当前工程管理界面中有正确的楼层定义,才会提示保存立面图文件,否则不能生成立面图文件。

单击"生成立面"按钮,进入"标准文件"对话框,在其中选取文件名称,单击"确定"按钮后生成立面图文件,并且打开该文件作为当前图显示(图 7-38)。

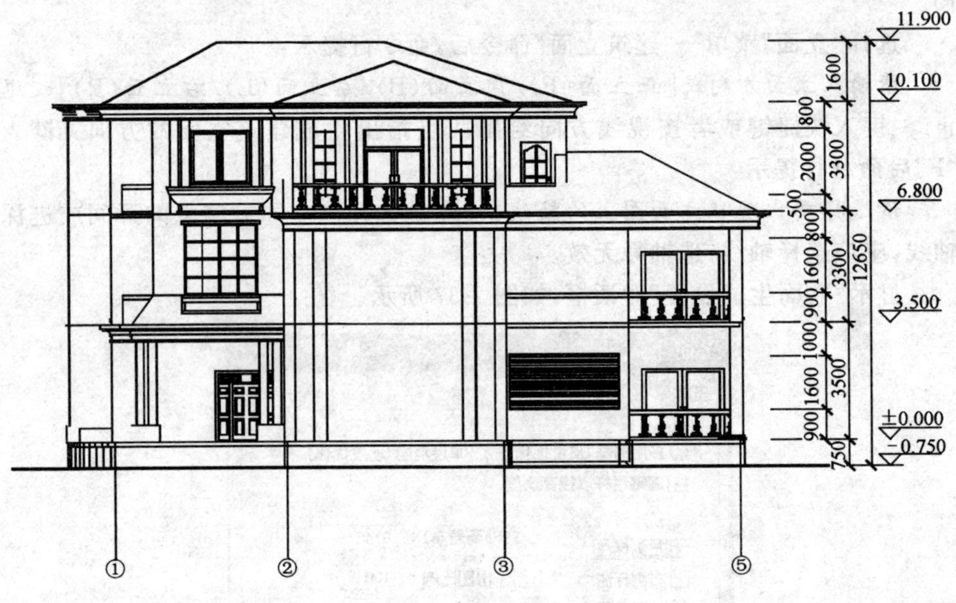

图 7-38 建筑立面图

【提示】 执行本命令前必须先行存盘,否则无法对存盘后更新的对象创建立面。

 立面门窗

"立面门窗"命令用于替换、添加立面图上门窗,同时也是立、剖面图的门窗图块管理工具,可处理带装饰门窗套的立面门窗,并提供了与之配套的立面门窗图库。

选择"立面"菜单→"立面门窗"命令后,显示"天正图库管理系统"对话框,如图 7-39 所示。

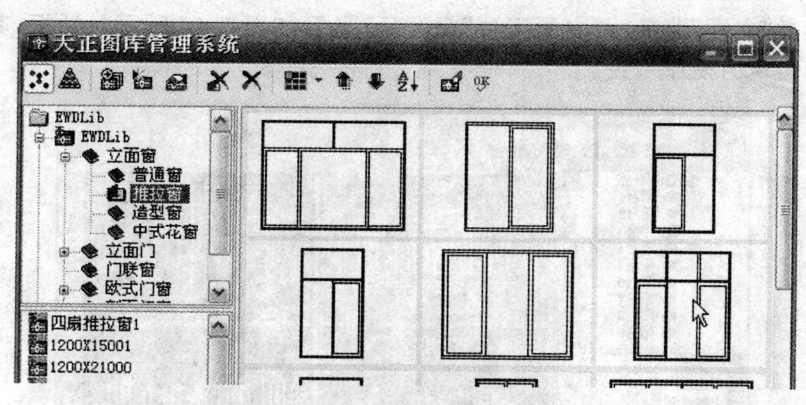

图 7-39 “天正图库管理系统”对话框

(一)替换已有门窗

在图库中选择所需门窗图块，然后单击上方的“门窗替换”按钮，命令行提示如下：

选择图中将要被替换的图块：在图中选择一次要替换的门窗。

选择对象：接着选取其他图块。

选择对象：回车退出。

程序自动识别图块中由插入点和右上角定位点对应的范围，以对应的洞口方框等尺寸替换为指定的门窗图块。

(二)直接插入门窗

在图库中双击所需门窗图块，然后键入“E”，通过“外框”选项可插入与门窗洞口外框尺寸相当的门窗，命令行提示为：

点取插入点[转 90(A)/左右(S)/上下(D)/对齐(F)/外框(E)/转角(R)/基点(T)/更换(C)]<退出>：键入“E”。

第一个角点或[参考点(R)]<退出>：选取门窗洞口方框的左下角点。

另一个角点：选取门窗洞口方框的右上角点。

程序自动按照图块中由插入点和右上角定位点对应的范围，以对应的洞口方框等尺寸替换为指定的门窗图块。

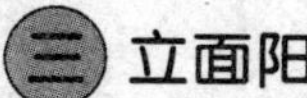 立面阳台

用于替换、添加立面图上阳台的样式同时也是对立面阳台图块管理的工具。

选择"立面"菜单→"立面阳台"命令后，显示如图7-40所示对话框，其操作与立面门窗的操作一致。

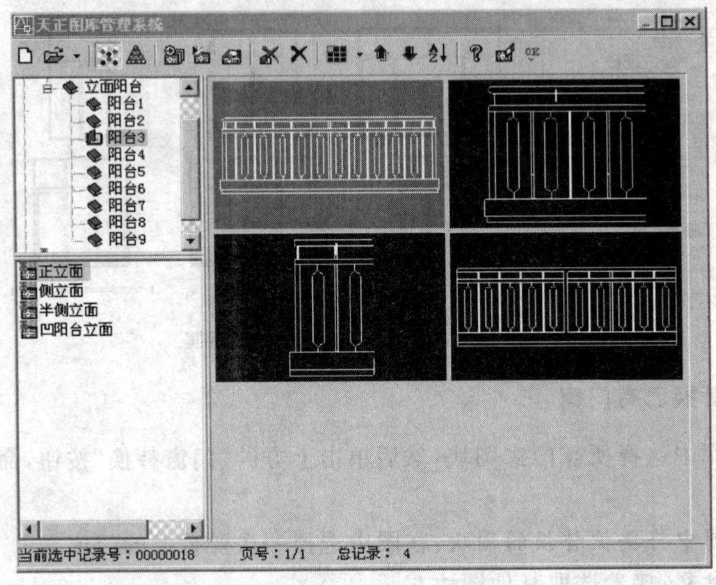

图7-40 "天正图库管理系统"对话框

四 立面屋顶

选择"立面"→"立面屋顶"菜单后，显示如图7-41所示对话框。

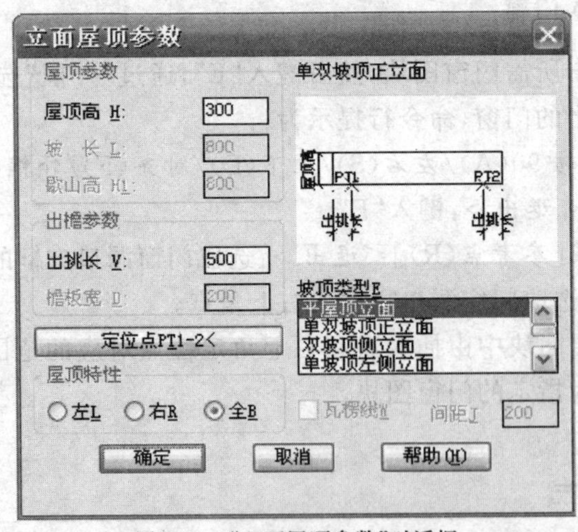

图7-41 "立面屋顶参数"对话框

参数说明：

1.屋顶高：各种屋顶的高度，即从基点到屋顶最高处的距离。

2.坡长：屋顶倾斜部分的水平投影长度。

3.屋顶特性："左"、"右"以及"全"三个互锁按钮默认是左右对称出挑。假如一侧相接于其他墙体或屋顶，应将此侧"左"或"右"关闭。

4.出挑长：在正立面时为出山墙长；在侧立面时为出檐墙长。

该对话框的使用步骤如下：

1.先从"坡屋顶类型"区中选择所需类型。

2.根据需要从屋顶特性区中"左"、"右"、"全"三个互锁按钮选择其一。

3.在"屋顶参数"区与"出檐参数"区中键入必要的参数。

4.单击"定位点 PT1-2＜"按钮，暂时关闭对话框，在图形中点取屋顶的定位点。

5.选择"屋顶填充"，其右侧的编辑框"间距"亮显，可输入填充竖线间距。

6.最后单击"确定"按钮继续执行或者以"取消"按钮退出命令。

选择"立面"→"雨水管线"菜单后，命令行提示：

*请指定雨水管的起点：P—参考点/＜起点＞：*点取雨水管的起点，或键入"P"以指定参考点，输入"P"后命令行提示：

*请指定雨水管的参考点：*点取容易获得的一个点作为参考点。

*请指定雨水管的起点＜退出＞：*在不容易直接定位时，往往需要找到一个已知点作为参考点，给出与起点的相对位置。

*请指定雨水管的终点：P—参考点 /＜终点＞：*点取雨水管的终点，随即在上面两点间竖向画出平行的雨水管，其间的墙面饰线均被雨水管断开。

第四节　建筑剖面图的绘制

一 生成建筑剖面图

建筑剖面图的绘制方法与建筑立面图的绘制大致相同，也是按照"工程管理"命令中的数据库楼层表格数据，一次生成多层建筑剖面。在生成建筑剖面图之前，先要在底层平面图上应用"符号标注"→"剖面剖切"命令绘制好剖切线，然后再应用"建筑剖面"命令生成剖面图。由于剖切线的绘制方法在平面图的绘制中已经介绍，具体操作参看平面图的绘制部分。绘制剖面图的操作具体如下：

选择"剖面"菜单→"建筑剖面"命令后，命令行提示：

*请点取一剖切线以生成剖视图：*点取首层需生成剖面图的剖切线。

请选择要出现在立面图上的轴线：一般点取首末轴线或回车（表示不要轴线），屏幕显示如图 7-42 所示的“剖面生成设置”对话框，其中包括基本设置与楼层表参数。

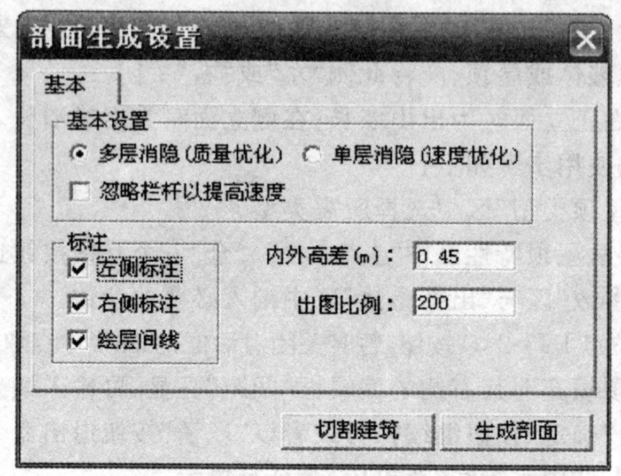

图 7-42 “剖面生成设置”对话框

单击“生成剖面”按钮后，如果当前工程管理界面中没有正确的楼层定义，则不能生成剖面文件。出现“标准文件”对话框后，输入剖面图的文件名及路径，单击“确认”按钮后生成剖面图，如图 7-43 所示。

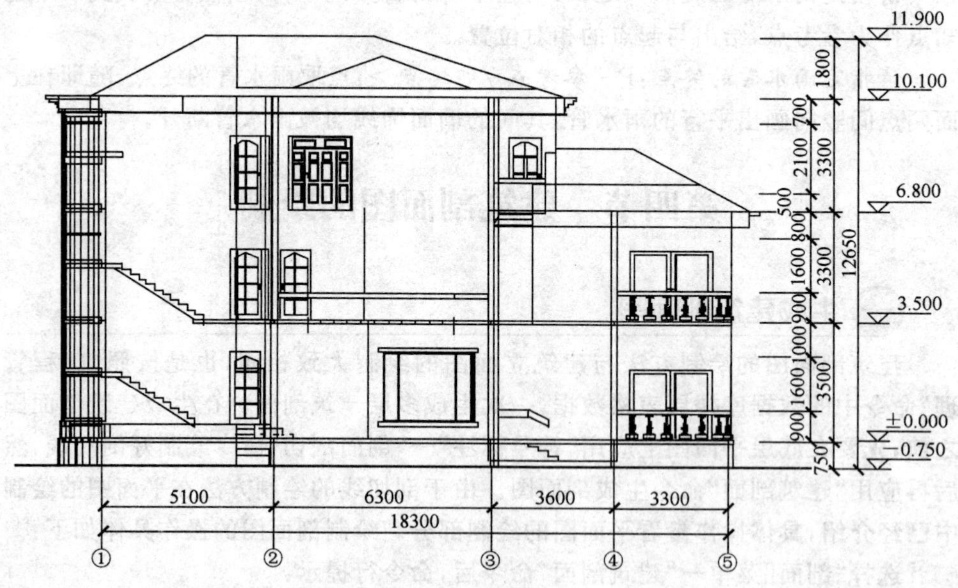

图 7-43 建筑剖面图

二 构件剖面

选择“剖面”菜单→“构件剖面”命令后，命令行提示：

请选择一剖切线：点取用“符号标注”菜单中的“剖面剖切”命令定义好的剖切线。

请选择需要剖切的建筑构件：选择与该剖切线相交的构件以及沿剖视方向可见的构件。

请选择需要剖切的建筑构件：回车结束剖切。

请点取放置位置：拖动生成后的立面图，在合适的位置给点插入。

三 画剖面墙

选择“剖面”菜单→“画剖面墙”命令后，命令行提示：

请点取墙的起点（圆弧墙宜逆时针绘制）/ F-取参照点/ D-单段/ ＜退出＞：点取剖面墙起点位置或键入选项。

请点取直墙的下一点/ A-弧墙/ W-墙厚/ F-取参照点/ U-回退/ ＜结束＞：点取剖面墙下一点位置。

请点取直墙的下一点/ A-弧墙/ W-墙厚/ F-取参照点/ U-回退/ ＜结束＞：回车结束剖面墙绘制。

四 双线楼板

选择“剖面”菜单→“预制楼板”命令后，显示如图 7-44 所示对话框。

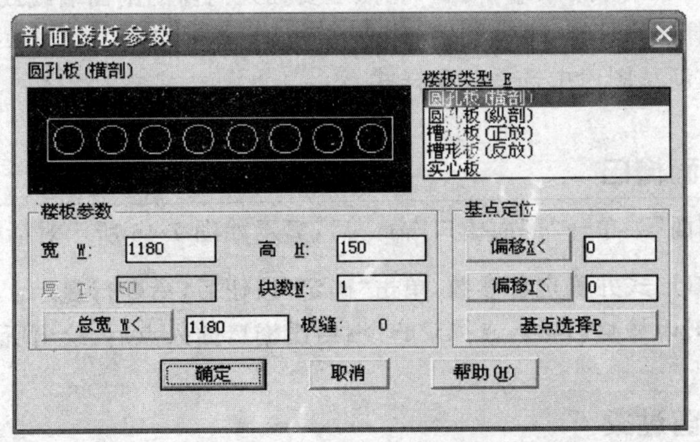

图 7-44 “剖面楼板参数”对话框

选定楼板类型并确定各参数后，单击“确定”按钮，命令行提示：

请给出楼板的插入点＜退出＞：点取楼板插入点。

再给出插入方向＜退出＞：点取另一点给出插入方向后绘出所需预制楼板。

五 加剖断梁

选择“剖面”菜单→“加剖断梁”命令后，命令行提示：

请输入剖面梁的参照点 ＜退出＞：点取楼板顶面的定位参考点。

梁左侧到参照点的距离 ＜100＞：

键入新值或回车接受默认值。

梁右侧到参照点的距离 ＜150＞：

键入新值或回车接受默认值。

梁底边到参照点的距离 ＜300＞：

键入包括楼板厚在内的梁高，然后绘制剖断梁，剪裁楼板底线，如图 7-45 所示。

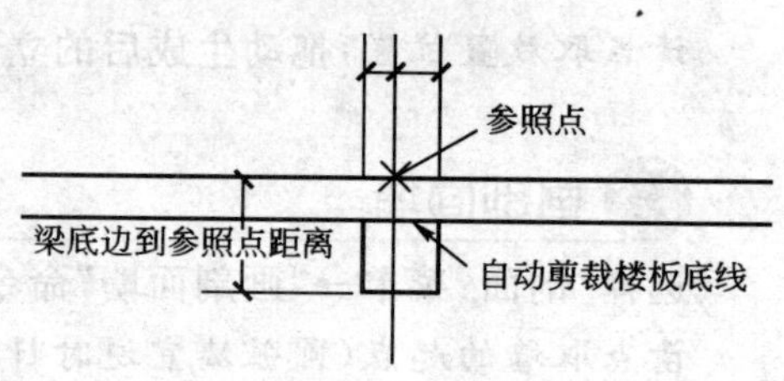

图 7-45 加绘剖断梁

六 剖面门窗

单击“剖面门窗”菜单命令后，显示“剖面门窗样式”对话框，其中显示默认的剖面门窗样式，如果上次插入过剖面门窗，最后的门窗样式即作为默认的剖面门窗样式被保留，同时命令行提示：

请点取要插入门窗的剖面墙线[选择剖面门窗样式(S)/替换剖面门窗(R)/改窗台高(E)/改窗高(H)]＜退出＞：点取要插入门窗的剖面墙线或者键入其他快捷键以选择门窗样式、替换门窗、修改门窗参数等。键入“S”或单击对话框门窗图像，可重新从图库中选择门窗样式。

七 剖面檐口

选择“剖面”菜单→“剖面檐口”命令后，显示如图 7-46 所示对话框。

选定檐口形式并确定各参数，单击“确定”按钮后，命令行提示：

请给出剖面檐口的插入点＜退出＞：给出檐口插入点后，绘出所需的檐口。

八 门窗过梁

选择“剖面”菜单→“门窗过梁”命令后，命令行提示：

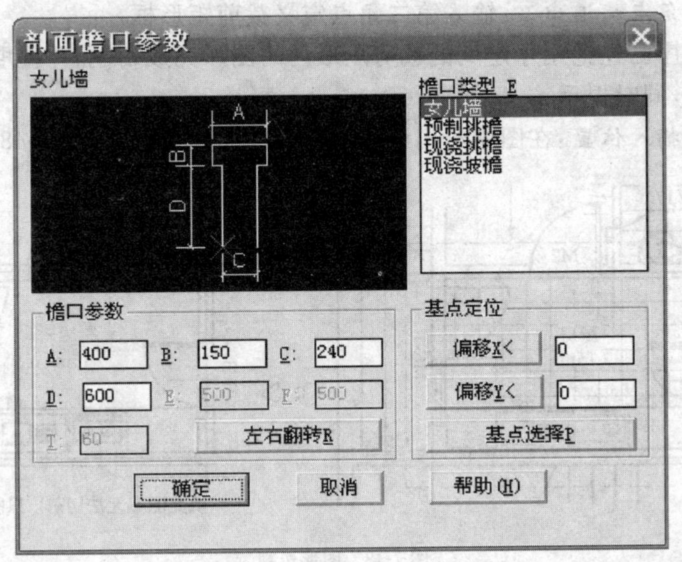

图 7-46 “剖面檐口参数”对话框

选择需加过梁的剖面门窗:点取要添加过梁的剖面门窗图块,可多选。

……

选择需加过梁的剖面门窗:回车退出选择。

输入梁高<120>:键入门窗过梁高,回车结束命令,如图 7-47 所示。

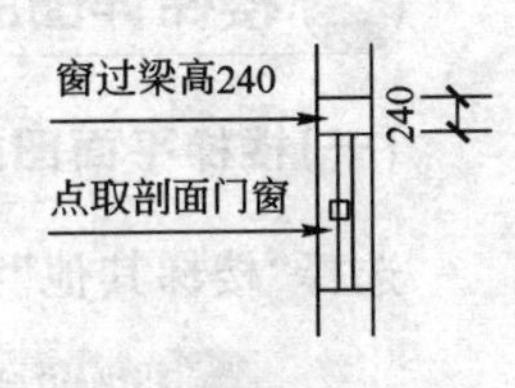

图 7-47 绘制门窗过梁

第五节 建筑详图的绘制

一 绘制详图的基本工具——图形切割

此命令以选定的矩形窗口、封闭曲线或图块边界在平面图内切割并提取部分图形,图形切割不破坏原有图形的完整性,常用于从平面图提取局部区域用于详图绘制。

选择“工具”菜单→“其他工具”→“图形切割”命令后,命令行提示:

矩形的第一个角点或[多边形裁剪(P)/多段线定边界(L)/图块定边界(B)]<退出>:图上点取一角点。

另一个角点<退出>:输入第二角点定义裁剪矩形框。

此时程序已经把刚才定义的裁剪矩形内的图形完成切割,并提取出来,在光标位置拖动,同时提示:

请点取插入位置:在图中给出该局部图形的插入位置,如图 7-48 所示。

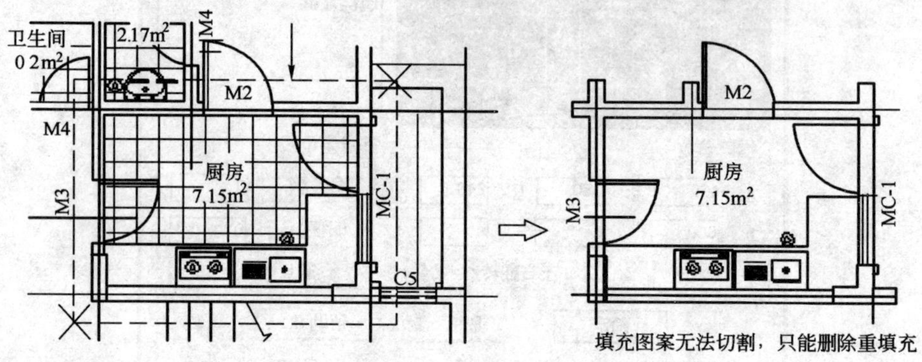

图 7-48　图形切割

二 楼梯详图的绘制

(一)楼梯平面图的绘制

选择"楼梯其他"菜单→"双跑楼梯"命令后,显示图 7-49 所示对话框。

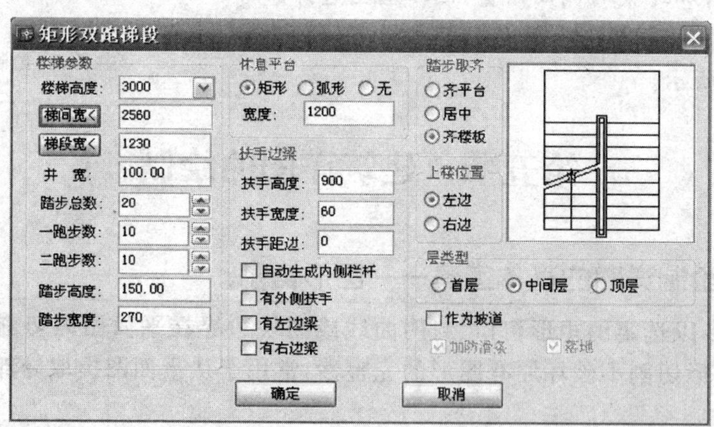

图 7-49　"矩形双跑梯段"对话框

参数说明:

1. 梯间宽:双跑楼梯的总宽。单击按钮可从平面图中直接量取楼梯间净宽作为双跑楼梯总宽。

2.梯段宽:默认宽度或由总宽计算,余下二等分作梯段宽初值,单击按钮可从平面图中直接量取。

3.楼梯高度:双跑楼梯的总高,默认为当前楼层高度,对相邻楼层高度不等时应按实际情况调整。

4.井宽:默认取100为井宽,修改梯间宽时,井宽不变,但梯段宽和井宽两个数值互相关联。

5.踏步总数:默认踏步总数为20,是双跑楼梯的关键参数。

6.一跑步数:以踏步总数推算一跑与二跑步数,总数为奇数时先增一跑步数。

7.二跑步数:二跑步数默认与一跑步数相同,两者都允许用户修改。

8.踏步高:踏步高度。用户可先输入大约的初始值,由楼梯高度与踏步数推算出最接近初值的设计值,推算出的踏步高有均分的舍入误差。

9.休息平台:有"矩形"、"弧形"、"无"三种选项,在非矩形休息平台时,可以选无平台,以便自己用平板功能设计休息平台。

10.平台宽度:按建筑设计规范,休息平台的宽度应大于梯段宽度;在选弧形休息平台时应修改宽度值,最小值不能为零。

11.踏步取齐:当一跑步数与二跑步数不等时,两梯段的长度不一样,因此有两梯段的对齐要求,由设计人员选择。

12.扶手高宽:默认值分别为高900,60×100断面尺寸。

13.扶手距边:在比例为1∶100的图上一般取0,在比例为1∶50的详图上应标以实际值。

14.有外侧扶手:在外侧添加扶手,但不会生成外侧栏杆,在室外楼梯时需要单独添加。

15.有内侧栏杆:勾选此复选框,命令自动生成默认的矩形截面竖栏杆。

16.层类型:在平面图中按楼层分为3种类型绘制。

1)首层只给出一跑的下剖断。

2)中间层的一跑是双剖断。

3)顶层的一跑无剖断。

17.作为坡道:勾选此复选框,楼梯段按坡道生成。

【提示1】 勾选"作为坡道"复选框前要求楼梯的两跑步数相等,否则坡长不能准确定义。

【提示2】 坡道防滑条的间距用步数来设置,要在勾选"作为坡道"复选框前设好。

在确定楼梯参数和类型后,单击“确定”按钮,命令行提示:

点取位置或{转 90 度[A]/左右翻转[S]/上下翻转[D]/改转角[R]/改基点[T]}<退出>:键入快捷键改变选项,给点插入楼梯。

【提示】 对于三维视图,不同楼层特性的扶手是不一样的,其中顶层楼梯实际上只有扶手而没有梯段。

(二)楼梯剖面图的绘制

1. 梯段的绘制。

选择“剖面”菜单→“参数楼梯”命令后,显示如图 7-50 所示对话框。各参数含义见图 7-51,选定梯段形式并输入各参数后,单击“确定”按钮,命令行提示:

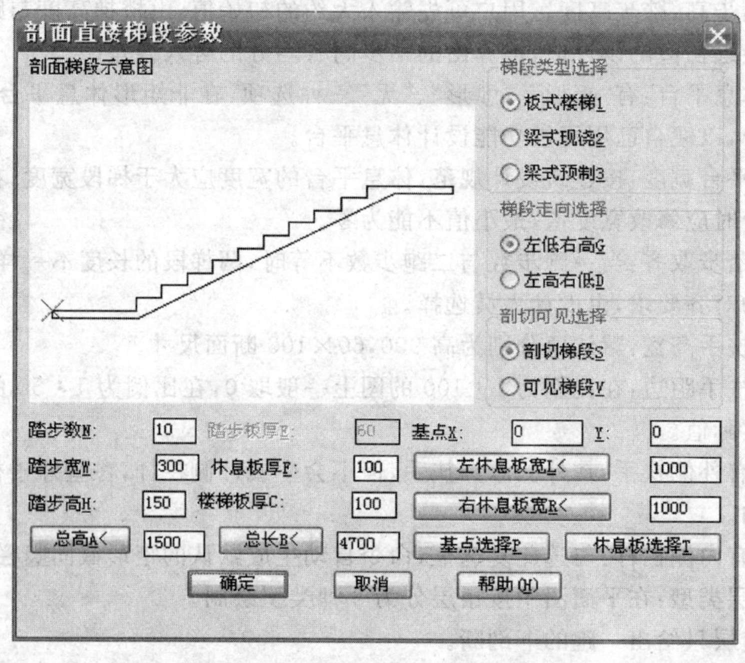

图 7-50 绘制楼梯剖面的对话框

请给出剖面楼梯的插入点<退出>:点取插入点后,剖面楼梯插入图中。

【提示】 可以在对话框中先定踏步数,后改变总高,程序自动算出非整数的踏步高。

2. 参数栏杆。

选择“剖面”菜单→“参数栏杆”命令后,显示如图 7-52 所示对话框。

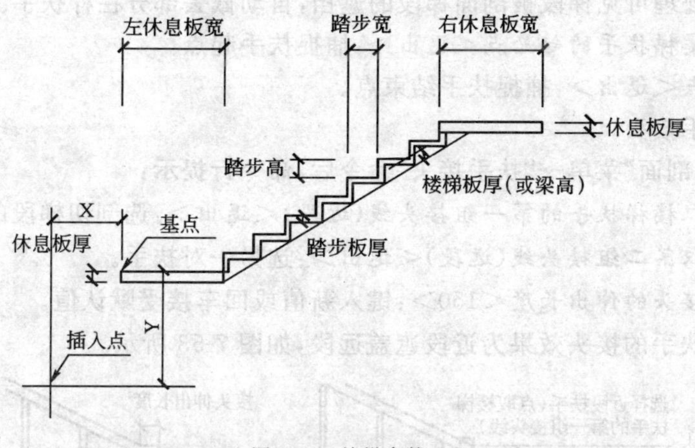

图 7-51　楼梯参数

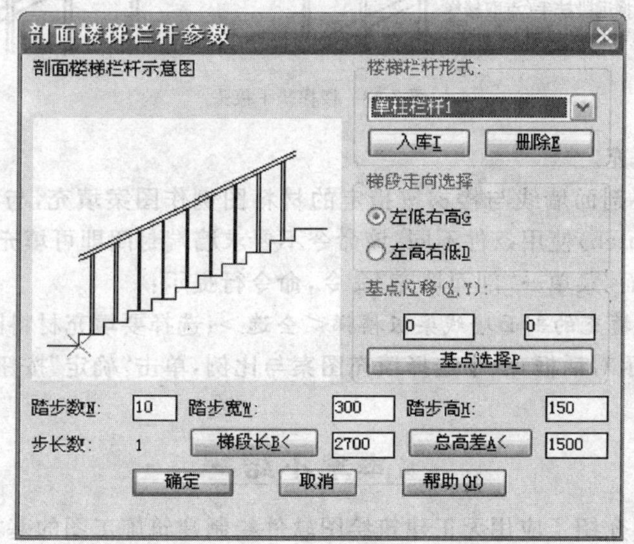

图 7-52　楼梯栏杆参数对话框

在对话框中输入合适的参数,单击“确定”按钮,命令行提示:

请给出剖面楼梯栏杆的插入点 ＜退出＞:点取插入点后,插入剖面楼梯栏杆。

3. 楼梯栏杆。

选择“剖面”菜单→“楼梯栏杆”命令后,命令行提示:

请输入楼梯扶手的高度＜1000＞:键入新值或回车接受默认值。

是否打断遮挡线＜Y/N＞? ＜y＞:键入“N”或者回车使用默认值。若回车则由系统处理可见梯段被剖面梯段的遮挡，自动截去部分栏杆扶手。

输入楼梯扶手的起始点＜退出＞：捕捉扶手起点。

结束点＜退出＞：捕捉扶手结束点。

4. 扶手接头。

选择“剖面”菜单→“扶手接头”命令后，命令行提示：

请点取楼梯扶手的第一组接头线(近段)＜退出＞：选剖切梯段的一对扶手。

再点取第二组接头线(远段)＜退出＞：选另一对扶手。

扶手接头的伸出长度＜150＞：键入新值或回车接受默认值。

楼梯扶手的接头效果为近段遮盖远段，如图 7-53 所示。

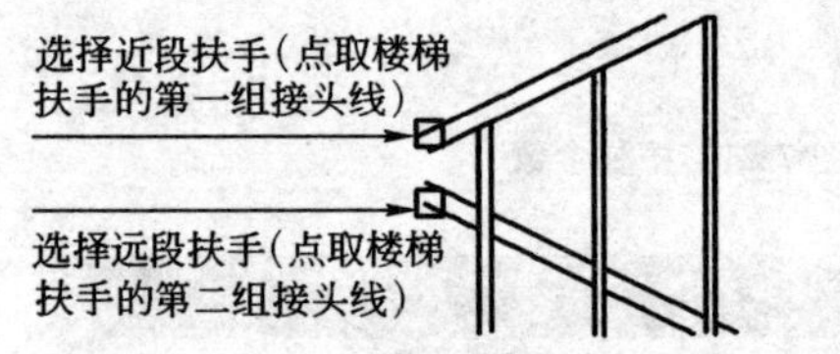

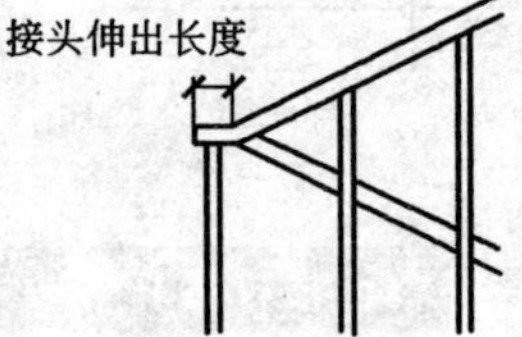

图 7-53　楼梯扶手接头

5. 剖面填充。

此命令将剖面墙线与楼梯按指定的材料图例作图案填充，与 AutoCAD 的图案填充(Bhatch)使用条件不同，该命令不要求墙端封闭即可填充图案。

选取“剖面”菜单→“剖面填充”命令，命令行提示：

请选取要填充的剖面墙线梁板楼梯＜全选＞：选择要填充材料图例的成对墙线，回车后显示对话框，从中选择填充图案与比例，单击“确定”按钮后执行填充。

本章小结

本章主要介绍了应用天正建筑绘图软件绘制建筑施工图的基本方法。天正软件的主要内容为：建立轴网、绘制墙体、门窗、楼梯、插入柱子、尺寸标注、文本输入等。

综合练习题

1. 利用天正建筑软件绘制如图 7-54 所示的平面施工图(门窗尺寸自定)。

2. 利用天正建筑软件绘制如图 7-55 至图 7-57 所示的楼梯施工图。

9500
2600
2400
3600
900
过厅
过厅
洗手间
厨房
工人房
餐厅
会客厅
1700
3500
2400
4500
1200
13300

图 7-54

上
C5
A
A
2300
90
1060
1060
90
0.150
280
850
60
上跑梯段8×260=2080
3270

图 7-55

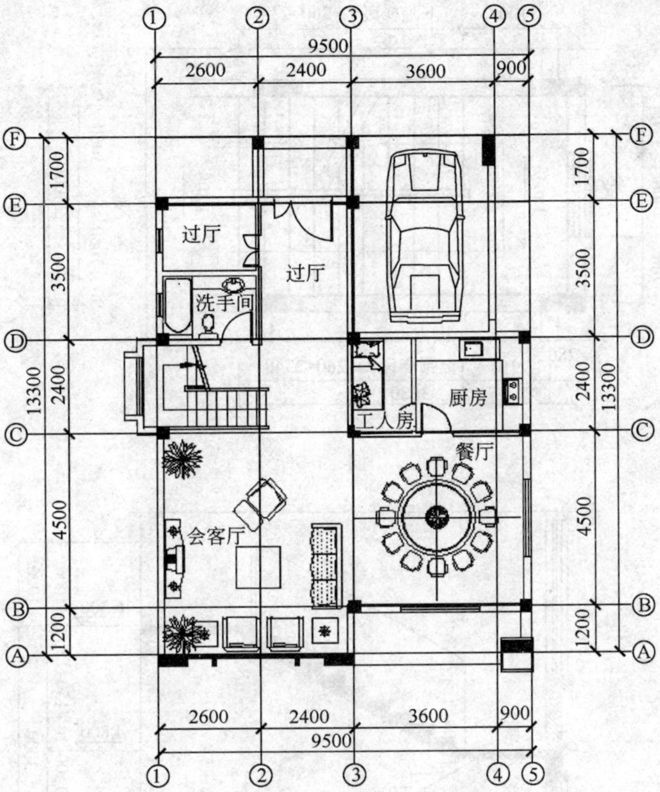

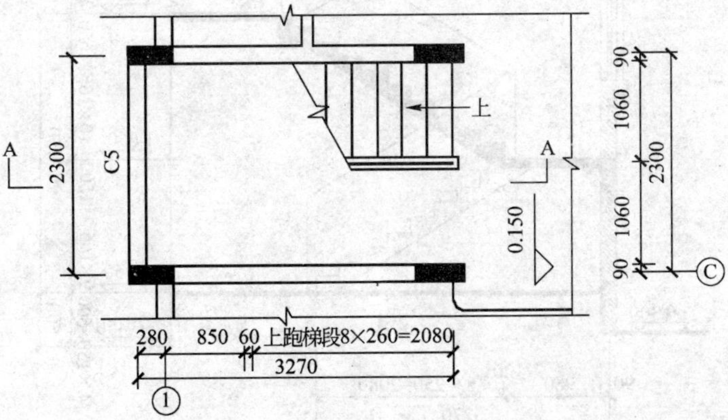

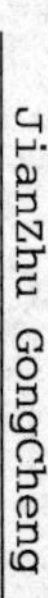

1100
下跑梯段9×260=2340
700
900
700
C5
1.650
3.300
上
下
90
1060
2300
1060
90
C
280
910
上跑梯段9×260=2340
3530

图 7-56

6.300
4.800
3.300
1.650
0.150
−0.300
−0.450
1000
1000
10×150=1500
3000
10×150=1500
10×165=1650
3150
9×166.7=1500
4×150=600
600
90
980
120
8×250=2080
3270

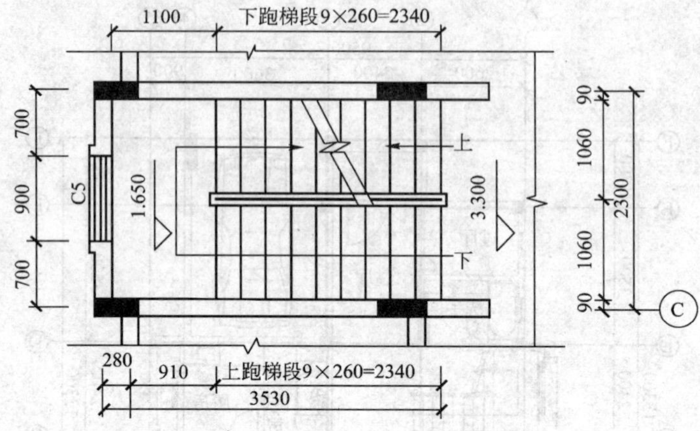

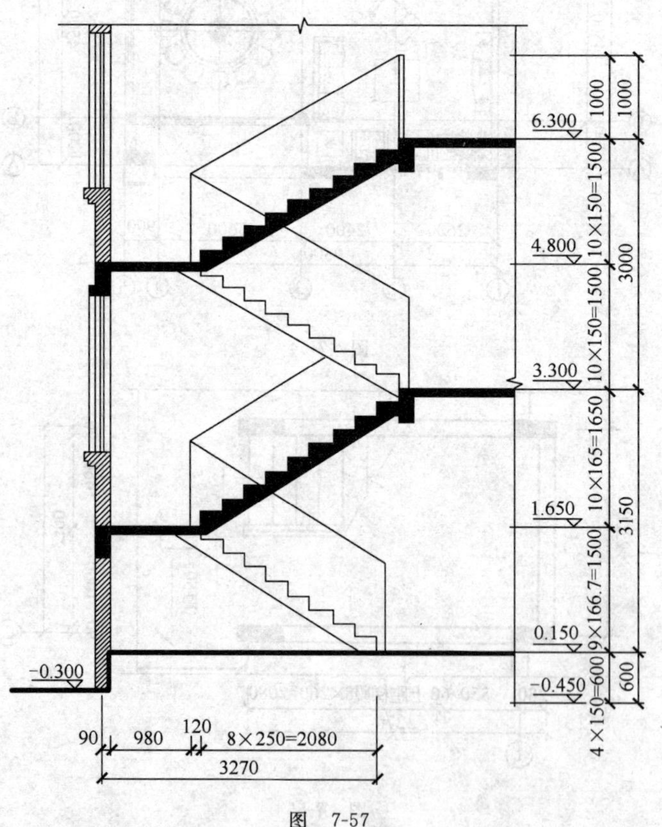

图 7-57

第八章
三维绘图简介

【职业能力目标】

通过学习本章知识学生应能根据建筑三维视图创建、编辑并正确显示简单的三维图形以帮助学生理解或验证设计意图和空间几何关系。

【知识目标】

学习基本显示命令、简单的三维实体绘制命令、拉伸和旋转命令、基本的三维编辑命令、制作一般建筑专业三维图形的方法。

【学习要求】

1. 掌握特殊视点显示三维图形的方法和技巧。
2. 掌握长方体、圆柱、球体的绘制方法，掌握拉伸的图形形成方法以及实体的布尔运算。
3. 掌握实体的移动命令、三维旋转命令、三维剖切命令。
4. 掌握图形消隐方法，了解着色和渲染。
5. 掌握建筑三维图制作的一般方法。

三维制作的常见软件有 AutoCAD、3DSMAX、3DSVIZ 等，其中 AutoCAD 以其简易、精确适合初学者使用；而由 AutoCAD 创建的三维图形能被 3DSMAX、3DSVIZ 导入进行后续处理，因此 AutoCAD 也适用于中高级使用者精确快速建模。

三维制作是 AutoCAD 的一个较强的功能，涉及的命令也很多，而且前面章

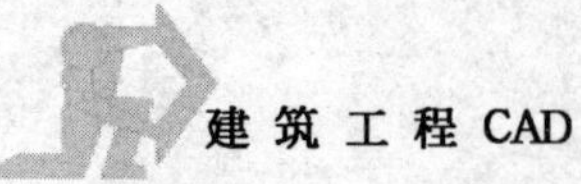

节介绍的部分二维绘图与编辑命令也适用于三维部分，本章就三维图形显示（含消隐、着色和渲染）、三维图形绘制、三维图形编辑作简单介绍，并结合前述建筑三视图介绍建筑三维图形的制作方法。

第一节　三维视图观察

三维视图的观察，可以采用视点方法和透视方法。

通过输入一个点的坐标值或测量两个旋转角度定义观察方向。此点表示朝原点(0,0,0)观察（视线方向）模型时，用户（眼睛）在三维空间中的位置。

可以使用VPOINT或DDVPOINT命令旋转视图。图8-1显示了由两个相对于WCS的x轴和xy平面的角度所定义的视图。

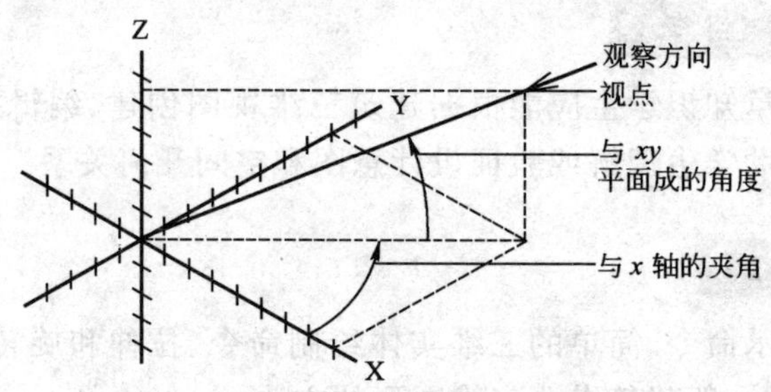

图8-1　利用两个旋转角度定义观察方向

一 利用VPOINT命令设定视点

当前视窗中观察三维(3D)模型时，VPOINT命令用来确定视线的方向。观察的目标点为当前用户坐标系的原点，VPOINT在当前视窗中产生的视图，是3D模型的平行投影。

VPOINT命令不能在二维(2D)的图纸空间中使用。

执行“视点”命令的方法有2种：

1.在命令行中输入“VPOINT”。

2.选择“视图”菜单→“三维视图”→“视点”命令。

命令及提示：

命令：VPOINT

当前视图方向：VIEWDIR＝0.0000,0.0000,1.0000

指定视点或[旋转(R)]<显示坐标球和三轴架>：

正在重生成模型。

参数说明：

1.“当前视图方向：VIEWDIR＝0.0000，0.0000，1.0000”，表示当前的视图方向为俯视图，即视线与 x 轴正向夹角为 0°，与 xy 平面夹角为 90°，且在原点上方。

2.旋转(R)：该选项是根据旋转确定视点。在“指定视点或[旋转(R)]＜显示坐标球和三轴架＞：”提示后输入“R”并回车。命令行提示“输入 XY 平面中与 X 轴的夹角＜270＞：”，输入新视点在 xy 平面内投影与 x 轴正向的夹角(如图8-1所示)。命令行提示“输入与 XY 平面的夹角＜90＞：”，输入新视点与 xy 平面的夹角(如图 8-1 所示)。

3.指定视点：通过直接输入视点的绝对坐标值(x，y，z)来确定视点的位置。在“指定视点或[旋转(R)]＜显示坐标球和三轴架＞：”提示后直接输入三维坐标，如“1，1，1”。

4.显示坐标球和三轴架：利用罗盘和坐标轴三轴架确定视点。在“指定视点或[旋转(R)]＜显示坐标球和三轴架＞：”提示下不输入任何选项而直接回车，屏幕上会出现如图 8-2 所示的罗盘和三轴架，同时在罗盘旁边还有一个可拖动的坐标轴，利用它可以直接设置新的视点。

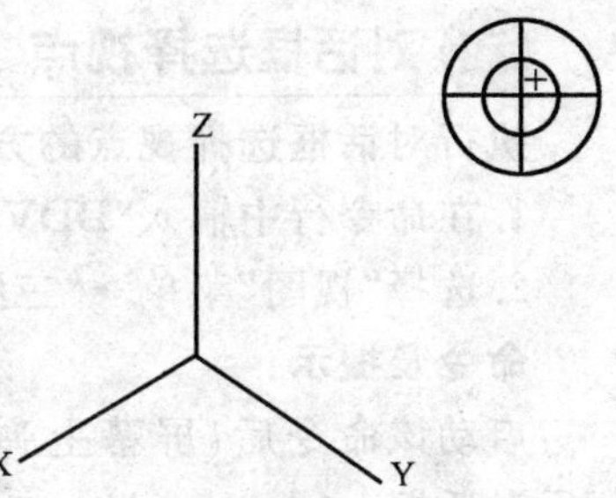

图 8-2　罗盘和坐标轴三轴架

罗盘表示平展开的地球表面，罗盘中心表示北极，视点为(0，0，1)。内圆表示赤道，视点坐标为(n，n，0)。外圆表示南极，视点坐标为(0，0，－1)。用户在罗盘内拾取点的位置，确定了视线在 xy 平面内的投影与 x 轴的夹角，与罗盘中心的相对距离决定了视线与 xy 平面的夹角。在球面上移动视点时，三轴架同步指示 x、y 和 z 轴的旋转角度。

实例应用：分别采用直接输入视点坐标和罗盘(含坐标轴三轴架)方式设定观察图形的视点。

作图方法：

1.输入 3D 视点的坐标。

命令：输入“VPOINT”并回车。

指定视点或[旋转(R)]＜显示坐标球和三轴架＞：输入视点坐标“0.8，－1.5，1”并回车。

在提示后直接输入视点的 x、y 和 z 坐标。该点与当前 UCS 原点连线即为视线方向。

2.使用罗盘和坐标轴三轴架。

命令:输入“VPOINT”并回车。

指定视点或[旋转(R)]＜显示坐标球和三轴架＞:按“回车”键,罗盘和坐标轴三轴架显示在屏幕上(图8-2)。

3.使用球面坐标。

命令:输入“VPOINT”并回车。

指定视点或[旋转(R)]＜显示坐标球和三轴架＞:键入“R”选择“旋转”选项,回车。

输入XY平面中与X轴的夹角＜284＞:输入视线在xy平面上的投影与正x轴的夹角,回车。

输入与XY平面的夹角＜−3＞:输入视线与xy平面的夹角。

二 对话框选择视点

执行对话框选择视点的方法有2种:

1.在命令行中输入“DDVPOINT”。

2.选择“视图”菜单→“三维视图”→“视点预置”命令。

命令及提示:

启动该命令后,屏幕上弹出如图8-3所示对话框。

参数说明:

1.“绝对于WCS”单选按钮:确定是否使用绝对世界坐标系。

2.“相对于UCS”单选按钮:确定是否使用用户坐标系。

3.“自X轴”文本框:在该文本框内输入新视点方向与xy平面内的投影与x轴正方向的夹角。

4.“自XY平面”文本框:在该文本框内输入新视点方向与xy平面的夹角。

5.“设置为平面视图”按钮:单击该按钮可以返回AutoCAD的初始视点状态

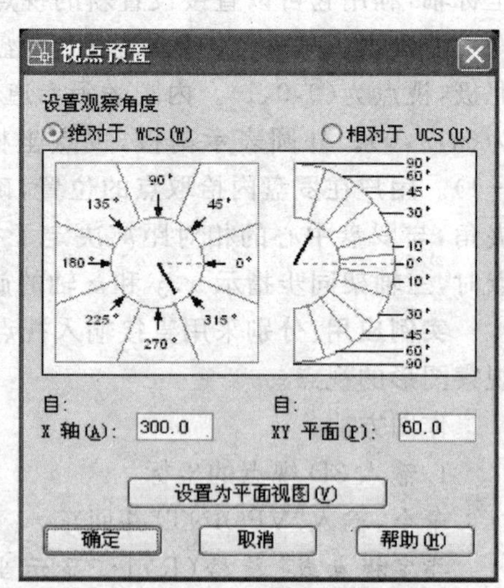

图8-3 “视点预置”对话框

——俯视图状态。

三 特殊视点

用户在观察图形时，通常使用标准视图。AutoCAD 系统预置了 10 个视图方向，它们依次为俯视图、顶视图，左视图、右视图、主视图、后视图、左前视图、右前视图、右后视图和左后视图。它们分别是视点视图的特例——特殊视点。

执行“特殊视点”命令的方法有 2 种：

1. 选择“视图”菜单→“三维视图”→“XXXXX”命令。“XXXXX”为相应的子菜单项(见图 8-4)。

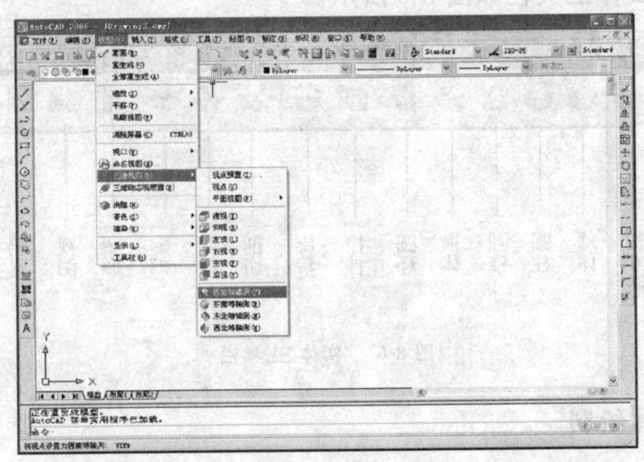

图 8-4　从菜单启动示例

2. 用鼠标左键单击图 8-5 所示工具栏上的相应工具按钮。

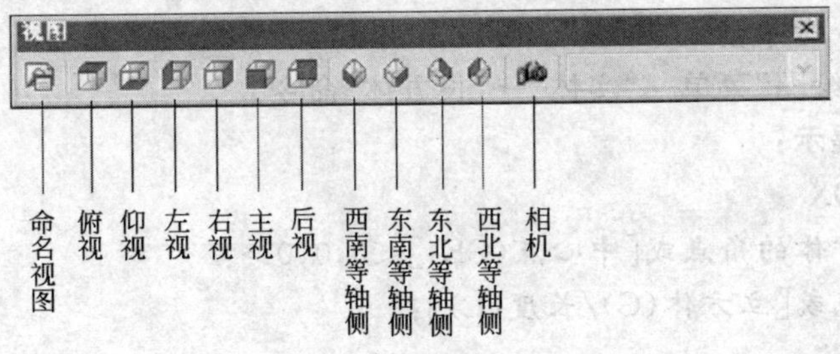

图 8-5　“视图”工具栏

命令及提示：

执行某一具体选项后，屏幕自动按要求显示当前视图。

用鼠标右键单击“标准”工具栏，在弹出式菜单中用左键单击“视图”选项(图标中有阴影的一面)，出现图 8-5 所示“视图”工具栏。

第二节 绘制三维实体

常见的实体有：长方体、球体、圆柱体、锥体、楔形体、环形体，二维图形拉伸或旋转得到的实体，及前述几种实体通过布尔运算得到的实体。

一 绘制基本三维实体

基本三维实体工具栏如图 8-6 所示。

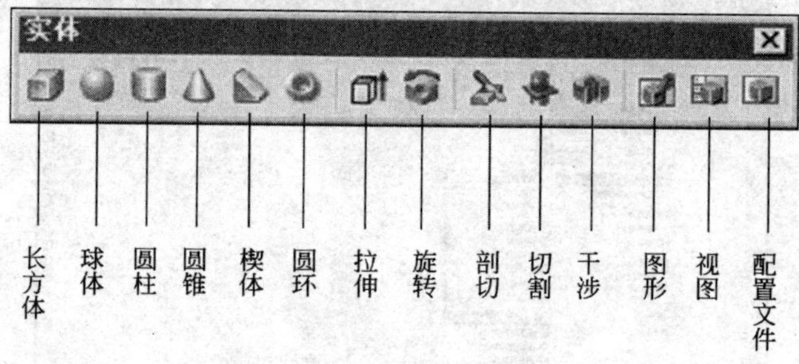

图 8-6 “实体”工具栏

(一)长方体绘制

执行“长方体”命令的方法有 3 种：

1. 用鼠标单击“实体”工具栏上的“长方体”按钮 。
2. 在命令行中输入“BOX”。
3. 选择“绘图”菜单→“实体”→“长方体”命令。

命令及提示：

命令：BOX

指定长方体的角点或[中心点(CE)]<0,0,0>：

指定角点或[立方体(C)/长度(L)]：

参数说明：

1. 长方体的角点：定义长方体的第一个角点。
2. 中心点(CE)：使用指定的中心点创建长方体。
3. 指定角点：直接用鼠标点击第二个角点后，提示输入长方体的高度。
4. 立方体(C)：输入“C”，表示欲创建立方体；提示行提示“指定长度：”，输入

边长值并回车，显示正方体。

5. 长度(L)：输入“L”，表示欲创建长方体；依次输入“指定长度”、“指定宽度”和“指定高度”得到长方体。

实例应用：使用长方体绘制命令完成图 8-7 所示长方体。

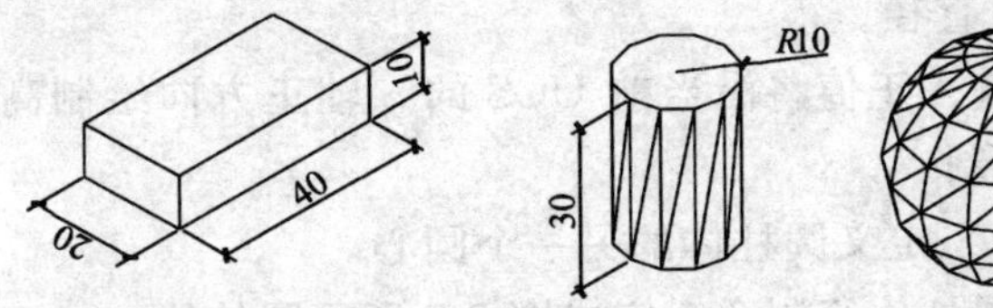

图 8-7　实心体绘制

作图方法：

首先单击“视图”工具栏按钮，进入轴测图显示环境(以下图形不作特殊说明均采用此环境)。

命令：输入“BOX”并回车。

指定长方体的角点或[中心点(CE)]<0,0,0>：输入“20,10,10”并回车，给出长方形第一个顶点的坐标。

指定角点或[立方体(C)/长度(L)]：输入“L”并回车，表示选择输入长度。

指定长度：输入“40”并回车。

指定宽度：输入“20”并回车。

指定高度：输入“10”并回车。

执行 ZOOM(ALL)命令，再执行 HIDE 命令后形成图 8-7 左边的长方体(不包括标注)。

(二)圆柱体绘制

执行“圆柱体”命令的方法有 3 种：

1. 用鼠标单击“实体”工具栏上的“圆柱体”按钮。

2. 在命令行中输入“CYLINDER”。

3. 选择“绘图”菜单→“实体”→“圆柱体”命令。

命令及提示：

命令：CYLINDER。

当前线框密度：ISOLINES＝4

指定圆柱体底面的中心点或[椭圆(E)]<0,0,0>：

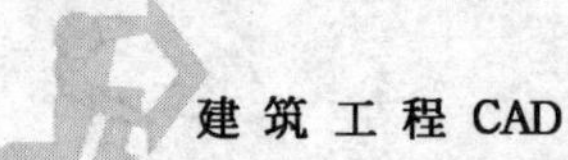

指定圆柱体底面的半径或[直径(D)]：

指定圆柱体高度或[另一个圆心(C)]：

参数说明：

1.椭圆(E)：创建具有椭圆底的圆柱体。

2.直径(D)：输入直径。

3.圆柱体高度：输入正值将沿当前UCS的z轴正方向绘制高度，输入负值则沿z轴的负方向绘制。

4.另一个圆心(C)：定义圆柱体的另一个圆心。

实例应用：使用圆柱体绘制命令完成图8-7所示圆柱体。

作图方法：

首先单击“视图”工具条按钮，进入轴测图显示环境。

命令：输入“CYLINDER”并回车，开始绘制圆柱。

指定圆柱体底面的中心点或[椭圆(E)]＜0,0,0＞：用鼠标左键任意点击当前视图一点作为圆柱体底面圆心位置。

指定圆柱体底面的半径或[直径(D)]：输入“10”并回车，即半径为10。

指定圆柱体高度或[另一个圆心(C)]：输入“30”并回车，即高度为30，该处缺省项为高度，若选择圆心应输入“C”。

执行ZOOM(ALL)命令，再执行HIDE命令后形成图8-7中间的圆柱体(不包括标注)。

(三)球体绘制

执行“球体”命令的方法有3种：

1.用鼠标单击“实体”工具栏上的“球体”按钮。

2.在命令行中输入“SPHERE”。

3.选择“绘图”菜单→“实体”→“球体”命令。

命令及提示：

命令：SPHERE。

当前线框密度：ISOLINES=4

指定球体球心＜0,0,0＞：

指定球体半径或[直径(D)]：

参数说明：

直径：输入直径。

实例应用:使用球体绘制命令完成图 8-7 所示球体(球的半径为 20)。

作图方法:

首先单击“视图”工具栏按钮 ,进入轴测图显示环境。

命令:输入“SPHERE”并回车,开始绘制球体。

指定球体球心<0,0,0>:用鼠标左键点击当前视图某点作为球心坐标。

指定球体半径或[直径(D)]:输入“20”并回车,即球的半径为 20。

命令:HIDE 并回车,消隐处理。图 8-7 中的不可见轮廓线已被隐去。

二 将二维对象拉伸或旋转成三维对象

利用实体绘制命令、拉伸或旋转命令可以把某些二维图形绘制成具有一定目的的三维图形。

(一)拉伸形成三维实体

执行“拉伸”命令的方法有 3 种:

1. 用鼠标单击“实体”工具栏上的“拉伸”按钮 。
2. 在命令行中输入“EXTRUDE”。
3. 选择“绘图”菜单→“实体”→“拉伸”命令。

命令及提示:

命令:EXTRUDE

当前线框密度:ISOLINES=4

选择对象:

选择对象:

指定拉伸高度或[路径(P)]:

指定拉伸的倾斜角度<0>:

参数说明:

1. 选择对象:直接回车,表示结束选择;否则可以连续选择多个对象。选择的对象必须是封闭二维图形,如圆周、矩形、多边形、二维多段线、椭圆、封闭样条曲线、圆环和面域等绘制的封闭图形。不能拉伸包含在块中的对象,也不能拉伸具有相交或自交线段的多段线。

2. 拉伸高度:如果直接输入数值表示采用高度拉伸。如果输入正值,将沿对象所在坐标系的 z 轴正方向拉伸对象。如果输入负值,将沿 z 轴负方向拉伸对象。

3. 路径:在“指定拉伸高度或[路径(P)]:”提示下,输入“P”,表示使用路径拉伸。选择基于指定曲线对象的拉伸路径,沿选定路径拉伸选定对象的剖面以创建实体。拉伸路径可以是直线、圆、圆弧、椭圆、椭圆弧、多段线或样条曲线。路径既不能与轮廓共面,也不能具有高曲率的区域。

4.倾斜角度:正角度表示从基准对象逐渐变细地拉伸,而负角度则表示从基准对象逐渐变粗地拉伸。默认角度"0"表示在与二维对象所在平面垂直的方向上进行拉伸。

实例应用:使用拉伸命令绘制完成图8-8所示挑水屋檐。

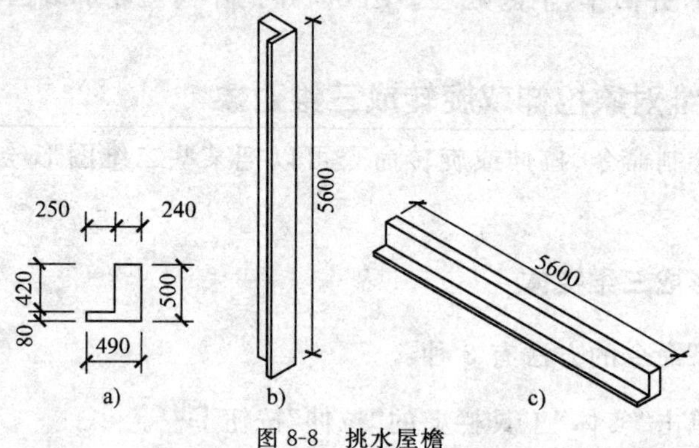

图8-8 挑水屋檐

a)封闭线框断面;b)拉伸后;c)旋转完成绘制

以图8-8所示挑水屋檐的绘制为例,介绍利用拉伸命令建立实体的方法。分三步完成:第一步,利用多段线命令绘制图8-8a)所示的封闭线框断面;第二步,利用拉伸命令绘制图8-8b);第三步,利用三维旋转命令完成由图8-8b)到图8-8c)的旋转。

作图方法:

第一步,执行"多段线"命令,根据图8-8a)所示的尺寸绘制断面。

第二步:为了完成图8-8b)的实体,首先单击"视图"工具栏按钮,进入轴测图显示环境,然后进行拉伸,拉伸操作如下:

命令:输入"EXTRUDE"并回车,启动拉伸命令。

当前线框密度:ISOLINES=4

选择对象:用鼠标点取第一步多段线上一任意点,信息提示"找到1个"。

选择对象:回车。

指定拉伸高度或[路径(P)]:输入"5600"并回车。

指定拉伸的倾斜角度<0>:回车。

命令:输入"HIDE"并回车,消隐处理,所得图形如图8-8b)所示(图中的尺寸为标注）。

第三步的操作将在第三节三维旋转命令中介绍，旋转后的图形如图 8-8c）所示。

（二）旋转建立实体

执行“旋转”命令的方法有 3 种：

1. 用鼠标单击“实体”工具栏上的“旋转”按钮 。

2. 在命令行中输入“REVOLVE”。

3. 选择“绘图”菜单→“实体”→“旋转”命令。

命令及提示：

命令：REVOLVE

当前线框密度：ISOLINES＝4

选择对象：

指定旋转轴的起点或定义轴依照[对象（O）/X 轴（X）/Y 轴（Y）]：指定轴端点：

指定旋转角度<360>：

参数说明：

1. 选择对象：可以旋转闭合多段线、多边形、圆、椭圆、闭合样条曲线、圆环和面域。不能旋转包含在块中的对象。不能旋转具有相交或自交线段的多段线。REVOLVE 忽略多段线的宽度，并从多段线路径的中心处开始旋转。一次只能旋转一个对象。

2. 指定旋转轴的起点：为缺省选项，指定旋转轴的第一点，然后提示“指定第二点”，轴的正方向从第一点指向第二点。

3. 对象（O）：选择现有的直线或多段线中的单条线段定义轴，这个对象绕该轴旋转。轴的正方向从这条直线上的最近端点指向最远端点。

4. X 轴（X）、Y 轴（Y）：表示使用当前 UCS 的正向 x 轴、正向 y 轴作为轴的正方向。

5. 旋转角度：指定旋转形成实体的范围。

实例应用：使用旋转命令绘制图 8-9 所示拱形挑水屋檐，断面尺寸与拉伸示例断面相同（图 8-8a），旋转轴与断面距离为 1470。

作图方法：

首先单击“视图”工具栏按钮 ，进入轴测图显示环境，在图 8-8a）的基础上绘制图 8-9a）中的短直线作为旋转轴。

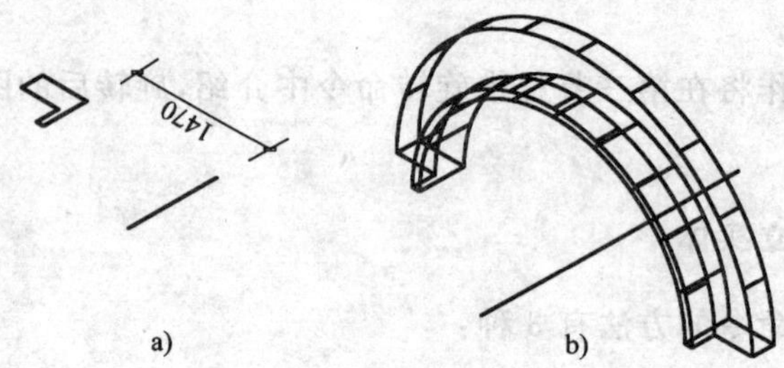

图 8-9 旋转建立实体

a)截面;b)旋转后

命令:输入"REVOLVE"并回车,启动旋转建立实体命令。

选择对象:选择图 8-9a)所示的截面,提示"找到 1 个"。

选择对象:回车。

指定旋转轴的起点或定义轴依照[对象(O)/X 轴(X)/Y 轴(Y)]:输入"O"并回车。

选择对象:选择图 8-9a)所示的点划线作为旋转轴。

指定旋转角度<360>:输入"180"并回车,即旋转角度为 180°。

命令:输入"HIDE"并回车,消隐处理,所得图形如图 8-9b)所示。

三 布尔运算(Boolean)

布尔操作是用于两个或者两个以上的实体(也可以用于面域计算)的编辑工作,通过它可以完成并集、差集、交集运算,各种运算的结果均将产生新的实体。用户可以在许多情况下使用布尔操作,如在土木工程、机械的三维建模中要大量使用布尔操作才能完成一些复杂的任务。

(一)交集运算(Intersect)

交集运算从两个或者多个相交的实体中建立一个合成实体,所建立的合成实体是参加运算实体的共同部分。

执行"交集运算"命令的方法有 3 种:

1. 用鼠标单击"实体编辑"工具栏上的"交集运算"按钮  。

2. 在命令行中输入"INTERSECT"。

3. 选择"修改"菜单→"实体编辑"→"交集"命令。

命令及提示:

命令:INTERSECT

选择对象：
选择对象：
……

参数说明：

选择对象：选择集可包含任意多个实体。INTERSECT 将选择集分成多个子集，并在每个子集中测试相交部分。

实例应用：图 8-10a）中的长方体（长×宽×高为 300×100×100）和圆柱体（半径 100，高 300）是在西南等轴测视图下画出之后使用移动命令对齐后做出的。图 8-10b）为图 8-10a）中的两个实体的共同部分。

作图方法：

命令：输入“INTERSECT”并回车，启动交集运算命令。

选择对象：鼠标左键点击长方体，提示“找到 1 个”。

选择对象：鼠标左键点击圆柱，提示“找到 1 个，总计 2 个”。

选择对象：回车。结果如图 8-10b）所示。

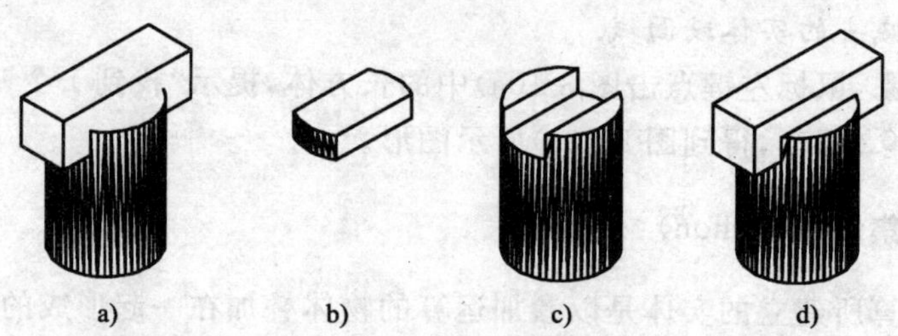

图 8-10　布尔运算的轴测图形显示

a）运算前；b）交集运算结果；c）差集运算结果；d）并集运算结果

（二）差集运算（Subtract）

差集运算所建立的实体是以参加运算的母体为基础去掉与子体共同的部分。图 8-10c）所示图形为图 8-10a）中两个实体差集运算的结果。

执行“差集运算”命令的方法有 3 种：

1. 用鼠标单击“实体编辑”工具栏上的“差集运算”按钮 。
2. 在命令行中输入“SUBTRACT”。
3. 选择“修改”菜单→“实体编辑”→“差集”命令。

命令及提示：

命令：SUBTRACT

选择要从中减去的实体或面域...

选择对象:

选择要减去的实体或面域..

选择对象:

……

参数说明:

选择对象:使用对象选择方法选择对象并在完成时按“回车”键。

实例应用:利用差集运算命令将图 8-10a)所示图形编辑成图 8-10c)所示形状。

作图方法:

命令:输入“SUBTRACT”并回车,启动差集运算命令。

选择要从中减去的实体或面域...

选择对象:鼠标左键点击图 8-10a)中的圆柱,提示“找到 1 个”。

选择对象:回车。

选择要减去的实体或面域..

选择对象:鼠标左键点击图 8-10a)中的长方体,提示“找到 1 个”。

选择对象:回车,得到图 8-10c)所示图形。

(三)并集运算(Union)

并集运算所建立的实体是以参加运算的物体叠加在一起形成的。

执行“并集运算”命令的方法有 3 种:

1. 用鼠标单击“实体编辑”工具栏上的“并集运算”按钮 。

2. 在命令行中输入“UNION”。

3. 选择“修改”菜单→“实体编辑”→“并集”命令。

命令及提示:

命令:UNION

选择对象:

选择对象:

选择对象:

参数说明:

选择对象:使用对象选择方法选择对象并在完成时按“回车”键。

实例应用:利用并集运算命令将图 8-10a)所示图形编辑成图 8-10d)所示形

状。

作图方法：

命令：输入“UNION”并回车，启动并集运算命令。

选择对象：鼠标左键点击图 8-10a)中长方体，提示“找到 1 个”。

选择对象：鼠标左键点击图 8-10a)中圆柱，提示“找到 1 个，总计 2 个”。

选择对象：回车。

运算后的结果见图 8-10d)(已经消隐)，图 8-10a)和图 8-10d)对比可以发现运算前为两个物体，运算后为一个物体。

【提示】 与实体显示有关的系统变量有 ISOLINES 和 FACETRES，二者控制显示消隐或渲染后实体的表面光滑程度。为了加强显示效果，二者的值要设大些。

第三节　三维实体编辑

广义的三维实体编辑命令包括能对三维实体的形状、大小、位置、颜色进行修改的所有命令。本节仅就以下几个内容作简要介绍。

二维中能用于三维编辑的命令

(一)圆角命令编辑三维实体

实例应用：利用圆角命令使图 8-11a)所示长方体的一个角圆滑。

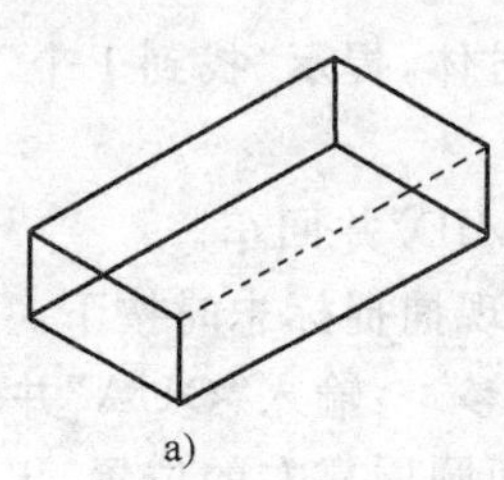

a)

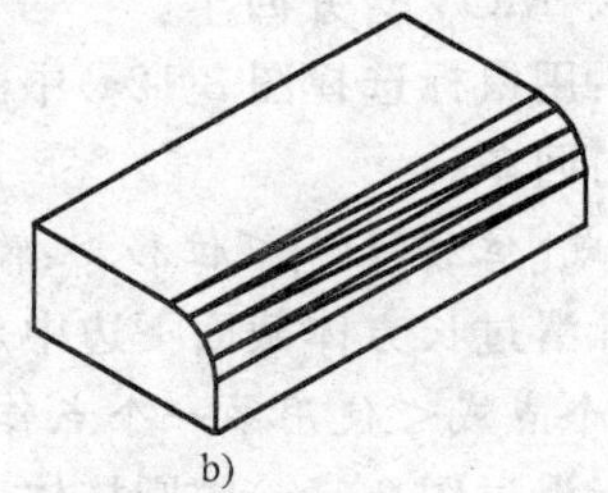

b)

图 8-11　圆滑实体

a)选择需要圆滑的边；b)消隐后的效果

作图方法：

命令：输入“FILLET”并回车。

选择第一个对象或[多段线(P)/半径(R)/修剪(T)/多个(U)]:用鼠标选择图 8-11a)中的虚线对应的棱。

输入圆角半径<5.0000>:输入“5”并回车,即圆弧的半径为 5。

选择边或[链(C)/半径(R)]:回车,提示“已选定 1 个边用于圆角”。

命令:输入“HIDE”并回车,消隐后的效果见图 8-11b)。

(二)移动命令编辑三维实体

移动命令可以用于三维实体的就位,正确理解三维坐标和特征点的捕捉,可以完成三维实体的准确就位。

实例应用:图 8-12a)为前述做布尔运算的长方体和圆柱,为了准确就位(见图 8-12c))分两步:第一步先把长方体就位到圆柱顶面且长方体截面下中点对准圆柱上圆周靠左的位置(见图 8-12a)中标出的位置),第二步在 8-12b)图基础上根据几何关系和相对位置精确定位,形成图 8-12c)所示形状。

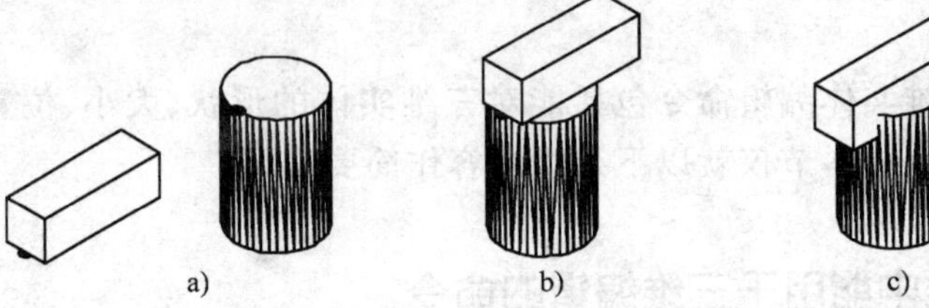

图 8-12 三维移动

a)移动前;b)移动第一步;c)移动第二步

作图方法:

第一步:

命令:输入“MOVE”并回车。

选择对象:用鼠标选择图 8-12a)中的长方体,提示“找到 1 个”。

选择对象:回车。

指定基点或[位移(D)]<位移>:输入“MID”并回车。

于:用鼠标滑过长方体截面下边中点,出现捕捉标志时按下。

指定第二个点或<使用第一个点作为位移>:输入“QUA”并回车。

于:用鼠标滑过图 8-12a)中圆柱体上截面圆周靠左的位置,出现捕捉标志时按下,结果如图 8-12b)所示。

第二步:

命令:输入“MOVE”并回车。

选择对象:用鼠标左键拾取长方体任一边,提示“找到 1 个”。

选择对象：回车。

指定基点或[位移(D)]＜位移＞：随意用鼠标左键点附近一个位置。

指定第二个点或＜使用第一个点作为位移＞：输入“@－50，0，－50”并回车，完成后的结果如图 8-12c)所示。

三维操作命令

三维操作命令有：三维阵列、三维旋转、三维镜像、对齐，下面就三维阵列、三维旋转和三维镜像作简单介绍。

(一)三维阵列

使用三维阵列命令，可以在三维空间中创建对象的矩形阵列或环形阵列。除了指定列数(x 方向)和行数(y 方向)以外，还要指定层数(z 方向)。

【提示】 如果为阵列指定的大量行和列，则创建副本可能需要很长时间。默认情况下，可以由 1 个命令生成的阵列元素数目限制在 100,000 个。

执行“三维阵列”命令的方法有 2 种：

1. 在命令行中输入“3DARRAY”。

2. 选择“修改”菜单→“三维操作”→“三维阵列”命令。

命令及提示：

命令：3DARRAY

选择对象：指定对角点：找到 1 个

选择对象：

输入阵列类型[矩形(R)/环形(P)]＜矩形＞：

输入行数(－－－)＜1＞：

输入列数(|||)＜1＞：

输入层数(...)＜1＞：

指定行间距(－－－)：

指定列间距(|||)：

指定层间距(...)：

参数说明：

三维阵列命令行参数在前述二维编辑功能基础上，增加了层数和层间距，层数是指沿 z 轴方向的复制个数(包括被复制对象在内)，层间距是指 z 轴方向复制的高差，层间距为正则向上(z 轴正向)复制，反之则向下(z 轴负向)

复制。

(二)三维旋转

在三维制作过程中经常需要改变实体的角度,要旋转三维对象,可以使用 ROTATE 命令,也可使用 ROTATE3D 命令。使用 ROTATE,可以绕指定基点旋转对象。旋转轴通过基点,并且平行于当前 UCS 的 z 轴。使用 ROTATE3D,可以根据两点、对象、x 轴、y 轴或 z 轴,或者当前视图的 z 方向指定旋转轴。

执行 ROTATE3D 命令的方法有 2 种:

1. 在命令行中输入“ROTATE3D”。

2. 选择“修改”菜单→“三维操作”→“三维旋转”命令。

命令及提示:

命令:ROTATE3D

当前正向角度:ANGDIR=逆时针 ANGBASE=0

选择对象:

选择对象:

指定轴上的第一个点或定义轴依据[对象(O)/最近的(L)/视图(V)/X 轴(X)/Y 轴(Y)/Z 轴(Z)/两点(2)]:

指定轴上的第一点:

指定轴上的第二点:

指定旋转角度或[参照(R)]:

参数说明:

1. 对象(O)/最近的(L)/视图(V)/X 轴(X)/Y 轴(Y)/Z 轴(Z)/两点(2):“X 轴”、“Y 轴”、“Z 轴”以及“两点”选项是经常使用的旋转轴选项,缺省选项为“两点”。

2. 参照(R):可以把实体的某条线作为旋转参照,缺省则直接输入角度。

实例应用:结合第二节拉伸的例子,把图 8-13a) 所示图形通过三维旋转编辑为图 8-13b) 所示形状。

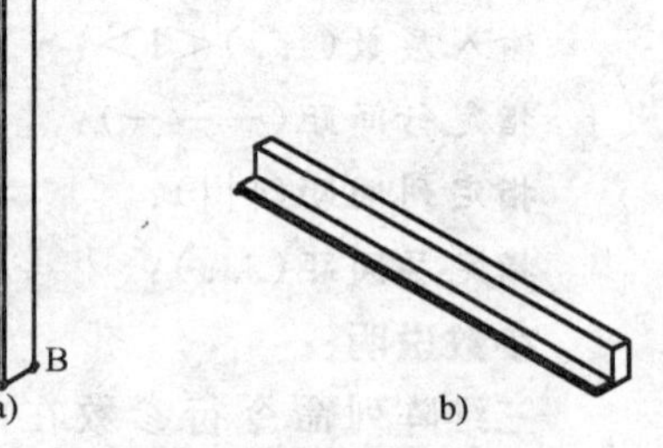

图 8-13 三维旋转示例

a)旋转前;b)旋转后

作图方法:

命令:输入“ROTATE3D”并回车。

当前正向角度:ANGDIR=逆时针 ANG-

BASE=0

选择对象：拾取框单击图 8-13a)中长方体某一棱线，提示“找到 1 个”。

选择对象：回车。

指定轴上的第一个点或定义轴依据[对象(O)/最近的(L)/视图(V)/X 轴(X)/Y 轴(Y)/Z 轴(Z)/两点(2)]：打开对象捕捉，捕捉点 A。

指定轴上的第二点：捕捉点 B。

指定旋转角度或[参照(R)]：输入“-90”并回车，负号表示顺时针旋转，如图 8-13 所示。

(三)三维镜像

执行“三维镜像”命令的方法有 2 种：

1. 在命令行中输入“MIRROR3D”。

2. 选择“修改”菜单→“三维操作”→“三维镜像”命令。

命令及提示：

命令：MIRROR3D

选择对象：

选择对象：

指定镜像平面(三点)的第一个点或[对象(O)/最近的(L)/Z 轴(Z)/视图(V)/XY 平面(XY)/YZ 平面(YZ)/ZX 平面(ZX)/三点(3)]<三点>：

在镜像平面上指定第二点：

在镜像平面上指定第三点：

是否删除源对象？[是(Y)/否(N)]<否>：

参数说明：

1. 对象(O)/最近的(L)/Z 轴(Z)/视图(V)/XY 平面(XY)/YZ 平面(YZ)/ZX 平面(ZX)/三点(3)：“对象”选项选择圆、圆弧或二维多段线线段作为镜像平面；缺省选项为“三点”。

2. 是(Y)/否(N)：输入“Y”表示去掉原来实体；输入“N”表示保留原来实体。

三 剖切实体

执行“剖切”命令的方法有 3 种：

1. 用鼠标单击“实体”工具栏上的“剖切”按钮。

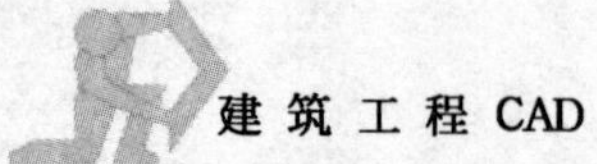

2. 在命令行中输入“SLICE”。

3. 选择“绘图”→“实体”→“剖切”菜单。

命令及提示：

命令：SLICE

选择对象：

选择对象：

指定切面上的第一个点，依照[对象(O)/Z 轴(Z)/视图(V)/XY 平面(XY)/YZ 平面(YZ)/ZX 平面(ZX)/三点(3)]<三点>：

指定平面上的第一个点：<对象捕捉追踪 开><对象捕捉 开><对象捕捉追踪关>指定平面上的第二个点：

指定平面上的第三个点：

在要保留的一侧指定点或[保留两侧(B)]：

参数说明：

三点(3)：表示采用不在同一直线上的 3 个点确定 1 个剖切平面。其他选项参照三维镜像命令。

实例应用：对图 8-14a)所示的长方体进行剖切。

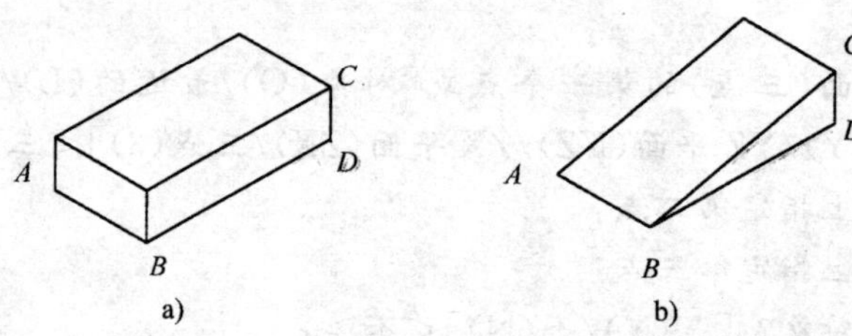

图 8-14 剖切实体

a)剖切前；b)剖切后

作图方法：

命令：输入“SLICE”并回车。

选择对象：选择长方体，提示“找到 1 个”。

选择对象：回车。

指定切面上的第一个点，依照[对象(O)/Z 轴(Z)/视图(V)/XY 平面(XY)/YZ 平面(YZ)/ZX 平面(ZX)/三点(3)]<三点>：输入“3”并回车，即用不在同一直线上的 3 个点确定 1 个剖切平面。

指定平面上的第一个点：捕捉拾取点 A。

指定平面上的第二个点：捕捉拾取点 B。

指定平面上的第三个点:捕捉拾取点 C。

在要保留的一侧指定点或[保留两侧(B)]:拾取点 D 一侧,消隐后得到图 8-14b)所示图形。

第四节　消隐、着色与渲染

 消隐(Hide)

使用 VPOINT、DVIEW 或 VIEW 命令创建图形的三维视图时,当前视口中将会显示一个线框。此时可以看见所有的直线,包括被其他对象遮盖的直线。HIDE 命令从屏幕上消除这些隐藏线。

执行"消隐"命令的方法有 3 种:

1. 用鼠标单击"渲染"工具栏上的"消隐"按钮 。
2. 在命令行中输入"HIDE"。
3. 选择"视图"菜单→"消隐"命令。

命令及提示:

启动 HIDE 命令后,不需进行目标选择,AutoCAD 将自动把当前视窗内的所有实体自动进行消隐。三维图形复杂时,能看到左下角的进度条(0%～100%)。

实例应用:对图 8-15a)所示的某楼层墙身轴测图进行消隐,体会消隐的作用,消隐后效果如图 8-15b)所示。

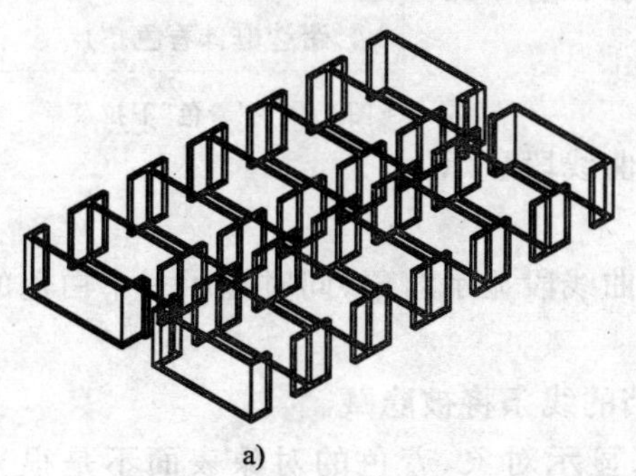
a)

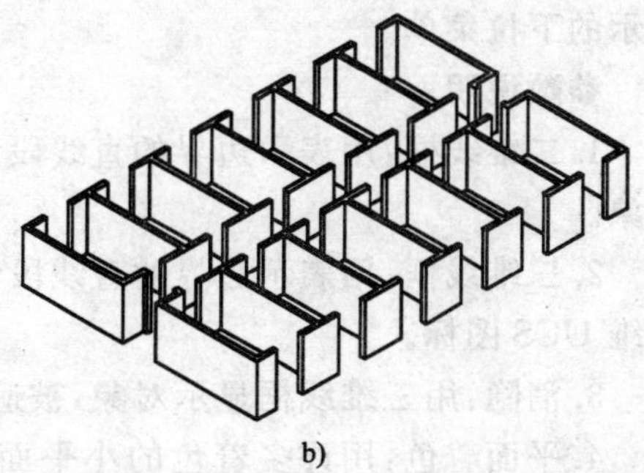
b)

图 8-15　消隐效果

a)消隐前;b)消隐后

作图方法：

命令：输入“HIDE”并回车。

正在重生成模型

【提示 1】 HIDE 将下列对象视为隐藏了对象的不透明表面：圆、实体、宽线、文字、面域、宽多段线线段、三维面、多边形网格和厚度非零的对象的拉伸边。

【提示 2】 如果进行了拉伸，则圆、实体、宽线和宽多段线线段将被当作具有顶面和底面的实体对象。HIDE 不可以用于其图层被冻结的对象，但可以用于图层被关闭的对象。

【提示 3】 为了隐藏用 DTEXT、MTEXT 或 TEXT 创建的文字，必须将 HIDETEXT 系统变量设为 1 或为文字指定厚度值。

【提示 4】 使用 HIDE 命令时，如果 INTERSECTIONDISPLAY 系统变量设置为打开，则三维表面的面与面的交线显示为多段线。

 二 着色(Shade)

使用 SHADE 命令可以给物体着色，其功能比 HIDE 命令更进一步，不仅可以实现模型消隐，而且还可以给实体表面着色。

执行“着色”命令的方法有 2 种：

1. 在命令行中输入“SHADE”。

2. 选择“视图”菜单→“着色”命令。

命令及提示：

命令：SHADE

选择“视图”菜单→“着色”命令后显示如图 8-16 所示的下拉菜单。

二維线框(2)
三維线框(3)
消隐(H)
平面着色(F)
体着色(G)
带边框平面着色(T)
带边框体着色(S)

图 8-16 “着色”下拉菜单

参数说明：

1. 二维线框：用表示边界的直线段和曲线段显示对象。

2. 三维线框：用表示边界的直线段和曲线段显示对象，同时显示一个白色的三维 UCS 图标。

3. 消隐：用三维线框显示对象，被遮挡的线条将被隐藏。

4. 平面着色：用许多着色的小平面来显示对象，着色的对象表面不是很光滑。

5. 体着色：与“平面着色”相比，“体着色”在着色的小平面间形成光顺的过渡边界。

6.带边框平面着色:显示平面着色效果的同时还显示对象的线框。

7.带边框体着色:显示体着色效果的同时还显示对象的线框。

实例应用:对图 8-15 所示的某楼层墙身轴测图进行着色显示,了解不同着色效果的区别。

作图方法:

在图 8-15 所示图形轴测图状态下,选择"视图"菜单→"着色"→"平面着色"命令显示图 8-17;选择"视图"菜单→"着色"→"带边框平面着色"命令显示图 8-18。

图 8-17 平面着色

图 8-18 带边框平面着色

三 渲染(Render)

通过渲染形成建筑效果图。可以在三维对象表面添加照明和材质以产生实体效果。绘制图形时,通常绝大部分时间都花在模型的线条表示上。但有时也可能需要包含色彩和透视的更具有真实感的图像,例如验证设计方案或提交最终建筑设计图形的时候。

执行"着色"命令的方法有 3 种:

1.单击"渲染"工具栏中的按钮 。

2.在命令行中输入"RENDER"。

3.选择"视图"菜单→"渲染"命令。

命令及提示:

命令:RENDER

在绘图区弹出"渲染"对话框,如图 8-19 所示。调整好参数后,单击"渲染"按钮完成操作。

参数说明:

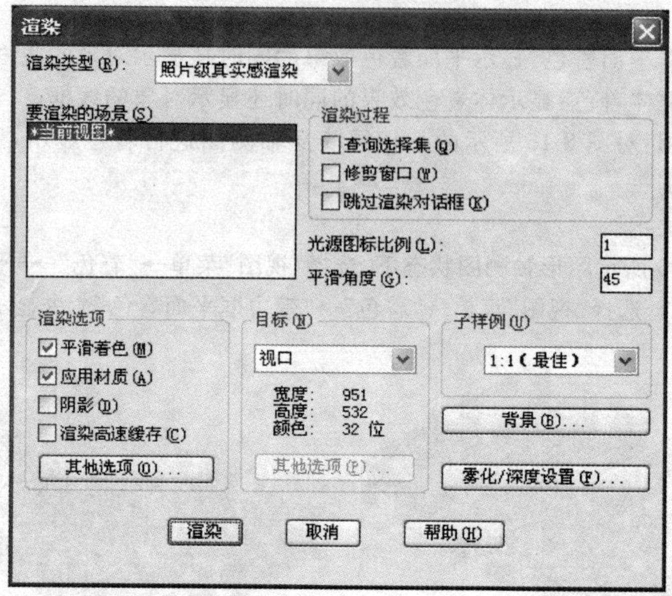

图 8-19 “渲染”对话框

1.渲染类型:下拉列表提供了渲染的质量类型。

2.渲染过程:通过多选项的勾选选择渲染过程控制。

3.光源图标比例和平滑角度:可以改变文本框中的具体数值。

4.渲染选项:通过多选项的勾选控制渲染的着色与材质等。

5.目标:进行“视口”、“渲染窗口”和“文件”的切换,其中目标为“文件”的渲染,直接把渲染结果存为文件,并且可以对渲染的颜色和分辨率进行调整。

6.子样例:通过仅渲染一部分像素可以减少渲染时间,同时将会降低图像质量,但是仍能达到一定效果(如阴影)。从列表中选择一个比例,从“1∶1(最佳)”到“8∶1(最快)”。

7.“背景”按钮:单击后可以选定渲染效果图的背景,对于建筑图设置必要的背景会对设计起到衬托的作用。

实例应用:对图 8-15 所示的某楼层墙身轴测图进行渲染,加深对渲染效果的了解。

作图方法:

启动“渲染”命令后,调整“材质”为“SOUTHWEAT PATTRN”,“背景”设置为"绿色",单击对话框"渲染"按钮,渲染后效果如图 8-20 所示。

图 8-20　带材质的渲染

第五节　应 用 举 例

绘制如图 8-21 所示某学生公寓的轴测图形。

作图步骤:

1. 设置绘图环境,调出所使用的工具。

建立"墙体外壳"、"楼顶"、"实体门窗"图层,右键单击"标准"工具栏,依次勾选"实体"、"实体编辑"、"视图"3 个工具栏,并拖拉至适当位置,如图 8-22 所示。

2. 设置三维视点,建立或改变 UCS。

点击"视图"工具栏的按钮 ,进入"西南等轴测"视图。

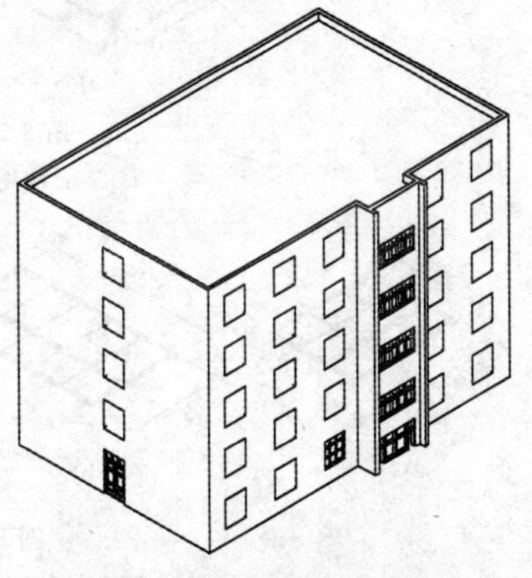

图 8-21　学生公寓的轴测图形

3. 在相应的平面上绘图并进行相应的编辑处理(三维制作与编辑)。

1)结合第六章建筑图的平面图,利用多段线(必须是闭合图形)命令绘制图 8-23 所示的平面图形(细部尺寸见第六章)。图 8-23a)所示图形为墙壁内外轮廓(置于"墙体外壳"图层);图 8-23b)所示图形为楼板平面轮廓(置于"楼顶"图层)。绘制门窗的外轮廓图(置于"实体门窗"图层),如图 8-24 所示(细部尺寸见第六章)。

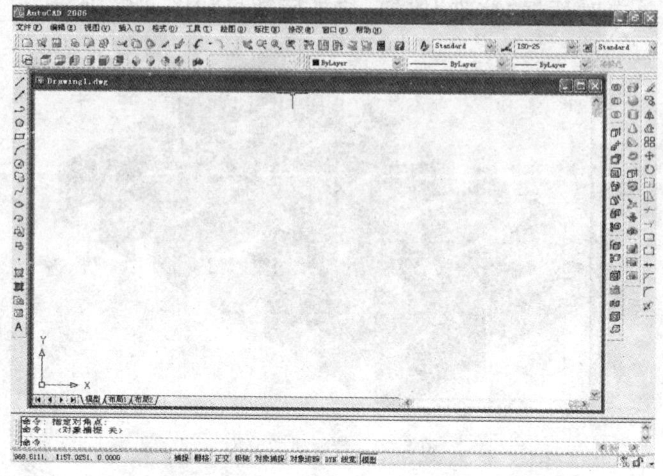

图 8-22 三维操作工具栏示意图

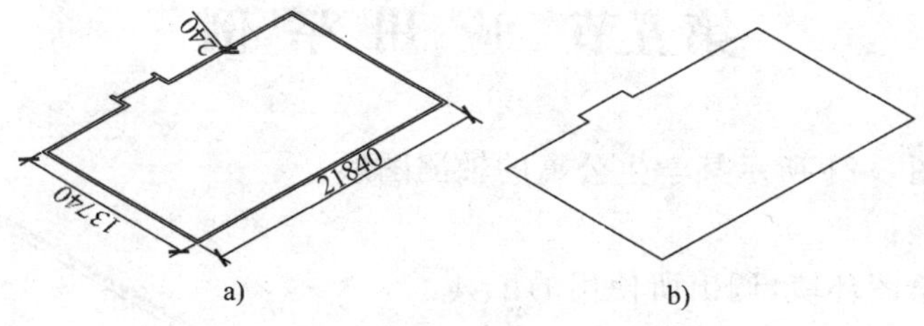

图 8-23 墙壁和楼板轮廓平面图

a)墙壁内外轮廓；b)楼板平面轮廓

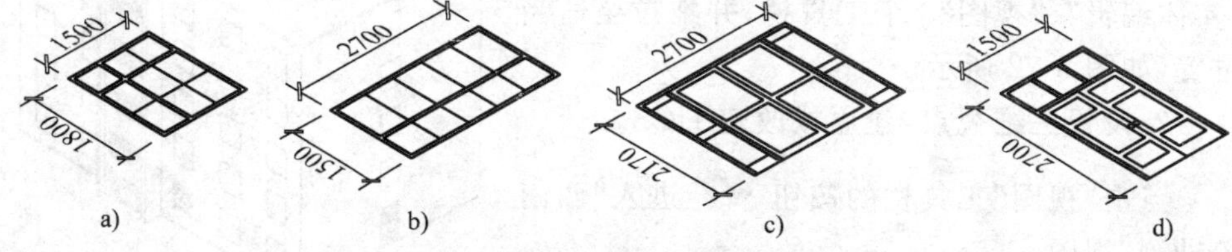

图 8-24 门窗外轮廓平面图

a)寝室及走廊窗户；b)正门楼梯间窗户；c)正门；d)侧门

2)绘制楼体墙壁和楼顶。

(1)利用“拉伸”命令绘制楼体墙壁和楼顶。

具体操作如下：

命令：输入“REGION”并回车，用面域命令可以简化过程。

选择对象：拾取外轮廓线，提示“找到 1 个”。

选择对象：拾取内轮廓线，提示“找到 1 个，总计 2 个”。

选择对象:回车。

已提取 2 个环。

命令:输入“SUBTRACT”并回车,进行面域的布尔运算。

选择要从中减去的实体或面域...

选择对象:拾取外轮廓线,提示“找到 1 个”。

选择对象:回车。

选择要减去的实体或面域..

选择对象:拾取内轮廓线,提示“找到 1 个”。

选择对象:回车,如果单击图形,已经形成完整的面域,提示“已创建 2 个面域”。

命令:输入“EXTRUDE”并回车,启用“拉伸”以形成墙壁实体。

当前线框密度:ISOLINES=4

选择对象:拾取前述面域布尔运算的图形,提示“找到 1 个”。

选择对象:回车。

指定拉伸高度或[路径(P)]:输入墙壁实体高度“16500”并回车。

指定拉伸的倾斜角度<0>:回车。

重复“拉伸”命令,利用图 8-23b)所示的闭合多段线,“拉伸高度”为“120”。

命令:输入“HIDE”并回车,显示的图形如图 8-25 所示。

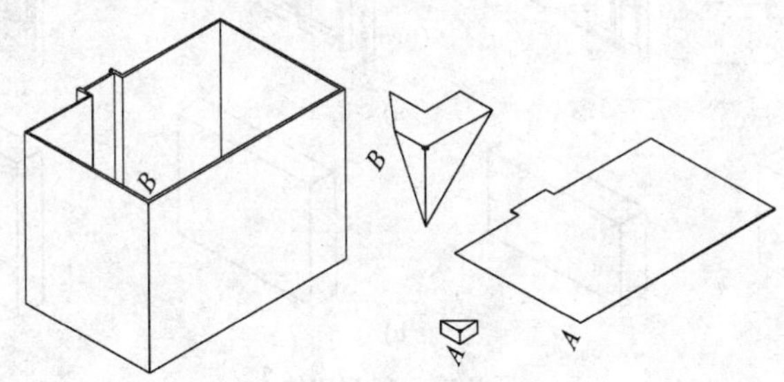

图 8-25 拉伸形成墙壁

(2)移动楼顶至墙壁顶部。

利用“移动”命令,选择图 8-25 中的楼顶板,拾取点 A 作为移动基点,移动目标点为点 B,图中已做了放大显示。再次使用“移动”命令,以点 B 为基点,相对移动坐标为“@0,0,-500”(表示向 z 轴负方向移动 500 个单位,x、y 轴方向没变化),移动后的图形如图 8-26 左图所示。

(3)利用布尔运算组合墙壁和楼顶。

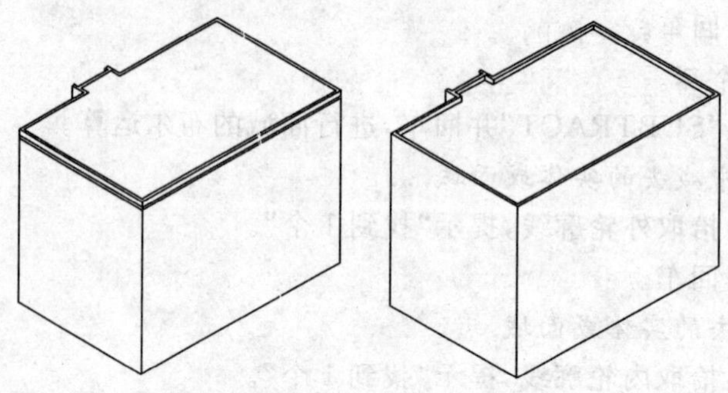

图8-26 布尔运算前后的图形对比(右侧为结果)

利用布尔运算的“并集运算”命令,拾取图8-26左图的墙壁和楼顶实体,计算完成后的结果如图8-26右图所示。

3)绘制门窗实体。

(1)绘制门窗。

在图8-24所示图形的基础上,结合第六章立面图、剖面图、平面图等门窗的细部尺寸,利用拉伸命令绘制门窗实体,绘制结果如图8-27所示。

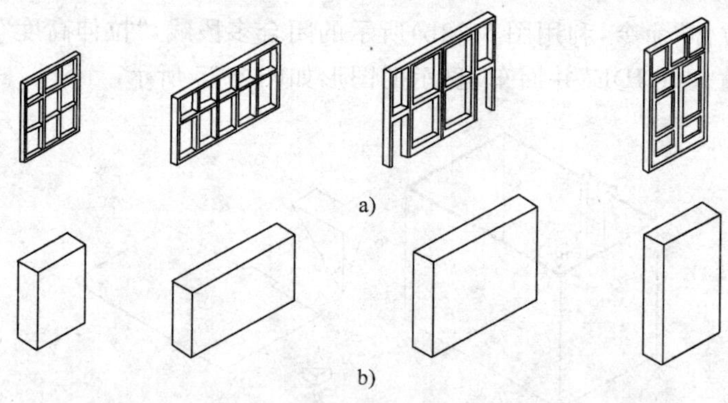

图8-27 门窗实体

a)门窗框架实体;b)门窗挖洞用实体

(2)绘制门窗在楼体墙壁上挖洞用实体。

利用“长方体”命令或“拉伸”命令根据对应尺寸平面绘制,长方体厚度应大于或等于墙壁厚度(240)。

4)开挖门窗孔洞。

(1)利用“移动”命令把制作好的图8-27所示的门窗挖洞用实体准确就位至楼体墙壁第一层一侧,利用“三维阵列”命令绘制同一墙壁的其他实体;利用“三维镜像”命令绘制对称一侧的实体。

无门一侧挖洞用实体的“三维阵列”的操作演示：

命令：输入“3DARRAY”并回车。

选择对象：选择第一层一侧的挖洞用实体，提示“找到1个”。

选择对象：回车。

输入阵列类型[矩形(R)/环形(P)]<矩形>：回车。

输入行数(---)<1>：回车。

输入列数(|||)<1>：输入“6”，回车。

输入层数(...)<1>：输入“5”，回车。

指定列间距(|||)：输入“3600”(楼长方向)并回车。

指定层间距(...)：输入“3200”(楼高方向)并回车。

利用“三维镜像”命令，把无门一侧所有挖洞用实体复制到楼的另一侧的操作演示：

命令：输入“MIRROR3D”并回车。

选择对象：用鼠标逐个拾取无门一侧所有挖洞用实体(不选择楼梯间正对的一排)，提示“总计25个”。

选择对象：回车。

指定镜像平面(三点)的第一个点或[对象(O)/最近的(L)/Z轴(Z)/视图(V)/XY平面(XY)/YZ平面(YZ)/ZX平面(ZX)/三点(3)]<三点>：输入“3”并回车。

在镜像平面上指定第一点：输入“MID”并回车，捕捉楼顶外表宽度一侧中点。

在镜像平面上指定第二点：输入“MID”并回车，捕捉楼顶内侧表宽度一侧中点。

在镜像平面上指定第三点：输入“MID”并回车，捕捉楼顶外表宽度另一侧中点。

是否删除源对象？[是(Y)/否(N)]<否>：回车，表示保留被镜像的对象，操作完成后的图形如图8-28左图所示。

(2)利用布尔运算的差集运算，以图8-26右侧图形为母体，减去上一步就位好的各实体，完成挖洞操作，结果如图8-28右图所示。

5)门窗就位。

利用“三维旋转”命令使门窗方向符合要求，再使用“移动”命令、“三维阵列”、“三维镜像”命令进行门窗的精确就位，结果如图8-29所示。

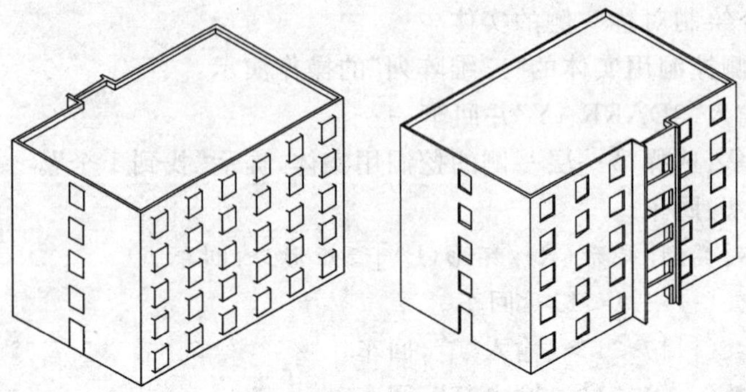

图 8-28 开挖门窗孔洞(右图为结果)

6)修饰。

按设计图的细节,制作挑水屋檐、楼梯、台阶等实体,利用“移动”、“复制”、“三维镜像”命令和布尔运算细化建筑物实体。

4. 根据需要进行消隐、着色处理。

1)消隐后的图形效果如图 8-29 所示。

2)利用“渲染”命令进行渲染,渲染后的图形效果如图 8-30 所示。

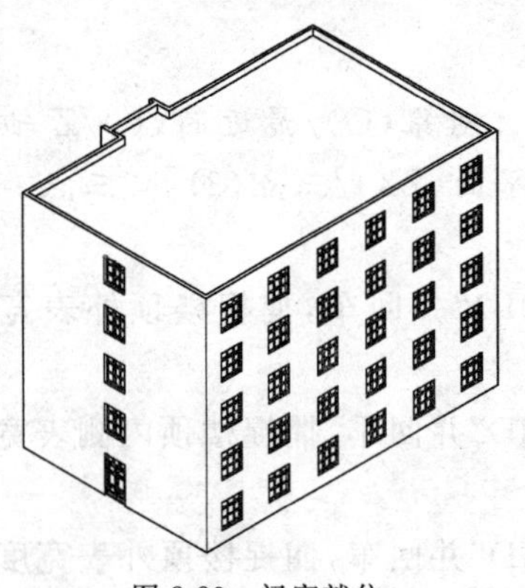

图 8-29 门窗就位

图 8-30 建筑渲染图

本章小结

本章介绍 AutoCAD 三维图形绘图、编辑和显示处理的主要命令,并结合实际建筑工程图给出了示例。

三维视图观察介绍了:利用 VPOINT 命令设定视点的各种操作方法、对话框选择视点的方法、特殊视点观察三维图形的方法、透视图的基本操作方法。

绘制三维实体介绍了：基本三维实体的绘制、利用二维对象拉伸或旋转成三维实体；利用三维实体的布尔运算功能形成新的三维实体的操作方法。

三维实体编辑介绍了：二维图形编辑命令在三维图形编辑中的应用，三维操作（三维旋转、阵列、镜像）命令，三维实体剖切命令。

三维图形的消隐、着色与渲染在建筑图形中的作用和视觉效果。

绘制复杂三维建筑图形的基本步骤、方法和常用技巧。

综合练习题

1. 绘制图 8-6 所示的长方体、圆柱体和球体，并利用 VPOINT 命令进行观察，利用消隐、着色和渲染命令进行显示。

2. 利用图 8-9a）所示图形练习布尔运算命令。

3. 绘制图 8-21 所示的轴测图形。

第九章 图形打印输出

【职业能力目标】

通过学习本章知识学生应能掌握 AutoCAD 系统配置打印机的基本方法、掌握常见图形的打印方法和技巧，具备建筑图纸的基本出版能力。

【知识目标】

学习打印机驱动程序安装、图形打印的步骤。

【学习要求】

掌握在模型空间规范出图的基本方法和技巧。

将图形在打印机或绘图仪上描画出来和把图形在屏幕上显示出来，其原理和过程是完全相同的，都是把图形数据从图形数据库传送到输出设备上。只是为了区别起见，习惯上把绘制在传统介质(绘图纸、胶片等)上的图形称为图形的硬拷贝。

第一节 配置打印设备

把图形数据从数字形式转换成模拟形式、驱动绘图仪或打印机在图纸上绘制出图形，是通过绘图仪和打印机的驱动程序实现的。不同类型的绘图仪和打印机，需要使用不同的驱动程序，因此，要在 AutoCAD 系统中输出图形，必须告诉 AutoCAD 所使用的绘图仪或打印机的型号，以便装入相应的驱动程序。这就是在绘图前必须配置绘图仪或打印机的原因。

一个绘图设备配置中包含有设备相关信息，例如设备驱动程序名、设备型号、连接该设备的输出端口以及与设备有关的各种设置；同时包含有设备无关信息，例如图纸的尺寸、放置方向、绘图比例、绘图笔的参数、优化、原点和旋转角度。

一 使用系统缺省打印机

在 Win98、Win2000 及 WinXP 系统中，如果不加任何说明，直接打印图形时，AutoCAD 将使用缺省的系统打印机，一般激光打印机和喷墨打印机作为系统打印机时，不用作特殊设置，可以直接输出图形。

二 在 AutoCAD 中设置绘图仪或打印机

在 WinXP 下，对于常见的激光打印机本地连接时，使用系统打印机（缺省设备）就可以完成打印任务，不用作特殊设置。

大多数可以用于 AutoCAD 的绘图仪或打印机多附有它们自己的驱动程序，使用时，按安装软件的说明将该驱动程序安装到 AutoCAD 中。

要配置绘图仪和打印机可参照下列步骤：

1. 进入 AutoCAD 的主操作画面中。

2. 选择“文件”菜单→“打印机管理器”命令，将出现“Plotters(打印机)”对话框。

3. 在对话框中用鼠标左键双击“添加打印机向导”，出现“添加绘图仪——简介”对话框，单击该对话框中的“下一步”按钮，出现“添加绘图仪开始”的对话框，为了选择本地的非缺省设备（如滚筒绘图仪），选择“我的电脑”，打开“添加绘图仪——绘图仪器型号”对话框，选择需要的设备（如图 9-1 中选择了 HP 的 DesignJet 600 C2848A 绘图仪）。

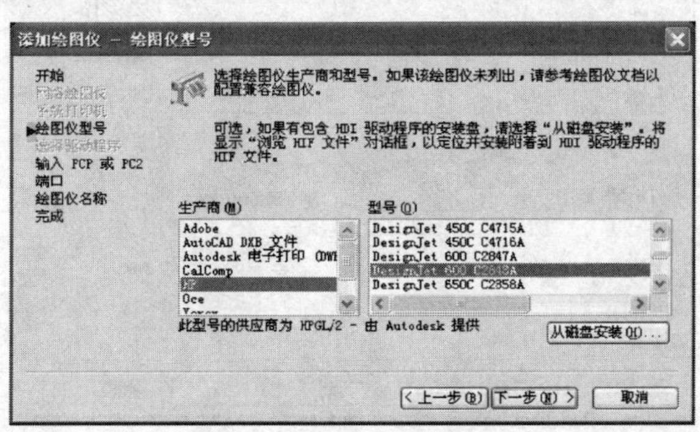

图 9-1 添加打印机对话框

4. 当选取某绘图仪或打印机的驱动程序后，系统就会针对该绘图仪或打印机的连接与其他设置询问相关的信息。其他有关绘图输出的设置就可以按提示完成。

第二节　图 形 打 印

在输出图形之前，应该准备好硬件。在图形第一次出图前应检查一下所使用的绘图仪或打印机是否已经安装驱动程序；检查绘图设备的电源开关是否打开，是否与计算机正确连接；运行自检程序，检查绘图笔是否堵塞跳线；检查是否装上图纸，尺寸是否正确，位置是否对齐。

一 命令的启动方法

执行“打印”命令的方法有 3 种：

1. 用鼠标单击“标准”工具栏上的“打印”按钮  。

2. 在命令行输入“PLOT”。

3. 选择“文件”菜单→“打印”命令。

命令启动后弹出图 9-2 所示对话框。

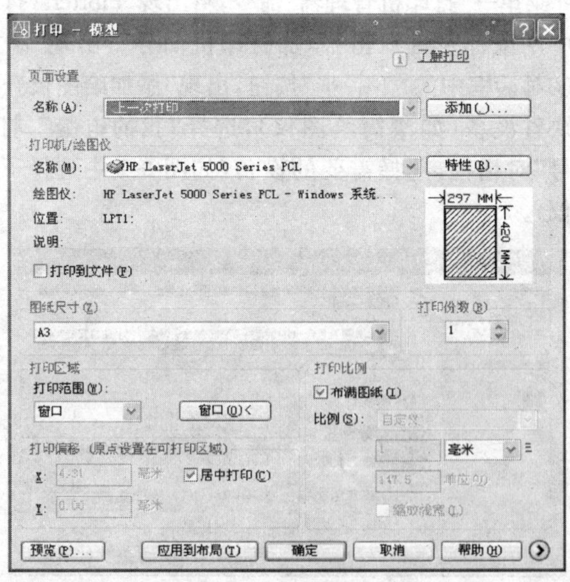

图 9-2 “打印-模型”对话框

 “打印－模型”对话框

启动 PLOT 命令后，弹出“打印－模型”对话框，对话框有 7 个组件，下面分别介绍其功能及使用要点：

1. 页面设置：对话框中指定的任何设置可以通过单击“页面设置”区域中的 [添加()...] 按钮保存为新的页面设置名称。

2. 打印机/绘图仪：选择打印设备后，用户也可以轻松地使用对话框中默认的设置来打印图形。

选择打印机或绘图仪时，可从对话框的“打印机/绘图仪”组件“名称”列表中选择一种。

3. 图纸尺寸：在对话框中，选择要使用的图纸尺寸。

4. 打印份数：确定同一图纸一次打印的份数。

5. 打印区域：选定打印的范围。

1)布局或界限：打印布局时，将打印指定图纸尺寸的可打印区域内的所有内容。

2)范围：打印包含对象图形的部分当前空间。

3)显示：打印“模型”选项卡中当前视口中的视图或“布局”选项卡中的当前图纸空间视图。

4)视图：打印以前使用 VIEW 命令保存的视图。

5)窗口：打印指定的图形的任何部分。

6. 打印偏移：控制打印图形与图纸的对齐关系。

【提示 1】 通过在“X”和“Y”文本框中输入正值或负值，可以偏移图纸上的几何图形。然而，这样可能会使打印区域被剪裁。

【提示 2】 如果选择打印区域而不是整个布局，还可以使图形在图纸上居中。

7. 打印比例：控制打印图形的比例，实质上是图纸尺寸（英寸、毫米，一般使用毫米）与绘图单位的对应。

【提示】 当指定输出图形的比例时，可以从实际比例列表中选择比例、输入所需比例或者选择“布满图纸”，以缩放图形将其调整到所选的图纸尺寸。

绘图比例是最关键的一个参数，它决定了图形绘到图纸上的比例和大小。在图 9-2 所示对话框“打印比例”组件的文本框或下拉列表中可以选定绘图输出比例，“比例”栏中左侧文本显示的是打印图纸大小，右侧文本显示的是绘图单位大小，即图纸上的多少毫米（或英寸）等于图形中的多少绘图单位；它们的数值分

别在下方用等号连接的两个文本框中输入。例如，假设把图纸测量单位设定为毫米，欲使用 1∶100 的比例绘图，则应首先从下拉列表中选择“自定义”，然后在等号前的文本框中输入“1”，在等号后的文本框中输入“100”。只要保证两者的比值为 1∶100，也可输入其他数值，如“1.23”和“1230”等。一般而言，该比例在绘图之前就确定了。

三 打印样式

打印样式是一种对象特性，通过对不同对象指定不同的打印样式，从而控制不同的打印效果。与建筑施工图图纸出图紧密相关的打印效果控制有：图形的打印颜色、打印线宽、线型等。

AutoCAD 提供了两类打印样式，一种是颜色相关打印样式，另一种是命名打印样式，它们都保存在打印样式管理器中，如图 9-3 所示对话框。打开“打印样式管理器”对话框的操作是：选择“文件”→“打印样式管理器”菜单。

使用颜色相关打印样式时，通过对象的颜色来控制打印设备的笔号、笔宽及线型。颜色相关打印样式的设定存放在“.ctb”为后缀的文件中。

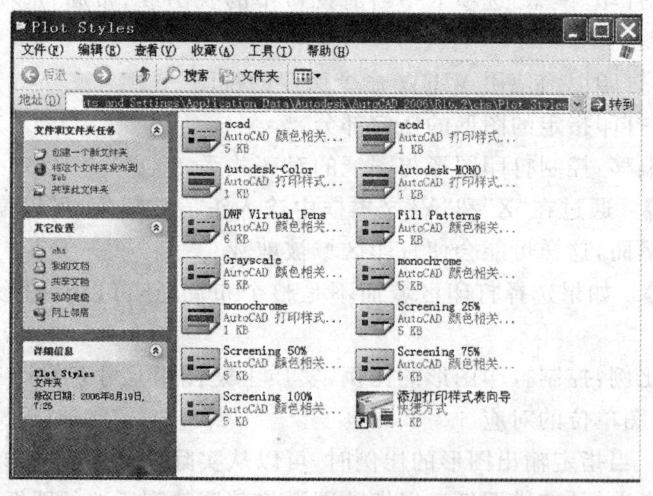

图 9-3 “打印样式管理器”对话框

命名打印样式设定存放在“.stb”为后缀的文件中。此类打印样式可以指定给任何图层和单个对象，而不需要图层及对象的颜色。颜色相关打印样式和命名打印样式的切换是在选项对话框中实现的。

(一)设置颜色相关打印样式参数

设置颜色相关打印样式参数既可以通过双击“添加打印样式表向导”逐步完成,也可以通过对原有样式文件(如 acad. ctb)修改得到,现就后一种方式进行介绍。

双击图 9-3 所示对话框中的“acad. ctb”,显示图 9-4 所示的对话框,当前显示的为“格式视图”标签对应的内容。

图 9-4 选择要修改的颜色

在当前对话框中,我们可以根据实体颜色指定绘图特性,改变当前图形各线条显示颜色对应的打印图纸的线条颜色(图 9-5)、颜色深浅、线型、线宽等参数,这对复杂图纸的输出有较大帮助。

线宽应根据实际出图规格设置。一般输出绘图时,设置各颜色的线宽,从而达到线条粗细有别,所以线宽的设置非常重要。

对于有特殊需要打印效果的绘图,可以采用“淡显”改变输出图形的浓淡。

所有格式定义好后,点取“保存并关闭”按钮。

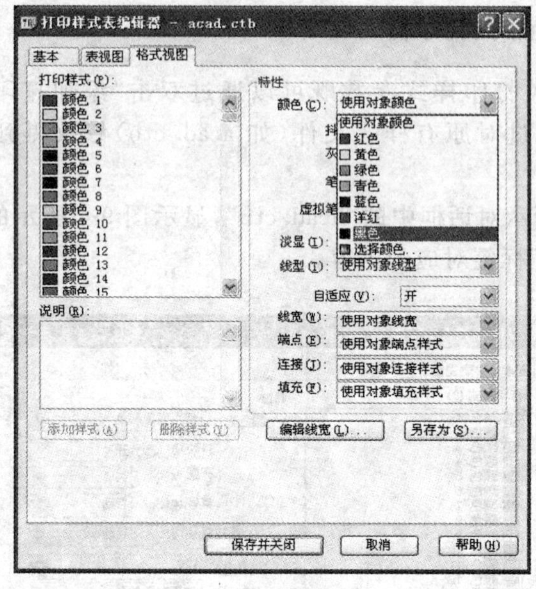

图 9-5　按当前颜色改变图形的打印颜色

(二)命名打印样式设定

双击图 9-3 所示对话框中“添加打印样式表向导”快捷方式，出现图 9-6 所示“添加打印样式表”对话框，点击“下一步”按钮，选择“添加打印样式表—开始”对话框中的“创建新打印样式表”单选项，点击“下一步”按钮，进入“添加打印样式表—选择打印样式表”对话框，从中选择“命名打印样式表”单选项，点击“下一步”按钮出现“添加打印样式表—文件名”对话框，在“文件名”文本框输入“建筑制图”(打印样式文件的名称)。确认输入后，单击“下一步”按钮，此时打开“添加

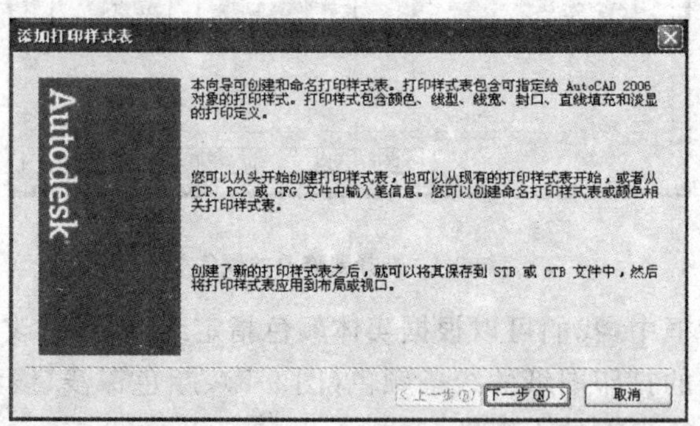

图 9-6　“添加打印样式表”对话框

打印样式表－完成”对话框，单击“完成”按钮，结束“添加打印样式表向导”程序，结果在“打印样式管理器”中新添了文件名为“建筑制图.stb”的打印样式文件（图 9-7）。

图 9-7 “打印样式管理器”对话框

（三）为设计图形指定打印样式

为了准确的定义打印样式，往往点击“打印样式管理器”菜单命令，通过添加样式，进行颜色、线宽、线型等设定；也可以对已有样式进行修改，如图 9-7 中，双击“建筑制图.stb”，然后按照提示，通过添加样式，进行颜色、线宽、线型等设定。

对于定义好的打印样式，通过一系列操作来作为打印样式表。选择“工具”→“选项”菜单，在弹出的“选项”对话框中选择“打印和发布”标签（图 9-8），点击“打印样式表设置”按钮，出现如图 9-9 所示的“打印样式表设置”对话框，从“默认打印样式表”中选择“建筑制图.stb”，单击“确定”按钮，即沿用了先前定义的格式。

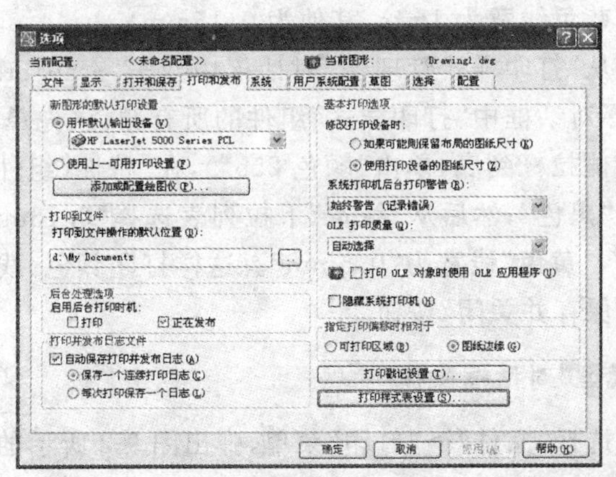

图 9-8 “选项”对话框

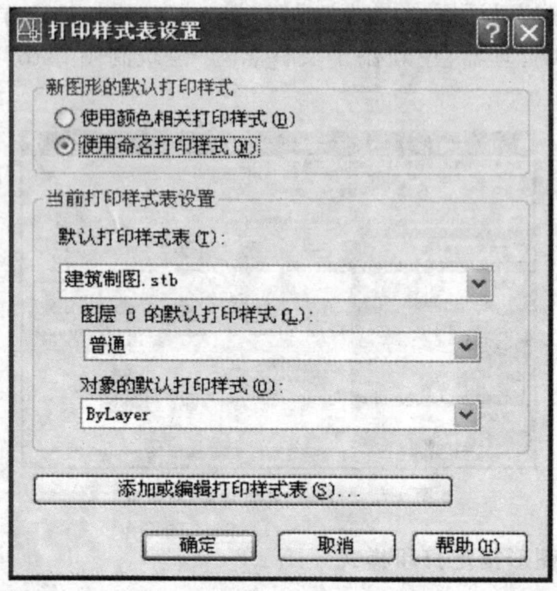

图 9-9 “打印样式表设置”对话框

四 图形输出及示例

第一次打印某一类专业图形时，应该先定义打印样式再利用“打印-模型”对话框进行打印。下面结合利用黑白激光打印机打印某建筑制图的要求进行示例。

(一)打印样式设置

该图形的打印格式要求：所有颜色均打印成黑色，线型按对象线型打印，线宽要求颜色设置（蓝色线宽为1mm，其他为0.15mm）。

具体操作为：从“打印样式管理器”对话框中双击“acad.ctb”，出现图9-5所示对话框。先选择对话框中“打印样式”组件的所有颜色（先单击“颜色1”，按住【Shift】键，拉动右侧拉杆到底，单击“颜色255”），在“特性”组件中选择“颜色”下拉列表，从中选择“黑色”；然后从“线宽”下拉列表选择“0.15mm”，单独定义“蓝色”线宽为“1mm”，“黄色”线宽为“0.5mm”。这样打印颜色、线型和线宽达到了要求。最后单击“保存并关闭”按钮。

(二)“打印-模型”对话框操作

具体操作为：选择“文件”→“打印”菜单，弹出图9-2所示的主对话框，在“打印机/绘图仪”组件的“名称”下拉列表中选择“Hp LaserJet 5000 Series PCL”，在“图纸尺寸”下拉列表中选择“A3”,“打印份数”下拉列表选择“1”,在“打印区域”中选择“窗口”,并用鼠标拾取打印窗口范围(结合图纸具体要求参照图 9-2点击“窗口”选项,按照命令交互区提示,依次输入左下角“0,0”和右上角“420,297”。“打印比例”选择“布满图纸”,“单位”选择“毫米”,“打印偏移”选择“居中打印”,预览效果达到要求后,单击“页面设置”组件中的“添加”按钮,在“名称”文本框中输入“建筑制图 1”。在图形预览(图 9-10)合格的情况下,单击“确定”按钮,开始打印。

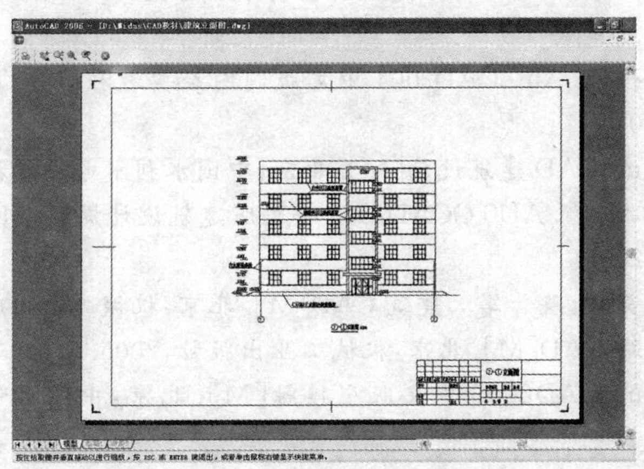

图 9-10 图形输出预览

本章小结

本章介绍了 AutoCAD 图纸出版的知识和基本操作方法。

配置打印设备主要介绍了使用系统打印机和配置绘图仪的基本方法。

图形打印介绍了几种命令启动方法,介绍了“打印-模型”对话框、打印样式设置,并给出了图形输出示例。

在本章学习的基础上,还要通过较多的图纸出版实践,才能真正驾驭常见绘图设备的图纸出版方法。

综合练习题

1. 写出从安装打印机开始的完整的打印图形步骤。
2. 什么叫绘图单位和打印比例,如何应用打印比例?

参考文献

[1] 刘培晨. AutoCAD—TArch 建筑图绘制方法与技巧[M]. 北京:机械工业出版社,2001.

[2] 王学光,周佳新. AutoCAD2004 中文版制图经典教程[M]. 北京:电子工业出版社,2004.

[3] 高志清. AutoCAD 建筑设计[M]. 北京:中国水利水电出版社,2005.

[4] 二代龙震工作室. AUTOCAD2006 中文版建筑设计提高[M]. 北京:电子工业出版社,2006.

[5] 巩宁平,邓美荣,陕晋军. 建筑 CAD[M]. 北京:机械工业出版社,2003.

[6] 张郃生. 公路 CAD[M]. 北京:机械工业出版社,2005.

[7] 廖念禾. AutoCAD2006 中文版全接触[M]. 北京:中国水利水电出版社,2006.

[8] 郑西贵,李学华,等. 采矿 AutoCAD2006 入门与提高[M]. 徐州:中国矿业大学出版社,2005.

[9] 张云杰. AutoCAD2006 中文版从入门到精通(普及版)[M]. 北京:电子工业出版社,2006.

[10] 胡仁喜,韦杰太,阳平华,等. AutoCAD2005 中文版建筑施工图经典实例[M]. 北京:机械工业出版社,2005.

[11] 刘洪. AutoCAD2005 建筑绘图经典实例教程[M]. 北京:机械工业出版社,2005.

[12] 汉龙,赵艳春,苗小鹏. 中文 AutoCAD2005 辅助设计宝典[M]. 成都:电子科技大学出版社,2004.

[13] 唐俊翟,黄仲军,王恋. 中文 AutoCAD2005 基础培训教程[M]. 北京:冶金工业出版社,2005.

[14] 龙腾科技. AutoCAD2004 中文版建筑制图循序渐进教程[M]. 北京:红旗出版社,2005.

[15] 胡国锋,杨传健,李峰,等. AutoCAD2006 建筑制图实例精解[M]. 北京:电子工业出版社,2005.

[16] 传奇动画工作室. 中文版 AutoCAD2006 建筑制图设计必成攻略[M]. 北京:电子工业出版社,2006.
[17] 王珂,陈志川,李江涛,等. AutoCAD2006 中文版建筑制图 100 例[M]. 北京:电子工业出版社,2006.
[18] 北京天正工程软件有限公司. TArch5.0 天正建筑软件使用手册[M]. 北京:人民邮电出版社,2001.